高等学校大数据技术与应用规划教材

大数据及其可视化

周　苏　王　文　等编著

中国铁道出版社
CHINA RAILWAY PUBLISHING HOUSE

内 容 简 介

　　大数据及其可视化是一门理论性和实践性都很强的课程。本书针对计算机、信息管理、经济管理和其他相关专业学生的发展需求，系统、全面地介绍了关于大数据及其可视化技术的基本知识和技能，详细介绍了大数据与大数据时代、数据可视化之美、Excel 数据可视化方法、Excel 数据可视化应用、大数据的商业规则、大数据激发创造力、大数据预测分析、支撑大数据的技术、数据引导可视化、Tableau 可视化初步、Tableau 数据管理与计算、Tableau 可视化设计、Tableau 地图与预测分析和 Tableau 分享与发布等内容，具有较强的系统性、可读性和实用性。

　　本书适合作为普通高等院校相关专业"大数据基础""大数据导论""大数据可视化"等课程的教材，也可供有一定实践经验的软件开发人员、管理人员学习参考。

图书在版编目（CIP）数据

大数据及其可视化/周苏等编著. —北京：中国铁道出版社，2016.8（2017.7 重印）
高等学校大数据技术与应用规划教材
ISBN 978-7-113-22079-2

Ⅰ．①大… Ⅱ．①周… Ⅲ．①数据处理－高等学校－教材 Ⅳ．①TP274

中国版本图书馆 CIP 数据核字（2016）第 177191 号

书　　名：大数据及其可视化
作　者：周　苏　王　文　等编著

策　　划：周海燕		读者热线：（010）63550836
责任编辑：周海燕　冯彩茹		
封面设计：穆　丽		
责任校对：汤淑梅		
责任印制：郭向伟		

出版发行：中国铁道出版社（100054，北京市西城区右安门西街 8 号）
网　　址：http://www.tdpress.com/51eds/
印　　刷：北京尚品荣华印刷有限公司
版　　次：2016 年 8 月第 1 版　　　2017 年 7 月第 2 次印刷
开　　本：787 mm×1 092 mm　1/16　印张：20　字数：448 千
书　　号：ISBN 978-7-113-22079-2
定　　价：46.00 元

前　　言

　　大数据（Big Data）的力量正在积极地影响着社会的方方面面，它冲击着许多主要的行业，包括零售业、电子商务和金融服务业等，同时，也正在彻底地改变人们的教育方式、生活方式、工作方式。如今，通过简单、易用的移动应用和基于云端的数据服务，人们能够追踪自己的行为以及饮食习惯，还能提升个人的健康状况。因此，有必要真正理解大数据这个极其重要的议题。

　　中国是大数据最大的潜在市场之一。据估计，中国有近 6 亿网民，这就意味着中国的企业拥有绝佳的机会来更好地了解其客户并提供更个性化的体验，同时，为企业增加收入并提高利润。阿里巴巴就是一个很好的例子，其不但在商业模式上具有颠覆性，而且还掌握了与购买行为、产品需求和库存供应相关的海量数据。除了阿里巴巴高层的领导能力之外，大数据必然是其成功的一个关键因素。

　　然而，仅有数据是不够的。对于身处大数据时代的企业而言，成功的关键还在于找出大数据所隐含的真知灼见。"以前，人们总说信息就是力量，但如今，对数据进行分析、利用和挖掘才是力量之所在。"

　　很多年前，人们就开始对数据进行利用。例如，航空公司利用数据为机票定价，银行利用数据搞清楚贷款对象，信用卡公司则利用数据侦破信用卡诈骗等。但直到最近，数据才真正成为人们日常生活的一部分。随着谷歌（Google）以及 QQ、微信、淘宝等的出现，大数据游戏被永远改变了。你和我，或者任何一个享受这些服务的用户都生成了一条数据足迹，它能够反映出人们的行为。每次进行搜索时，如查找某个人或者访问某个网站，都加深了这条足迹。互联网企业开始创建新技术来存储、分析激增的数据——结果就迎来了被称为"大数据"的创新爆炸。

　　进入 2012 年以来，由于互联网和信息行业的快速发展，大数据越来越引起人们的关注，已经引发云计算、互联网之后 IT 行业的又一大颠覆性的技术革命。人们用大数据来描述和定义信息爆炸时代产生的海量数据，并命名与之相关的技术发展与创新。云计算主要为数据资产提供保管、访问的场所和渠道，而数据才是真正有价值的资产。企业内部的经营信息、互联网世界中的商品物流信息，互联网世界中的人与人交互信息、位置信息等，其数量将远远超越现有企业 IT 架构和基础设施的承载能力，实时性要求也将大大超越现有的计算能力。如何盘活这些数据资产，使其为国家治理、企业决策乃至个人生活服务，是大数据的核心议题，也是云计算内在的灵魂和必然的升级方向。

　　对于在校大学生来说，大数据及其可视化的理念、技术与应用是一门理论性和实践性都很强的"必修"课程。在长期的教学实践中，我们体会到坚持"因材施教"的重要原则，把实践环节与理论教学相融合，抓实践教学促进理论知识的学习，是有效改善教学效果和提高教学水平的重要方法之一。本书的主要特色是：理论联系实际，结合一系列了解和熟悉大数据理念、技术与应用的学习和实践活动，把大数据及其可视化的相关概念、基础知识和技术技巧融入实践中，使学生保持浓厚的学习热情，加深对大数据技术的兴趣、认识、理解和掌握。

本书系统、全面地介绍了大数据及其可视化的基本知识和应用技能，详细介绍了大数据与大数据时代、数据可视化之美、Excel 数据可视化方法、Excel 数据可视化应用、大数据的商业规则、大数据激发创造力、大数据预测分析、支撑大数据的技术、数据引导可视化、Tableau 可视化初步、Tableau 数据管理与计算、Tableau 可视化设计、Tableau 地图与预测分析，以及 Tableau 分享与发布等内容，具有较强的系统性、可读性和实用性。

本课程的教学评测可以从这样几个方面入手，即：

（1）每章课前【案例导读】（14 次）。

（2）每章课后【实验与思考】（14 次）。

（3）课程设计（附录）。

（4）课程实验总结（附录）。

（5）结合平时考勤。

（6）任课老师认为必要的其他考核方法。

与本书配套的教学 PPT 课件等文档可从中国铁道出版社教学资源网站（www.tdpress.com\51eds) 的下载区下载，欢迎教师与作者交流并索取为本书教学配套的相关资料并交流：zhousu@qq.com，QQ：81505050，个人博客：http://blog.sina.com.cn/zhousu58。

本书由周苏、王文等编著，并得到浙江大学城市学院、浙江商业职业技术学院、温州安防职业技术学院等多所院校师生的支持，王硕苹、张丽娜、张健、吴林华等参与了本书的部分编写工作，在此一并表示感谢！

由于编者水平有限，书中难免存在疏漏和不足之处，恳请读者批评指正。

周 苏

2016 年初夏于西子湖畔

目　录

大数据与大数据时代 《《《　第1章

【案例导读】亚马逊推荐系统

　　虽然亚马逊[①]的故事大多数人都耳熟能详，但只有少数人知道它早期的书评内容最初是由人工完成的。当时，亚马逊公司（见图 1-1）聘请了一个由 20 多名书评家和编辑组成的团队，他们写书评、推荐新书，挑选非常有特色的新书标题放在亚马逊的网页上。这个团队创立了"亚马逊的声音"版块，成为当时公司皇冠上的一颗宝石，是其竞争优势的重要来源。《华尔街日报》的一篇文章中热情地称他们为全美最有影响力的书评家，因为他们使得书籍销量猛增。

图 1-1　亚马逊公司

　　亚马逊公司的创始人及总裁杰夫·贝索斯决定尝试一个极富创造力的想法：根据客户个人以前的购物喜好，为其推荐相关的书籍。

　　从一开始，亚马逊就从每一个客户那里搜集了大量的数据。比如说，他们购买了什么书籍？哪些书他们只浏览却没有购买？他们浏览了多久？哪些书是他们一起购买的？客户的信息数据量非常大，所以亚马逊必须先用传统的方法对其进行处理，通过样本分析找到客户之间的相似性。但这些推荐信息是非常原始的，就如同你在买一件婴儿用品时，会被淹没在一堆差不多的婴儿用品中一样。詹姆斯·马库斯回忆说："推荐信息往往为你提供与你以前购买物品有微小差异的产品，并且循环往复。"

　　亚马逊的格雷格·林登很快就找到了一个解决方案。他意识到，推荐系统实际上

---

　　① 亚马逊公司（Amazon）：是美国最大的网络电子商务公司之一，也是"财富 500 强"公司，位于华盛顿州的西雅图，成立于 1995 年 7 月，已成为全球商品种类最多的网上零售商。亚马逊致力于成为全球最"以客户为中心"的公司，使客户能在公司网站上找到和发现任何他们想在线购买的商品，并努力为客户提供最低的价格。

并没有必要把顾客与其他顾客进行对比，这样做在技术上也比较烦琐，需要做的是找到产品之间的关联性。1998 年，林登和他的同事申请了著名的"item-to-item"协同过滤技术的专利。方法的转变使技术发生了翻天覆地的变化。

因为估算可以提前进行，所以推荐系统不仅快，而且适用于各种各样的产品。因此，当亚马逊跨界销售除书以外的其他商品时，也可以对电影或烤面包机这些产品进行推荐。由于系统中使用了所有的数据，推荐会更理想。林登回忆道："在组里有句玩笑话，说的是如果系统运作良好，亚马逊应该只推荐你一本书，而这本书就是你将要买的下一本书。"

现在，公司必须决定什么应该出现在网站上，是亚马逊内部书评家写的个人建议和评论，还是由机器生成的个性化推荐和畅销书排行榜？

林登做了一个关于评论家所创造的销售业绩和计算机生成内容所产生的销售业绩的对比测试，结果他发现两者之间相差甚远。他解释说，通过数据推荐产品所增加的销售远远超过书评家的贡献。计算机可能不知道为什么喜欢海明威[①]作品的客户会购买菲茨杰拉德[②]的书。但是这似乎并不重要，重要的是销量。最后，编辑们看到了销售额分析，亚马逊也不得不放弃每次的在线评论，最终，书评组被解散。林登回忆说："书评团队被打败、被解散，我感到非常难过。但是，数据没有说谎，人工评论的成本是非常高的。"

如今，据说亚马逊销售额的 1/3 都来自于它的个性化推荐系统。有了它，亚马逊不仅使很多大型书店和音乐唱片商店歇业，而且当地数百个自认为有自己风格的书商也难免受转型之风的影响。

知道人们为什么对这些信息感兴趣可能是有用的，但这个问题目前并不是很重要，而知道"是什么"可以创造点击率，这种洞察力足以重塑很多行业，不仅仅只是电子商务。所有行业中的销售人员早就被告知，他们需要了解是什么让客户做出了选择，要把握客户做决定背后的真正原因，因此专业技能和多年的经验受到高度重视。大数据却显示，还有另外一个在某些方面更有用的方法。亚马逊的推荐系统梳理出了有趣的相关关系，但不知道背后的原因——知道是什么就够了，没必要知道为什么。

（本案例由作者根据相关资料改写）

阅读上文，请思考、分析并简单记录：

（1）你了解亚马逊等电商网站的推荐系统吗？请列举一个这样的实例（你选择购买什么商品，网站又给你推荐了其他什么商品）。

答：_____

_____

（2）亚马逊书评组和林登推荐系统各自成功的基础是什么？

答：_____

_____

---

① 欧内斯特·米勒尔·海明威（1899 年 7 月 21 日—1961 年 7 月 2 日），美国小说家。被誉为美利坚民族的精神丰碑。出生于美国伊利诺伊州芝加哥市郊区的奥克帕克，代表作有《老人与海》《太阳照常升起》《永别了，武器》《丧钟为谁而鸣》等，凭借《老人与海》获得 1953 年普利策奖及 1954 年诺贝尔文学奖。

② 菲茨杰拉德，美国小说家。1920 年出版了长篇小说《人间天堂》，从此出名。1925 年《了不起的盖茨比》问世，奠定了他在现代美国文学史上的地位，成了 20 世纪 20 年代"爵士时代"的发言人和"迷惘的一代"的代表作家之一。

（3）为什么书评组最终输给了推荐系统？请阐述你的观点。

答：_____

_____

_____

（4）简单描述你所知道的上一周内发生的国际、国内或者身边的大事。

答：_____

_____

_____

1.1　大数据概述

信息社会所带来的好处是显而易见的：每个人口袋里都揣有一部手机，每台办公桌上都放着一台计算机，每间办公室内都连接到局域网甚至互联网。半个世纪以来，随着计算机技术全面和深度地融入社会生活，信息爆炸已经积累到了一个开始引发变革的程度。信息总量的变化导致了信息形态的变化——量变引起质变。最先经历信息爆炸的学科，如天文学和基因学，创造出了"大数据"（Big Data）这个概念。如今，这个概念几乎应用到所有人类致力于发展的领域中。

1.1.1　数据与信息

数据是反映客观事物属性的记录，是信息的具体表现形式。数据经过加工处理之后，就成为信息；而信息需要经过数字化转变成数据才能存储和传输。所以，数据和信息之间是相互联系的。

数据和信息也是有区别的。从信息论的观点来看，描述信源的数据是信息和数据冗余之和，即数据=信息+数据冗余。数据是数据采集时提供的，信息是从采集的数据中获取的有用信息，即信息可以简单地理解为数据中包含的有用的内容。

一个消息越不可预测，它所含的信息量就越大。事实上，信息的基本作用是消除人们对事物了解的不确定性。信息量是指从 N 个相等的可能事件中选出一个事件所需要的信息度量和含量。从这个定义看，信息量与概率是密切相关的。

1.1.2　天文学——信息爆炸的起源

综合观察社会各个方面的变化趋势，我们能真正意识到信息爆炸或者说大数据的时代已经到来。以天文学为例，2000 年斯隆数字巡天①项目（见图 1-2）启动时，位于新墨西哥州的望远镜在短短几周内搜集到的数据，就比世界天文学历史上总共搜集的数据还要多。截至 2010 年，信息档案已经高达 1.4×2^{42} B。不过，预计 2016 年底，在智利投入使用的大型视场全景巡天望远镜在 5 天之内即可获得同样多的信息。

---

① 斯隆数字巡天：位于新墨西哥州阿帕奇山顶天文台的 2.5 m 口径望远镜红移巡天项目。计划观测 25% 的天空，获取超过一百万个天体的多色测光资料和光谱数据。2006 年，斯隆数字巡天进入了名为 SDSS-II 的新阶段，进一步探索银河系的结构和组成，而斯隆超新星巡天计划搜寻Ⅰa型超新星爆发，以测量宇宙学尺度上的距离。

天文学领域发生的变化在社会各个领域都在发生。2003 年，人类第一次破译人体基因密码时，辛苦工作了十年才完成了三十亿对碱基对的排序。大约十年之后，世界范围内的基因仪每 15 min 就可以完成同样的工作。在金融领域，美国股市每天的成交量高达 70 亿股，而其中 2/3 的交易都是由建立在数学模型和算法之上的计算机程序自动完成的，这些程序运用海量数据来预测利益和降低风险。

图 1-2　美国斯隆数字巡天望远镜

互联网公司更是要被数据淹没。谷歌公司每天要处理超过 24 拍字节（PB，2^{50} B）的数据，这意味着其每天的数据处理量是美国国家图书馆所有纸质出版物所含数据量的上千倍。

从科学研究到医疗保险，从银行业到互联网，各个不同的领域都在讲述着一个类似的故事，那就是爆发式增长的数据量。这种增长超过了人们创造机器的速度，甚至超过了人们的想象。人类存储信息量的增长速度比世界经济的增长速度快 4 倍，而计算机数据处理能力的增长速度则比世界经济的增长速度快 9 倍，每个人都受到了这种极速发展的冲击。

以纳米技术为例。纳米技术专注于把东西变小而不是变大。其原理就是当事物到达分子级别时，它的物理性质就会发生改变。一旦知道这些新的性质，就可以用同样的原料做以前无法做的事情。铜本来是用来导电的物质，但它一旦到达纳米级别就不能在磁场中导电了。银离子具有抗菌性，但当它以分子形式存在时，这种性质就会消失。一旦到达纳米级别，金属可以变得柔软，陶土可以具有弹性。同样，当人们增加所利用的数据量时，也就可以做很多在小数据量的基础上无法完成的事情。

大数据的科学价值和社会价值正是体现在这里。一方面，对大数据的掌握程度可以转化为经济价值的来源。另一方面，大数据已经撼动了世界的方方面面，从商业科技到医疗、政府、教育、经济、人文以及社会的其他各个领域。尽管人们还处在大数据时代的初期，但人们的日常生活已经离不开它。

1.1.3　大数据的定义

所谓大数据，狭义上可以定义为：用现有的一般技术难以管理的大量数据的集合。对大量数据进行分析，并从中获得有用观点，这种做法在一部分研究机构和大企业中早已存在。现在的大数据和过去相比，主要有 3 点区别：第一，随着社交媒体和传感器网络等的发展，人们身边正产生出大量且多样的数据；第二，随着硬件和软件技术的发展，数据的存储、处理成本大幅下降；第三，随着云计算的兴起，大数据的存储、处理环境已经没有必要自行搭建。

所谓"用现有的一般技术难以管理"，是指用目前在企业数据库占据主流地位的关系型数据库无法进行管理的、具有复杂结构的数据。或者也可以说，是指由于数据量的增大，导致对数据的查询（Query）响应时间超出允许范围的庞大数据。

研究机构 Gartner 给出了这样的定义："大数据"是需要新处理模式才能具有更强的决策力、洞察发现力和流程优化能力的海量、高增长率和多样化的信息资产。

麦肯锡[①]说："大数据指的是所涉及的数据集规模已经超过了传统数据库软件获取、存储、处理和分析的能力。这是一个被故意设计成主观性的定义，并且是一个关于多大的数据集才能被认为是大数据的可变定义，即并不定义大于一个特定数字的TB才叫大数据。因为随着技术的不断发展，符合大数据标准的数据集容量也会增长；并且定义随不同的行业也有变化，这依赖于在一个特定行业通常使用何种软件和数据集有多大。因此，大数据在今天不同行业中的范围可以从几十TB到几PB。"

随着"大数据"的出现，数据仓库、数据安全、数据分析、数据挖掘等围绕大数据商业价值的利用正逐渐成为行业人士争相追捧的利润焦点，在全球引领了又一轮数据技术革新的浪潮。

1.1.4 用 3V 描述大数据特征

从字面来看，"大数据"这个词可能会让人觉得只是容量非常大的数据集合而已。但容量只不过是大数据特征的一个方面，如果只拘泥于数据量，就无法深入理解当前围绕大数据所进行的讨论。因为"用现有的一般技术难以管理"这样的状况，并不仅仅是由于数据量增大这一个因素所造成的。

IBM 说："可以用 3 个特征相结合来定义大数据：数量（Volume，或称容量）、种类（Variety，或称多样性）和速度（Velocity），或者就是简单的 3V，即庞大容量、极快速度和种类丰富的数据"如图 1-3 所示。

1. Volume（数量）

用现有技术无法管理的数据量，从现状来看，基本上是指从几十 TB 到几 PB 这样的数量级。当然，随着技术的进步，这个数值也会不断变化。

如今，存储的数据数量正在急剧增长中，人们存储所有事物包括：环境数据、财务数据、医疗数据、监控数据等。有关数据量的对话已从 TB 级别转向 PB 级别，并且不可避免地会转向 ZB 级别。但是，随着可供企业使用的数据量不断增长，可处理、理解和分析的数据的比例却不断下降。

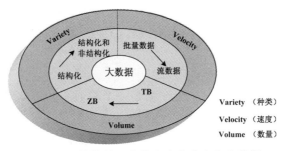

图 1-3　按数量、种类和速度来定义大数据

---

① 麦肯锡公司：是世界级领先的全球管理咨询公司。自 1926 年成立以来，公司的使命就是帮助领先的企业机构实现显著、持久的经营业绩改善，打造能够吸引、培育和激励杰出人才的优秀组织机构。

麦肯锡在全球 52 个国家有 94 个分公司。在过去十年中，麦肯锡在中国地区完成了 800 多个项目，涉及公司整体与业务单元战略、企业金融、营销/销售与渠道、组织架构、制造/采购/供应链、技术、产品研发等领域。

麦肯锡的经验是：关键是找那些企业的领导们，他们能够认识到公司必须不断变革以适应环境变化，并且愿意接受外部的建议，这些建议在帮助他们决定做何种变革和怎样变革方面大有裨益。

2．Variety（种类、多样性）

随着传感器、智能设备以及社交协作技术的激增，企业的数据也变得更加复杂，因为它不仅包含传统的关系型数据，还包含来自网页、互联网日志文件（包括单击流数据）、搜索索引、社交媒体论坛、电子邮件、文档、主动和被动系统的传感器数据等原始、半结构化和非结构化数据。

种类表示所有的数据类型。其中，爆发式增长的一些数据，如互联网上的文本数据、位置信息、传感器数据、视频等，用企业中主流的关系型数据库是很难存储的，它们都属于非结构化数据。

当然，在这些数据中，有一些是过去就一直存在并保存下来的。和过去不同的是，除了存储，还需要对这些大数据进行分析，并从中获得有用的信息，例如监控摄像机中的视频数据。近年来，超市、便利店等零售企业几乎都配备了监控摄像机，最初目的是为了防范盗窃，但现在也出现了使用监控摄像机的视频数据来分析顾客购买行为的案例。

例如，美国高级文具制造商万宝龙（Montblane）过去是凭经验和直觉来决定商品陈列布局的，现在尝试利用监控摄像头对顾客在店内的行为进行分析。通过分析监控摄像机的数据，将最想卖出去的商品移动到最容易吸引顾客目光的位置，使得销售额提高了20%。

3．Velocity（速度）

数据产生和更新的频率，也是衡量大数据的一个重要特征。就像搜集和存储的数据量和种类发生了变化一样，生成和需要处理数据的速度也在变化。不要将速度的概念限定为与数据存储相关的增长速率，应动态地将此定义应用到数据，即数据流动的速度。有效处理大数据需要在数据变化的过程中对它的数量和种类进行分析，而不只是在它静止后执行分析。

例如，遍布全国的便利店在 24 h 内产生的 POS 机数据、电商网站中由用户访问所产生的网站点击流数据、高峰时达到每秒近万条的微信短文、全国公路上安装的交通堵塞探测传感器和路面状况传感器（可检测结冰、积雪等路面状态）等，每天都在产生着庞大的数据。

IBM 在 3V 的基础上又归纳总结了第四个 V——Veracity（真实和准确）。只有真实而准确的数据才能让对数据的管控和治理真正有意义。随着社交数据、企业内容、交易与应用数据等新数据源的兴起，传统数据源的局限性被打破，企业愈发需要有效的信息治理以确保其真实性及安全性。

IDC（互联网数据中心）说："大数据是一个貌似不知道从哪里冒出来的大的动力。但实际上，大数据并不是新生事物。然而，它确实正在进入主流，并得到重大关注，这是有原因的。廉价的存储、传感器和数据采集技术的快速发展、通过云和虚拟化存储设施增加的信息链路，以及创新软件和分析工具，正在驱动着大数据。大数据不是一个'事物'，而是一个跨多个信息技术领域的动力/活动。大数据技术描述了新一代的技术和架构，其被设计用于：通过使用高速（Velocity）的采集、发现和/或分析，从超大容量（Volume）的多样（Variety）数据中经济地提取价值（Value）。"

这个定义除了揭示大数据传统的 3V 基本特征，还增添了一个新特征：Value（价值）。总之，大数据是个动态的定义，不同行业根据其应用的不同有着不同的理解，其衡量标准也在随着技术的进步而改变。

从广义层面上再为大数据下一个定义（见图 1-4）："所谓大数据，是一个综合性概念，它包括因具备 3V 特征而难以进行管理的数据，对这些数据进行存储、处理、分析的技术，以及能够通过分析这些数据获得实用意义和观点的人才和组织。"

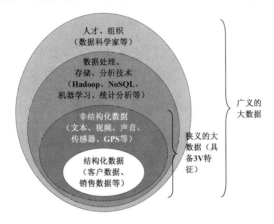

图 1-4　广义的大数据

"存储、处理、分析的技术"，指的是用于大规模数据分布式处理的框架 Hadoop、具备良好扩展性的 NoSQL 数据库，以及机器学习和统计分析等；"能够通过分析这些数据获得实用意义和观点的人才和组织"，指的是目前十分紧俏的"数据科学家"这类人才，以及能够对大数据进行有效运用的组织。

1.1.5　大数据的结构类型

大数据具有多种形式，从高度结构化的财务数据，到文本文件、多媒体文件和基因定位图的任何数据，都可称为大数据。由于数据自身的复杂性，作为一个必然的结果，处理大数据的首选方法就是在并行计算的环境中进行大规模并行处理（Massively Parallel Processing，MPP），这使得同时发生的并行摄取、并行数据装载和分析成为可能。实际上，大多数的大数据都是非结构化或半结构化的，这需要不同的技术和工具来处理和分析。

大数据最突出的特征是它的结构。图 1-5 显示了几种不同数据结构类型数据的增长趋势，由图可知，未来数据增长的 80%～90% 将来自于不是结构化的数据类型（半、准和非结构化）。

图 1-5　数据增长日益趋向非结构化

虽然图 1-5 显示了 4 种不同的、相分离的数据类型，实际上，有时这些数据类型是可以被混合在一起的。例如，有一个传统的关系数据库管理系统保存着一个软件支持呼叫中心的通话日志，这里有典型的结构化数据，如日期/时间戳、机器类型、问题类型、操作系统，这些都是在线支持人员通过图形用户界面上的下拉式菜单输入的。另外，还有非结构化数据或半结构化数据，如自由形式的通话日志信息，这些可能来自包含问题的电子邮件，或者技术问题和解决方案的实际通话描述。另外一种可能是与结构化数据有关的实际通话的语音日志或者音频文字实录。即使是现在，大多数分析人员还无法分析这种通话日志历史数据库中最普通和高度结构化的数据，因为挖掘文本信息是一项强度很大的工作，并且无法简单地实现自动化。

人们通常最熟悉结构化数据的分析，然而，半结构化数据（XML）、"准"结构化数据（网站地址字符串）和非结构化数据代表了不同的挑战，需要不同的技术来分析。

如今，人们不再认为数据是静止和陈旧的。但在以前，一旦完成了搜集数据的目的之后，数据就会被认为已经没有用处了。比如说，在飞机降落之后，票价数据就没有用了。又如，某城市的公交车因为价格不依赖于起点和终点，所以能够反映重要通勤信息的数据就可能被丢弃——设计人员如果没有大数据的理念，就会丢失掉很多有价值的数据。

今天，大数据是人们获得新的认知、创造新的价值的源泉，大数据还是改变市场、组织机构，以及政府与公民关系的方法。大数据时代对人们的生活，以及与世界交流的方式都提出了挑战。实际上，大数据的精髓在于人们分析信息时的 3 个转变，这些转变将改变人们理解和组建社会的方法，且是相互联系和相互作用的。

1.2 思维变革之一：样本=总体

大数据时代的第一个转变，是要分析与某事物相关的更多的数据，有时甚至可以处理和某个特别现象相关的所有数据，而不再是只依赖于分析随机采样的少量的数据样本。

19 世纪以来，当面临大量数据时，社会都依赖于采样分析。但是采样分析是信息缺乏时代和信息流通受限制的模拟数据时代的产物。以前人们通常把这看成是理所当然的限制，但高性能数字技术的流行让人们意识到，这其实是一种人为的限制。与局限在小数据范围相比，使用一切数据为人们带来了更高的精确性，也让人们看到了一些以前样本无法揭示的细节信息。

在某些方面，人们依然没有完全意识到自己拥有了能够搜集和处理更大规模数据的能力，仍在信息匮乏的假设下做很多事情，假定自己只能搜集到少量信息。这是一个自我实现的过程，人们甚至发展了一些使用尽可能少的信息的技术。例如，统计学的一个目的就是用尽可能少的数据来证实尽可能重大的发现。事实上，人们形成了一种习惯，那就是在制度、处理过程和激励机制中尽可能地减少数据的使用。

1.2.1 小数据时代的随机采样

数千年来，政府一直都试图通过搜集信息来管理国民，只是到最近，小企业和个人才有可能拥有大规模搜集和分类数据的能力。

以人口普查为例。据说古代埃及曾进行过人口普查，《旧约》和《新约》中对此都有所提及。那次由奥古斯都恺撒[①]（见图 1-6）主导实施的人口普查，提出了"每个人都必须纳税"。

图 1-6　奥古斯都恺撒

1086 年的《末日审判书》对当时英国的人口、土地和财产做了一个前所未有的全面记载。皇家委员穿越整个国家对每个人、每件事都做了记载，然而，人口普查是一项耗资且费时的事情，尽管如此，当时搜集的信息也只是一个大概情况，实施人口普查的人也知道他们不可能准确地记录下每个人的信息。实际上，"人口普查"这个词来源于拉丁语的"censere"，本意就是推测、估算。

三百多年前，一个名叫约翰·格朗特的英国缝纫用品商提出了一个很有新意的方法，来推算出鼠疫时期[②]伦敦的人口数，这种方法就是后来的统计学。这个方法不需要一个人一个人地计算，也比较粗糙，但采用这个方法，人们可以利用少量有用的样本信息来获取人口的整体情况。虽然后来证实他能够得出正确的数据仅仅是因为运气好，但在当时他的方法大受欢迎。样本分析法一直都有较大的漏洞，因此，无论是进行人口普查还是其他大数据类的任务，人们还是一直使用清点这种"野蛮"的方法。

考虑到人口普查的复杂性以及耗时耗费的特点，政府极少进行普查。古罗马在拥有数十万人口时每 5 年普查一次。美国宪法规定每 10 年进行一次人口普查，而随着国家人口越来越多，只能以百万计数。直到 19 世纪，这样不频繁的人口普查依然很

---

① 盖乌斯·屋大维，全名盖乌斯·尤里乌斯·恺撒·奥古斯都（公元前 102 年 7 月 12 日～公元前 44 年 3 月 15 日），罗马帝国的开国君主，元首政制的创始人，统治罗马长达 43 年，是世界历史上最为重要的人物之一。他是恺撒的甥孙，公元前 44 年被恺撒收为养子并指定为继承人。公元前 1 世纪，他平息了企图分裂罗马共和国的内战，被元老院赐封为"奥古斯都"，并改组罗马政府，给罗马世界带来了两个世纪的和平与繁荣。14 年 8 月，在他去世后，罗马元老院决定将他列入"神"的行列。

② 鼠疫时期：鼠疫也称黑死病，它第一次袭击英国是在 1348 年，此后断断续续延续了 300 多年，当时英国有近 1/3 的人口死于鼠疫。到 1665 年，这场鼠疫肆虐了整个欧洲，几近疯狂。仅伦敦地区，就死亡六七万人以上。1665 年的 6 月至 8 月的仅仅 3 个月内，伦敦的人口就减少了 1/10。到 1665 年 8 月，每周死亡达 2 000 人，9 月竟达 8 000 人。鼠疫由伦敦向外蔓延，英国王室逃出伦敦，市内的富人也携家带口匆匆出逃，居民纷纷疏散到了乡间。

困难，因为数据变化的速度超过了人口普查局统计分析的能力。

新中国成立后，先后于 1953、1964 和 1982 年举行过 3 次人口普查。前 3 次人口普查是不定期进行的，自 1990 年第 4 次全国人口普查开始改为定期进行。根据《中华人民共和国统计法实施细则》和国务院的决定以及国务院 2010 年颁布的《全国人口普查条例》规定，人口普查每 10 年进行一次，尾数逢 0 的年份为普查年度。两次普查之间，进行一次简易人口普查。2020 年为第七次全国人口普查时间。

新中国第一次人口普查的标准时间是 1953 年 6 月 30 日 24 时，所谓人口普查的标准时间，就是规定一个时间点，无论普查员入户登记在哪一天进行，登记的人口及其各种特征都是反映那个时间点上的情况。根据上述规定，不管普查员在哪天进行入户登记，普查对象所申报的都应该是标准时间的情况。通过这个标准时间，所有普查员普查登记完成后，经过汇总就可以得到全国人口的总数和各种人口状况的数据。1953 年 11 月 1 日发布了人口普查的主要数据，当时全国人口总数为 601 938 035 人。

第六次人口普查的标准时间是 2010 年 11 月 1 日零时。2011 年 4 月，发布了第六次全国人口普查主要数据。此次人口普查登记的全国总人口为 1 339 724 852 人。与 2000 年第五次人口普查相比，10 年增加 7 390 万人，增长 5.84%，年平均增长 0.57%，比 1990 年到 2000 年年均 1.07% 的长率下降了 0.5 个百分点。

美国在 1880 年进行的人口普查，耗时 8 年才完成数据汇总。因此，他们获得的很多数据都是过时的。1890 年进行的人口普查，预计要花费 13 年的时间来汇总数据。然而，税收分摊和国会代表人数确定都是建立在人口的基础上的，这些必须获得正确且及时的数据，很明显，人们已有的数据处理工具已经不适用当时的情况。后来，美国人口普查局就委托发明家赫尔曼·霍尔瑞斯（被称为现代自动计算之父）用他的穿孔卡片制表机（见图 1-7）来完成 1890 年的人口普查。

图 1-7　霍尔瑞斯普查机

经过大量的努力，霍尔瑞斯成功地在 1 年时间内完成了人口普查的数据汇总工作。这在当时简直就是一个奇迹，它标志着自动处理数据的开端，也为后来 IBM 公司的成立奠定了基础。但是，将其作为搜集处理大数据的方法依然过于昂贵。毕竟，每个美国人都必须填一张可制成穿孔卡片的表格，然后再进行统计。对于一个跨越式发展的国家而言，十年一次的人口普查的滞后性已经让普查失去了大部分意义。

　　这就是问题所在，是利用所有的数据还是仅仅采用一部分呢？最明智的自然是得到有关被分析事物的所有数据，但是，当数量无比庞大时，这又不太现实。如何选择样本？事实证明，问题的关键是选择样本时的随机性。统计学家们证明：采样分析的精确性随着采样随机性的增加而大幅提高，但与样本数量的增加关系不大。虽然听起来很不可思议，但事实上，研究表明，当样本数量达到某个值之后，从新个体身上得到的信息会越来越少，就如同经济学中的边际效应递减一样。

　　在商业领域，随机采样被用来监管商品质量。这使得监管商品质量和提升商品品质变得更容易，花费也更少。以前，全面的质量监管要求对生产出来的每个产品进行检查，而现在只需从一批商品中随机抽取部分样品进行检查即可。本质上来说，随机采样让大数据问题变得更加切实可行。同理，它将客户调查引进了零售行业，将焦点讨论引进了政治界，也将许多人文问题变成了社会科学问题。

　　随机采样取得了巨大的成功，成为现代社会、现代测量领域的主心骨。但这只是一条捷径，是在不可搜集和分析全部数据的情况下的选择，它本身存在许多固有的缺陷。它的成功依赖于采样的绝对随机性，但是实现采样的随机性非常困难。一旦采样过程中存在任何偏见，分析结果就会相去甚远。此外，随机采样不适合考察子类别的情况。因为一旦继续细分，随机采样结果的错误率会大大增加。因此，在宏观领域起作用的方法在微观领域却失去了作用。

1.2.2　大数据与乔布斯的癌症治疗

　　由于技术成本大幅下跌以及在医学方面的广阔前景，个人基因排序（DNA 分析）成为一门新兴产业。从 2007 年起，硅谷的新兴科技公司 23andMe 就开始分析人类基因，价格仅为几百美元。这可以揭示出人类遗传密码中一些会导致其对某些疾病抵抗力差的特征，如乳腺癌和心脏病。23andMe 希望能通过整合顾客的 DNA 和健康信息，了解到用其他方式不能获取的新信息。公司对某人的一小部分 DNA 进行排序，标注出几十个特定的基因缺陷。这只是该人整个基因密码的样本，还有几十亿个基因碱基对未排序。最后，23andMe 只能回答其标注过的基因组表现出来的问题。发现新标注时，该人的 DNA 必须重新排序，更准确地说，是相关的部分必须重新排列。只研究样本而不是整体，有利有弊：能更快更容易地发现问题，但不能回答事先未考虑到的问题。

　　苹果公司的传奇总裁史蒂夫·乔布斯在与癌症斗争的过程中采用了不同的方式，成为世界上第一个对自身所有 DNA 和肿瘤 DNA 进行排序的人。为此，他支付了高达几十万美元的费用，这是 23andMe 报价的几百倍之多。所以，他得到了包括整个基因密码的数据文档。

　　对于一个普通的癌症患者，医生只能期望他的 DNA 排列同试验中使用的样本足够相似。但是，史蒂夫·乔布斯的医生们能够基于乔布斯的特定基因组成，按所需效果用药。如果癌症病变导致药物失效，医生可以及时更换另一种药。乔布斯曾经开玩笑地说：“我要么是第一个通过这种方式战胜癌症的人，要么就是最后一个因为这种方式死于癌症的人。”虽然他的愿望都没有实现，但是这种获得所有数据而不仅是样

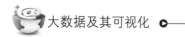

本的方法还是将他的生命延长了好几年。

1.2.3 全数据模式：样本=总体

采样的目的是用最少的数据得到最多的信息，而当人们可以获得海量数据时，采样也就失去了意义。如今，感应器、手机导航、网站点击和微信等被动地搜集了大量数据，而计算机可以轻易地对这些数据进行处理——数据处理技术已经发生了翻天覆地的改变。

在很多领域，从搜集部分数据到搜集尽可能多的数据的转变已经发生。如果可能，人们会搜集所有的数据，即"样本=总体"，这是指人们能对数据进行深度探讨。

分析整个数据库，而不是对一个小样本进行分析，能够提高微观层面分析的准确性。所以，人们经常会放弃样本分析这条捷径，而选择搜集全面而完整的数据。人们需要足够的数据处理和存储能力，也需要最先进的分析技术。同时，简单廉价的数据搜集方法也很重要。过去，这些问题中的任何一个都很棘手。在一个资源有限的时代，要解决这些问题需要付出很高的代价。但现在，解决这些难题已经变得简单容易得多。曾经只有大公司才能做到的事情，现在绝大部分的公司都可以做到。

1.3 思维变革之二：接受数据的混杂性

大数据时代的第二个转变，是人们乐于接受数据的纷繁复杂，而不再一味追求其精确性。

在越来越多的情况下，使用所有可获取的数据变得更为可能，但为此也要付出一定的代价。数据量的大幅增加会造成结果的不准确，与此同时，一些错误的数据也会混进数据库。如何避免这些问题，适当忽略微观层面上的精确度会让人们在宏观层面拥有更好的洞察力。

1.3.1 允许不精确

对"小数据"而言，最基本、最重要的要求是减少错误，保证质量。因为搜集的信息量比较少，所以必须确保记录下来的数据尽量精确。无论是确定天体的位置还是观测显微镜下物体的大小，为了使结果更加准确，很多科学家都致力于优化测量的工具，发展了可以准确搜集、记录和管理数据的方法。在采样时，对精确度的要求更高更苛刻。因为搜集信息的有限性意味着细微的错误会被放大，甚至有可能影响整个结果的准确性。

然而，在不断涌现的新情况里，允许不精确地出现已经成为一个亮点。因为放松了容错的标准，人们掌握的数据也多了起来，还可以利用这些数据做更多新的事情。这样就不是大量数据优于少量数据那么简单了，而是大量数据创造了更好的结果。

同时，人们需要与各种各样的混乱作斗争。混乱，简单地说就是随着数据的增加，错误率也会相应增加。所以，如果桥梁的压力数据量增加 1 000 倍，其中的部分读数就可能是错误的，而且随着读数量的增加，错误率可能也会继续增加。在整合来源不同的各类信息时，因为它们通常不完全一致，所以也会加大混乱程度。

混乱还可以指格式的不一致性，因为要达到格式一致，就需要在进行数据处理之前仔细地清洗数据，而这在大数据背景下很难做到。

当然，在萃取或处理数据时，混乱也会发生。因为在进行数据转化时，我们是在把它变成另外的事物。比如，葡萄是温带植物，温度是葡萄生长发育的重要因素，假设要测量一个葡萄园的温度，但是整个葡萄园只有一个温度测量仪，那就必须确保这个测量仪是精确的而且能够一直工作。反过来，如果每100棵葡萄树就有一个测量仪，有些测试的数据可能会是错误的，可能会更加混乱，但众多的读数合起来就可以提供一个更加准确的结果。因为这里面包含了更多的数据，而它不仅能抵消掉错误数据造成的影响，还能提供更多的额外价值。

大数据在多大程度上优于算法，这个问题在自然语言处理上表现得很明显。2000年，微软研究中心的米歇尔·班科和埃里克·布里尔一直在寻求改进Word程序中语法检查的方法。但是他们不能确定是努力改进现有的算法、研发新的方法，还是添加更加细腻精致的特点更有效。所以，在实施这些措施之前，他们决定往现有的算法中添加更多的数据，看看会有什么不同的变化。很多对计算机学习算法的研究都建立在百万字左右的语料库基础上。最后，他们决定往4种常见的算法中逐渐添加数据，先是一千万字，再到一亿字，最后到十亿。

结果有点令人吃惊。他们发现，随着数据的增多，4种算法的表现都大幅提高。当数据只有500万时，有一种简单的算法表现得很差，但当数据达10亿时，它变成了表现最好的，准确率从原来的75%提高到了95%以上。与之相反地，在少量数据情况下运行最好的算法，在加入更多的数据时，也会像其他的算法一样有所提高，但是却变成了在大量数据条件下运行最不好的。

后来，班科和布里尔在他们发表的研究论文中写到，"如此一来，我们得重新衡量一下更多的人力物力是应该消耗在算法发展上还是在语料库发展上。"

1.3.2 大数据的简单算法与小数据的复杂算法

20世纪40年代，计算机由真空管制成，要占据整个房间这么大的空间。而机器翻译也只是计算机开发人员的一个想法。所以，计算机翻译也成了亟待解决的问题。

最初，计算机研发人员打算将语法规则和双语词典结合在一起。1954年，IBM以计算机中的250个词语和六条语法规则为基础，将60个俄语词组翻译成英语，结果振奋人心。IBM 701通过穿孔卡片读取了一句话，并将其译成了"我们通过语言来交流思想"。在庆祝这个成就的发布会上，一篇报道提到这60句话翻译得很流畅。这个程序的指挥官利昂·多斯特尔特表示，他相信"在三五年后，机器翻译将会变得很成熟"。

事实证明，计算机翻译最初的成功误导了人们。1966年，一群机器翻译的研究人员意识到，翻译比他们想象的更困难，他们不得不承认自己的失败。机器翻译不能只是让计算机熟悉常用规则，还必须教会计算机处理特殊的语言情况。毕竟，翻译不仅仅只是记忆和复述，也涉及选词，而明确地教会计算机这些非常不现实。

在20世纪80年代后期，IBM的研发人员提出了一个新的想法。与单纯教给计算机语言规则和词汇相比，他们试图让计算机自己估算一个词或一个词组适合用来翻译另一种语言中的一个词和词组的可能性，然后再决定某个词和词组在另一种语言中的对等词和词组。

20世纪90年代，IBM这个名为Candide的项目花费了大概十年的时间，将大约有300万句之多的加拿大议会资料译成了英语和法语并出版。由于是官方文件，翻译的标准非常高。用那个时候的标准来看，数据量非常之庞大。统计机器学习从诞生之日起，就聪明地把翻译的挑战变成了一个数学问题，而这似乎很有效，计算机翻译能力在短时间内就提高了很多。但这次飞跃之后，IBM公司尽管投入了很多资金，但取得的成效不大。最终，IBM公司停止了这个项目。

2006年，谷歌公司也开始涉足机器翻译，这被当作实现"搜集全世界的数据资源，并让人人都可享受这些资源"这个目标的一个步骤。谷歌翻译开始利用一个更大更繁杂的数据库，也就是全球的互联网，而不再只利用两种语言之间的文本翻译。

为了训练计算机，谷歌翻译系统会吸收它能找到的所有翻译。它从各种各样语言的公司网站上寻找对译文档，还会寻找联合国和欧盟这些国际组织发布的官方文件和报告的译本。它甚至会吸收速读项目中的书籍翻译。谷歌翻译部的负责人弗朗兹·奥齐是机器翻译界的权威，他指出，"谷歌的翻译系统不会像Candide一样只是仔细地翻译300万句话，它会掌握用不同语言翻译的质量参差不齐的数十亿页的文档。"不考虑翻译质量的话，上万亿的语料库就相当于950亿句英语。

尽管其输入源很混乱，但较其他翻译系统，谷歌的翻译质量相对而言还是最好的，而且可翻译的内容更多。到2012年年中，谷歌数据库涵盖了60多种语言，甚至能够接受14种语言的语音输入，并有很流利的对等翻译。之所以能做到这些，是因为它将语言视为能够判别可能性的数据，而不是语言本身。如果要将印度语译成加泰罗尼亚语，谷歌就会把英语作为中介语言。因为在翻译时它能适当增减词汇，所以谷歌的翻译比其他系统的翻译灵活很多。

谷歌的翻译之所以更好并不是因为它拥有一个更好的算法机制与这是因为谷歌翻译增加了很多各种各样的数据。从谷歌的例子来看，它之所以能比IBM的Candide系统多利用成千上万的数据，是因为它接受了有错误的数据。2006年，谷歌发布的上万亿的语料库，就是来自于互联网的一些废弃内容。这就是"训练集"，可以正确地推算出英语词汇搭配在一起的可能性。

谷歌公司人工智能专家彼得·诺维格在一篇题为《数据的非理性效果》的文章中写道，"大数据基础上的简单算法比小数据基础上的复杂算法更加有效。"他们指出混杂是关键。"由于谷歌语料库的内容来自于未经过滤的网页内容，所以会包含一些不完整的句子、拼写错误、语法错误以及其他各种错误。况且，它也没有详细的人工纠错后的注解。但是，谷歌语料库的数据优势完全压倒了缺点。"

1.3.3　纷繁的数据越多越好

通常传统的统计学家都很难容忍错误数据的存在，在搜集样本时，他们会用一整套的策略来减少错误发生的概率。在结果公布之前，他们也会测试样本是否存在潜在的系统性偏差。这些策略包括根据协议或通过受过专门训练的专家来采集样本。但是，即使只是少量的数据，这些规避错误的策略实施起来还是耗费巨大。尤其是当搜集所有数据时，在大规模的基础上保持数据搜集标准的一致性不太现实。

如今，人们已经生活在信息时代，人们掌握的数据库也越来越全面，包括了与这些现象相关的大量甚至全部数据。人们不再需要那么担心某个数据点对整套分析的不利影响，要做的就是要接受这些纷繁的数据并从中受益，而不是以高昂的代价消除所有的不确定性。

在华盛顿州布莱恩市的英国石油公司（BP）切里波因特炼油厂（见图1-8）中，无线感应器遍布于整个工厂，形成无形的网络，能够产生大量实时数据。在这里，酷热的恶劣环境和电气设备的存在有时会对感应器读数有所影响，形成错误的数据。但是数据生成的数量之多可以弥补这些小错误。随时监测管道的承压使得BP能够了解到有些种类的原油比其他种类更具有腐蚀性。以前，这都是无法发现也无法防止的。

图 1-8　炼油厂

有时候，当人们掌握了大量新型数据时，精确性就不那么重要了，人们同样可以掌握事情的发展趋势。除了一开始会与人们的直觉相矛盾之外，接受数据的不精确和不完美反而能够更好地进行预测，也能够更好地理解这个世界。

值得注意的是，错误性并不是大数据本身固有的特性，而是一个亟需人们去处理的现实问题，并且有可能长期存在，它只是人们用来测量、记录和交流数据的工具的一个缺陷。因为拥有更大数据量所能带来的商业利益远远超过增加一点精确性，所以通常人们不会再花大力气去提升数据的精确性。这又是一个关注焦点的转变，正如以前，统计学家们总是把他们的兴趣放在提高样本的随机性而不是数量上。如今，大数据带来的利益，让人们能够接受不精确的存在。

1.3.4　5%的数字数据与95%的非结构化数据

据估计，只有5%的数字数据是结构化的且能适用于传统数据库。如果不接受混乱，剩下95%的非结构化数据都无法被利用，如网页和视频资源。

如何看待使用所有数据和使用部分数据的差别，以及如何选择放松要求并取代严格的精确性，将会让人与世界的沟通产生深刻的影响。随着大数据技术成为日常生活中的一部分，人们应该开始从一个比以前更大更全面的角度来理解事物，也就是说应该将"样本=总体"植入人们的思维中。

相比依赖于小数据和精确性的时代，大数据更强调数据的完整性和混杂性，帮助人们进一步接近事实的真相。当视野局限在可以分析和能够确定的数据上时，人们对世界的整体理解就可能产生偏差和错误。不仅失去了尽力搜集一切数据的动力，也失去了从各个不同角度来观察事物的权利。

大数据要求人们有所改变，人们必须能够接受混乱和不确定性。精确性似乎一直是人们生活的支撑，但认为每个问题只有一个答案的想法是站不住脚的。

1.4 思维变革之三：数据的相关关系

在传统观念下，人们总是致力于找到一切事情发生背后的原因，然而很多时候，寻找数据间的关联并利用这种关联就已足够。这些思想上的重大转变导致第三个变革：人们尝试着不再探求难以捉摸的因果关系，转而关注事物的相关关系。相关关系也许不能准确地告知人们某件事情为何会发生，但是它会提醒人们这件事情正在发生。在许多情况下，这种提醒的帮助已经足够大。

如果数百万条电子医疗记录显示橙汁和阿司匹林的特定组合可以治疗癌症，那么找出具体的药理机制就没有这种治疗方法本身来得重要。同样，只要知道什么时候是买机票的最佳时机，就算不知道机票价格疯狂变动的原因也无所谓。大数据告诉我们"是什么"而不是"为什么"。在大数据时代，不必知道现象背后的原因，只须让数据自己发声。人们不再需要在还没有搜集数据之前，就把分析建立在早已设立的少量假设的基础之上。让数据发声，会注意到很多以前从来没有意识到的联系的存在。

1.4.1 关联物，预测的关键

虽然在小数据世界中相关关系也是有用的，但如今在大数据的背景下，通过应用相关关系，人们可以比以前更容易、更快捷、更清楚地分析事物。

所谓相关关系，其核心是指量化两个数据值之间的数理关系。相关关系强是指当一个数据值增加时，另一个数据值很有可能也会随之增加。我们已经看到过这种很强的相关关系，如谷歌流感趋势：在一个特定的地理位置，越多的人通过谷歌搜索特定的词条，该地区就有更多的人患了流感。相反，相关关系弱就意味着当一个数据值增加时，另一个数据值几乎不会发生变化。例如，我们可以寻找关于个人的鞋码和幸福的相关关系，但会发现它们几乎扯不上什么关系。

相关关系通过识别有用的关联物来帮助人们分析一个现象，而不是通过揭示其内部的运作机制。当然，即使是很强的相关关系也不一定能解释每一种情况，比如两个事物看上去行为相似，但很有可能只是巧合。相关关系没有绝对，只有可能性。也就是说，不是亚马逊推荐的每本书都是顾客想买的书。但是，如果相关关系强，一个相关链接成功的概率还是很高的。这一点很多人可以证明，他们的书架上有很多书都是因为亚马逊推荐而购买的。

通过找到一个现象的良好的关联物，相关关系可以帮助人们捕捉现在和预测未来。如果 A 和 B 经常一起发生，那我们只需要注意到 B 发生了，就可以预测 A 也发生了。这有助于我们捕捉可能和 A 一起发生的事情，即使不能直接测量或观察到 A。

更重要的是，它还可以帮助我们预测未来可能发生什么。当然，相关关系是无法预知未来的，它们只能预测可能发生的事情，但是，这已极其珍贵。

在大数据时代，建立在相关关系分析法基础上的预测是大数据的核心。这种预测发生的频率非常高，以至于人们经常忽略了它的创新性。当然，它的应用会越来越多。

在社会环境下寻找关联物只是大数据分析法采取的一种方式。同样有用的一种方法是，通过找出新种类数据之间的相互联系来解决日常需要。比如说，一种称为预测分析法的方法就被广泛地应用于商业领域，它可以预测事件的发生。这可以指一个能发现可能的流行歌曲的算法系统——音乐界广泛采用这种方法来确保它们看好的歌曲真的会流行；也可以指那些用来防止机器失效和建筑倒塌的方法。现在，在机器、发动机和桥梁等基础设施上放置传感器变得越来越平常，这些传感器被用来记录散发的热量、振幅、承压和发出的声音等。

一个东西要出故障，不会是瞬间的，而是慢慢地出问题。通过搜集所有的数据，人们可以预先捕捉到事物要出故障的信号，比如发动机的嗡嗡声、引擎过热都说明它们可能要出故障了。系统把这些异常情况与正常情况进行对比，就会知道什么地方出了毛病。通过尽早发现异常，系统可以提醒人们在故障之前更换零件或者修复问题。通过找出一个关联物并监控它，人们就能预测未来。

1.4.2　"是什么"，而不是"为什么"

在小数据时代，相关关系分析和因果分析都不容易，耗费巨大，都要从建立假设开始，然后进行实验——这个假设要么被证实要么被推翻。但是，由于两者都始于假设，这些分析就都有受偏见影响的可能，极易导致错误。与此同时，用来做相关关系分析的数据很难得到。

另一方面，在小数据时代，由于计算机能力的不足，大部分相关关系分析仅限于寻求线性关系。而事实上，实际情况远比人们所想象的要复杂。经过复杂的分析，人们能够发现数据的"非线性关系"。

多年来，经济学家和政治家一直认为收入水平和幸福感是成正比的。从数据图表上可以看到，虽然统计工具呈现的是一种线性关系，但事实上，它们之间存在一种更复杂的动态关系。例如，对于收入水平在1万美元以下的人来说，一旦收入增加，幸福感会随之提升；但对于收入水平在1万美元以上的人来说，幸福感并不会随着收入水平提高而提升。如果能发现这层关系，人们看到的就应该是一条曲线，而不是统计工具分析出来的直线。

这个发现对决策者来说非常重要。如果只看到线性关系，那么政策重心应完全放在增加收入上，因为这样才能增加全民的幸福感。而一旦察觉到这种非线性关系，策略的重心就会变成提高低收入人群的收入水平，因为这样明显更划算。

大数据时代，专家们正在研发能发现并对比分析非线性关系的技术工具。一系列飞速发展的新技术和新软件也从多方面提高了相关关系分析工具发现非因果关系的能力。这些新的分析工具和思路为人们展现了一系列新的视野被有用的预测，看到了很多以前不曾注意到的联系，还掌握了以前无法理解的复杂技术和社会动态。但最重要的是，通过去探求"是什么"而不是"为什么"，相关关系帮助人们更好地了解世界。

1.4.3　通过相关关系了解世界

传统情况下，人类是通过因果关系了解世界的。首先，人们的直接愿望就是了解因果关系。即使无因果联系存在，人们也还是会假定其存在。研究证明，这只是人们的认知方式，与每个人的文化背景、生长环境以及教育水平无关。当看到两件事情接连发生的时候，人们会习惯性地从因果关系的角度来看待它们。在小数据时代，很难证明由直觉而来的因果联系是错误的。

将来，大数据之间的相关关系，将经常会用来证明直觉的因果联系是错误的。最终也能表明，统计关系也不蕴含多少真实的因果关系。总之，人们的快速思维模式将会遭受各种各样的现实考验。

与因果关系不同，证明相关关系的实验耗资少，费时也少。与之相比，分析相关关系既有数学方法，也有统计学方法，同时，数字工具也能帮人们准确地找出相关关系。

相关关系分析本身意义重大，同时它也为研究因果关系奠定了基础。通过找出可能相关的事物，人们可以在此基础上进行进一步的因果关系分析。如果存在因果关系，人们再进一步找出原因，这种便捷的机制通过实验降低了因果分析的成本。也可以从相互联系中找到一些重要的变量，这些变量可以用到验证因果关系的实验中。

例如，Kaggle 公司举办了关于二手车的质量竞赛。二手车经销商将二手车数据提供给参加比赛的统计学家，统计学家们用这些数据建立一个算法系统来预测经销商拍卖的哪些车有可能出现质量问题。相关关系分析表明，橙色的车有质量问题的可能性只有其他车的一半。

这难道是因为橙色车的车主更爱车，所以车被保护得更好吗？或是这种颜色的车子在制造方面更精良些吗？还是因为橙色的车更显眼、出车祸的概率更小，所以转手时，各方面的性能保持得更好？

人们应该陷入各种各样谜一样的假设中。若要找出相关关系，可以用数学方法，但如果是因果关系的话，这却是行不通的。所以，没必要一定要找出相关关系背后的原因，当人们知道了"是什么"的时候，"为什么"其实没那么重要了，否则就会催生一些滑稽的想法。比方说上面提到的例子里，是不是应该建议车主把车漆成橙色呢？毕竟，

考虑到这些，如果把以确凿数据为基础的相关关系和通过快速思维构想出的因果关系相比，前者就更具有说服力。但在越来越多的情况下，快速清晰的相关关系分析甚至比慢速的因果分析更有用和更有效。慢速的因果分析集中体现为通过严格控制的实验来验证的因果关系，而这必然是非常耗时耗力的。

在大多数情况下，一旦完成了对大数据的相关关系分析，而又不再满足于仅仅知道"是什么"时，人们就会继续向更深层次研究因果关系，找出背后的"为什么"。

因果关系还是有用的，但是它将不再被看成是意义来源的基础。在大数据时代，即使很多情况下，我们依然指望用因果关系来说明所发现的相互联系，但是，我们知道因果关系只是一种特殊的相关关系。相反，大数据推动了相关关系分析。相关关系

分析通常情况下能取代因果关系起作用，即使不可取代的情况下，它也能指导因果关系起作用。

【实验与思考】深入理解大数据时代

1．实验目的

（1）熟悉大数据时代思维变革的基本概念和主要内容。

（2）理解在传统情况下，人们分析信息了解世界的主要方法；分析大数据时代人们思维变革的三大转变。

2．工具/准备工作

在开始本实验之前，请认真阅读课程的相关内容。

需要准备一台带有浏览器，能够访问因特网的计算机。

3．实验内容与步骤

（1）大数据时代人们分析信息、理解世界的三大转变是指什么？

答：

① _____

_____

② _____

_____

③ _____

（2）简述在大数据时代，为什么要"分析与某事物相关的所有数据，而不是依靠分析少量的数据样本"？

答：_____

_____

（3）简述在大数据时代，为什么"我们乐于接受数据的纷繁复杂，而不再一味追求其精确性"？

答：_____

_____

（4）什么是数据的因果关系？什么是数据的相关关系？

答：_____

_____

（5）简述在大数据时代，为什么"人们不再探求难以捉摸的因果关系，转而关注事物的相关关系"？

答：_____

_____

（6）网络搜索和浏览。看看哪些网站在支持大数据技术或者数据科学的技术工作，请在表 1-1 中记录搜索结果。

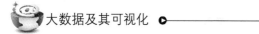

表 1-1 数据科学专业网站实验记录

网站名称	网 址	主要内容描述

提示：一些大数据或者数据科学的专业网站：

http://www.thebigdata.cn（中国大数据）

http://www.shujukexuejia.com（数据科学家）

http://www.51bdtime.com（大数据时代）

http://www.moojnn.com（大数据魔镜）

你习惯使用的网络搜索引擎是：_____

你在本次搜索中使用的关键词主要是：_____

_____

记录：在本实验中感觉比较重要的两个大数据或者数据科学专业网站。

① 网站名称：_____

② 网站名称：_____

请分析：你认为各大数据专业网站当前的技术热点（例如从培训项目中得知）。

① 名称：_____

技术热点：_____

_____

② 名称：_____

技术热点：_____

_____

③ 名称：_____

技术热点：_____

_____

4．实验总结

_____

_____

_____

5．实验评价（教师）

_____

_____

第 2 章

数据可视化之美 ⋘

【案例导读】南丁格尔"极区图"

　　弗洛伦斯·南丁格尔（1820 年 5 月 12 日～
1910 年 8 月 13 日，见图 2-1）是世界上第一个
真正意义上的女护士，被誉为现代护理业之母，
5.12 国际护士节就是为了纪念她，这一天是南丁
格尔的生日。除了在医学和护理界的辉煌成就，
实际上，南丁格尔还是一名优秀的统计学家——
她是英国皇家统计学会的第一位女性会员，也是
美国统计学会的会员。据说南丁格尔早期大部分
声望都来自其对数据清楚且准确的表达。

　　南丁格尔生活的时代，各个医院的统计资料
非常不精确，也不一致，她认为医学统计资料有

图 2-1　南丁格尔

助于改进医疗护理的方法和措施。于是，在她编著的各类书籍、报告等材料中使用了
大量的统计图表，其中最为著名的就是极区图，也叫南丁格尔玫瑰图（见图 2-2）。
南丁格尔发现，战斗中阵亡的士兵数量少于因为受伤却缺乏治疗的士兵。为了挽救更
多的士兵，她画了这张《东部军队（战士）死亡原因示意图》（1858 年）。

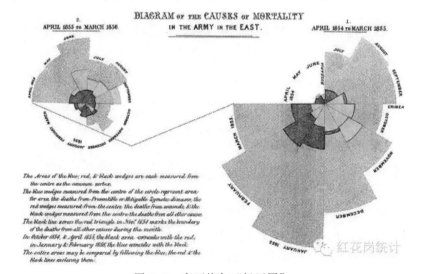

图 2-2　南丁格尔"极区图"

这张图描述了 1854 年 4 月～1856 年 3 月期间士兵死亡情况，右图是 1854 年 4 月～1855 年 3 月，左图是 1855 年 4 月～1856 年 3 月，用蓝、红、黑 3 种颜色表示 3 种不同的情况，蓝色代表可预防和可缓解的疾病治疗不及时造成的死亡、红色代表战场阵亡、黑色代表其他死亡原因。图表各个扇区角度相同，用半径及扇区面积来表示死亡人数，可以清晰地看出每个月因各种原因死亡的人数。显然，1854 年～1855 年，因医疗条件而造成的死亡人数远远大于战死沙场的人数，这种情况直到 1856 年初才得到缓解。南丁格尔的这张图表以及其他图表"生动有力的说明了在战地开展医疗救护和促进伤兵医疗工作的必要性，打动了当局者，增加了战地医院，改善了军队医院的条件，为挽救士兵生命作出了巨大贡献"。

南丁格尔"极区图"是统计学家对利用图形来展示数据进行的早期探索，南丁格尔的贡献，充分说明了数据可视化的价值，特别是在公共领域的价值。

（本案例由作者根据相关资料改写）

阅读上文，请思考、分析并简单记录：

（1）你看到过且印象深刻的数据可视化的案例。

答：_____

_____

（2）你此前知道南丁格尔吗？你此前是否知道南丁格尔玫瑰图（极区图）？

答：_____

_____

（3）发展大数据可视化，那么传统的数据或信息的表示方式是否还有意义？请简述你的看法。

答：_____

_____

_____

（4）请简单记述你所知道的上一周发生的国际、国内或者身边的大事。

答：_____

_____

_____

2.1　数据与可视化

要想把数据可视化，就必须知道它表达的是什么。事实上，数据是现实世界的一个快照，会传递给我们大量的信息。一个数据点可以包含时间、地点、人物、事件、起因等因素，因此，一个数字不再只是沧海一粟。可是，从一个数据点中提取信息并不像一张照片那么简单。人们可以猜到照片里发生的事情，但如果对数据心存侥幸，认为它非常精确，并和周围的事物紧密相关，就有可能曲解真实的数据。必须观察数据产生的来龙去脉，并把数据集作为一个整体来理解。关注全貌比只注意到局部更容易做出准确的判断。

通常在实施记录时，由于成本太高或者缺少人力，人们不大可能记录一切，而是只能获取零碎的信息，然后寻找其中的模式和关联，凭经验猜测数据所表达的含义，数据是对现实世界的简化和抽象表达。当你可视化数据时，其实是在将对现实世界的抽象表达可视化，或至少是将它的一些细微方面可视化。可视化能帮助人们从一个个独立的数据点中解脱出来，换一个不同的角度去探索它们。

数据和它所代表的事物之间的关联既是把数据可视化的关键，也是全面分析数据的关键，同样还是深层次理解数据的关键。计算机可以把数字批量转换成不同的形状和颜色，但是人们必须建立起数据和现实世界的联系，以便使用图表的人能够从中得到有价值的信息。数据会因其可变性和不确定性而变得复杂，但放入一个合适的背景信息中，就会变得容易理解。

2.1.1　数据的可变性

以美国国家公路交通安全管理局发布的公路交通事故数据为例，来了解数据的可变性。

例如，从 2001 年到 2010 年，根据美国国家公路交通安全管理局发布的数据，全美共发生了 363 839 起致命的公路交通事故。这个总数代表着那部分逝去的生命，如图 2-3 所示，把所有注意力放在这个数字上，能让人们深思，甚至反省自己的一生。

然而，除了安全驾驶之外，从这个数据中还学到什么呢？由于所提供的数据具体到了每一起事故及其发生的时间和地点，人们可以从中了解到更多的信息。

如果在地图中画出 2001 年至 2010 年间全美国发生的每一起致命的交通事故，用一个点代表一起事故，就可以看到事故多集中发生在大城市和高速公路主干道上，而人烟稀少的地方和道路几乎没有事故发生过。此外，这幅图除了告诉人们对交通事故不能掉以轻心之外，还告诉人们关于美国公路网络的情况。

观察这些年里发生的交通事故，人们会把关注焦点切换到这些具体的事故上。图 2-4 显示了每年发生的交通事故总数，所表达的内容与简单告知一个总数完全不同。虽然每年仍会发生成千上万起交通事故，但通过观察可以看到，2006 年到 2010 年间事故显著呈下降趋势。

图 2-3　2001 年至 2010 年全美公路致命交通事故总数

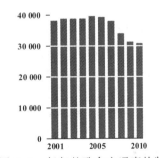

图 2-4　每年的致命交通事故数

从图 2-5 中可以看出，交通事故发生的季节性周期很明显。夏季是事故多发期，因为此时外出旅游的人较多。而在冬季，开车出门旅行的人相对较少，事故就会少很多。每年都是如此。同时，还可以看到 2006 年到 2010 年呈下降趋势。

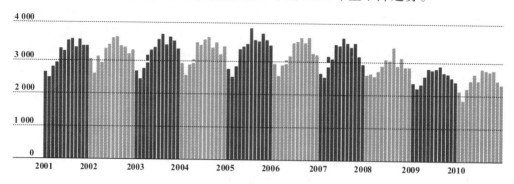

图 2-5 月度致命交通事故数

如果比较那些年的具体月份，还有一些变化。例如，在 2001 年，8 月份的事故最多，9 月份相对回落。从 2002 年到 2004 年每年都是这样。从 2005 年到 2007 年，每年 7 月份的事故最多。从 2008 年到 2010 年又变成了 8 月份。另一方面，因为每年 2 月份的天数最少，事故数也就最少，只有 2008 年例外。因此，这里存在不同季节的变化和季节内的变化。

还可以更加详细地观察每日的交通事故数，例如看出高峰和低谷模式，可以看出周循环周期，（就是周末比周中事故多），以及每周的高峰日在周五、周六和周日间的波动。可以继续增加数据的粒度，即观察每小时的数据。

重要的是，查看这些数据比查看平均数、中位数和总数更有价值，测量值只告诉人们一小部分信息。大多时候，总数或数值只是告诉人们分布的中间在哪里，而未能显示出应该关注的细节。

2.1.2 数据的不确定性

通常，大部分数据都是估算的，并不精确。分析师会研究一个样本，并据此猜测整体的情况。人们会基于自己的知识和见闻来猜测，即使大多时候所猜测的是正确的，但仍然存在不确定性。例如，笔记本电脑上的电池寿命估计会按小时增量跳动，地铁预告说下一班车将会在 10 分钟内到达，但实际上是 11 分钟，或者预计在周一送达的一份快件往往周三才到。

如果数据是一系列平均数和中位数，或者是基于一个样本群体的一些估算，就应该时时考虑其存在的不确定性。当人们基于类似全国人口或世界人口的预测数做影响广泛的重大决定时，这一点尤为重要，因为一个很小的误差可能会导致巨大的差异。

换个角度，想象有一罐彩虹糖，你想猜猜罐子里每种颜色的彩虹糖各有多少颗。如果把一罐彩虹糖统统倒在桌子上，一颗颗数，那就不用再估算。但是，如果只能抓一把，然后基于手里的彩虹糖推测整罐的情况，这一把抓得越多越大估计值就越接近整罐的情况，也就越容易猜测。相反，如果只能拿一颗彩虹糖，那几乎无法推测罐子里的情况。

只拿一颗彩虹糖，误差会很大。而拿一大把彩虹糖，误差会小很多。如果把整罐都数一遍，误差就是零。当有数百万个彩虹糖装在上千个大小不同的罐子里时，分布各不相同，每一把的大小也不一样，估算就会变得更复杂了。

2.1.3 数据的背景信息

仰望夜空，满天繁星看上去就像平面上的一个个点（见图 2-6）。若感觉不到视觉深度，会觉得星星都离自己一样远，很容易就能把星空直接搬到纸面上，于是星座也就不难想象了，把一个个点连接起来即可。但实际上，不同的星星与你的距离可能相差许多光年。假如你能飞得比星星还远，星座看起来又会是什么样呢？

如果切换到显示实际距离的模式，星星的位置转移了，原先容易辨别的星座也几乎认不出来。从新的视角出发，数据看起来也就不同，这就是背景信息的作用。背景信息可以完全改变一个人对某一个数据集的看法，它能帮助人们确定数据代表什么以及如何解释。在确切了解了数据

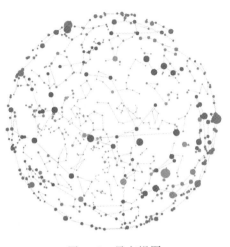

图 2-6　星空视图

的含义之后，你的理解会帮你找出有趣的信息，从而带来有价值的可视化效果。

使用数据而不了解数值本身之外的任何信息，就好比拿断章取义的片段作为文章的主要论点引用一样。这样做或许没有问题，但却可能完全误解说话人的意思。必须首先了解何人、如何、何事、何时、何地以及何因，即元数据，或者说关于数据的数据，然后才能了解数据的本质是什么。

何人（who）："谁搜集了数据"和"数据是关于谁的"同样重要。

如何（how）：大致了解怎样获取你感兴趣的数据。如果数据是你搜集的，那一切都好，但如果数据只是从网上获取到的，那就不需要知道每种数据集背后精确的统计模型，但要小心小样本，样本小，误差率就高，也要小心不合适的假设，比如包含不一致或不相关信息的指数或排名等。

何事（what）：还要知道自己的数据是关于什么的，应该知道围绕在数字周围的信息是什么。可以跟学科专家交流、阅读论文及相关文件。

何时（when）：数据大都以某种方式与时间关联。数据可能是一个时间序列，或者是特定时期的一组快照。不论是哪一种，都必须清楚知道数据是什么时候采集的。由于只能得到旧数据，于是很多人会把旧数据当成现在的数据使用，这是一种常见的错误。事在变，人在变，地点也在变，数据自然也会变。

何地（where）：正如事情会随着时间变化一样，它们也会随着城市、地区和国家的不同而变化：例如，不要将来自少数几个国家的数据推及整个世界。同样的道理也适用于数字定位。一些网站的数据能够概括网站用户的行为，但未必适用于物理世界。

为何（why）：最后，必须了解搜集数据的原因，通常这是为了检查一下数据是否存在偏颇。有时人们搜集甚至捏造数据只是为了应付某项议程，应当警惕这种情况。

首要任务是竭尽所能地了解自己的数据,这样,数据分析和可视化会因此而增色。可视化通常被认为是一种图形设计或破解计算机科学问题的练习,但最好的作品往往来源于数据。要可视化数据,必须理解数据是什么,它代表了现实世界中的什么,以及应该在什么样的背景信息中解释它。

在不同的粒度上,数据会呈现出不同的形状和大小,并带有不确定性,这意味着总数、平均数和中位数只是数据点的一小部分。数据是曲折的、旋转的,也是波动的、个性化的,甚至是富有诗意的。因此,可以看到多种形式的可视化数据。

2.1.4 打造最好的可视化效果

计算机中也存在不需要人为干涉就能单独处理数据的例子。例如,当要处理数十亿条搜索查询时,要想人为地找出与查询结果相匹配的文本广告是根本不可能的。同样,计算机系统非常善于自动定价,并在百万多个交易中快速判断出哪些具有欺骗性。

但是,人类可以根据数据做出更好的决策。事实上,拥有的数据越多,从数据中提取出具有实践意义的见解就显得越发重要。可视化和数据是相伴而生的,将这些数据可视化,可能是指导人们行动的最强大的机制之一。

可视化可以将事实融入数据,并引起情感反应,它可以将大量数据压缩成便于使用的知识。因此,可视化不仅是一种传递大量信息的有效途径,它还和大脑直接联系在一起,并能触动情感,引起化学反应。可视化可能是传递数据信息最有效的方法之一。研究表明,不仅可视化本身很重要,何时、何地、以何种形式呈现对可视化来说也至关重要。

通过设置正确的场景,选择恰当的颜色甚至选择一天中合适的时间,可视化可以更有效地传达隐藏在大量数据中的真知灼见。科学证据证明了在传递信息时环境和传输的重要性。

2.2 数据与图形

将信息可视化能有效地抓住人们的注意力。有的信息如果通过单纯的数字和文字来传达,可能需要花费数分钟甚至几小时,甚至可能无法传达;但通过颜色、布局、标记和其他元素的融合,图形却能够在几秒钟之内把这些信息传达给人们。

2.2.1 地图传递信息

假设你是第一次来到华盛顿,想到处走走看看,参观白宫和各处的纪念碑、博物馆等。为此,需要利用当地的交通系统——地铁。这看上去挺简单,但如果没有地图,不知道怎么走,即使遇上个把好心人热情指点,要弄清楚搭哪条线路,在哪个站上车、下车,也是一件困难的事。幸运的是,华盛顿地铁图(见图2-7)可以来传达很多数据信息。

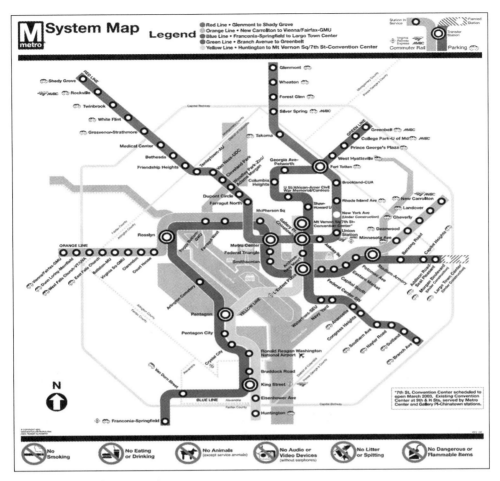

图 2-7　华盛顿地铁图

　　地图上每条线路的所有站点都按照顺序用不同颜色标记出来的，还可以看到线路交叉的站点，方便换乘，如何搭乘地铁变得轻而易举。地铁图呈献出的不仅是数据信息，更是清晰的认知。

　　你不仅知道了该搭乘哪条线路，还大概知道了到达目的地需要花多长时间。无须多想，就能知道到达目的地有几个站，每个站之间大概需要几分钟。除此之外，地铁图上的路线不仅标注了名字或终点站，还用了不用的颜色——红、黄、蓝、绿、橙来帮助你辨认。

2.2.2　数据与走势

　　我们在使用电子表格软件处理数据时会发现，要从填满数字的单元格中发现走势是困难的。这就是诸如微软电子表格（Microsoft Excel）这类软件内置图表生成功能的原因之一。一般来说，我们在看一个折线图、饼状图或条形图时，更容易发现事物的变化走势（见图 2-8）。

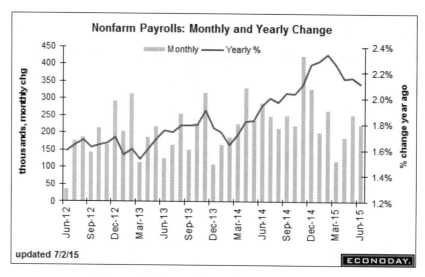

图 2-8　美国 2015 年 7 月非农就业人口走势

人们在制订决策时了解事物的变化走势至关重要。不管是讨论销售数据还是健康数据，一个简单的数据点通常不足以告诉事情的整个变化走势。

投资者常常要试着评估一个公司的业绩，一种方法就是及时查看公司在某一特定时刻的数据。比方说，管理团队在评估某一特定季度的销售业绩和利润时，若没有将之前几个季度的情况考虑进去的话，他们可能会总结"公司运营状况良好"。但实际上，投资者没有从数据中看出公司每个季度的业绩增幅都在减少。表面上看公司的销售业绩和利润似乎还不错，而事实上如果不想办法增加销量，公司甚至很快就会走向破产。

管理者或投资者在了解公司业务发展趋势时，内部环境信息是重要指标之一。管理者和投资者同时也需要了解外部环境，因为外部环境能让他们了解自己的公司相对于其他公司运营情况如何。

在不了解公司外部运营环境时，如果某个季度销售业绩下滑，管理者就有可能会错误地认为公司的运营情况不好。可事实上，销售业绩下滑的原因可能是由大的行业问题引起的，例如，房地产行业受房屋修建量减少的影响，航空业受出行减少的影响等。但是，即使管理者了解了内部环境和外部环境，但要想仅通过抽象的数字来看出端倪还是很困难的，而图形可以帮助他们解决这一问题。

通过获取所有数据信息，并将之绘制成图表，数据就不再是简单的数据了，它变成了知识。可视化是一种压缩知识的形式，因为看似简单的图片却包含了大量结构化或非结构化的数据信息。它用不同的线条、颜色将这些信息进行压缩，然后快速、有效地传达出数据表示的含义。

2.2.3　视觉信息的科学解释

在数据可视化领域，爱德华·塔夫特被誉为"数据界的列奥纳多·达·芬奇"。他的一大贡献就是：聚焦于将每一个数据都做成图示物——无一例外。塔夫特的信息图形不仅能传达信息，甚至被很多人看作是艺术品。塔夫特指出，可视化不仅能作为商业工具发挥作用，还能以一种视觉上引人入胜的方式传达数据信息。

通常情况下，人们的视觉能吸纳多少信息呢？根据美国宾夕法尼亚大学医学院的研究人员估计，人类视网膜"视觉输入（信息）的速度可以和以太网的传输速度相媲美"。在研究中，研究者将一只取自豚鼠的完好视网膜和一台称为"多电极阵列"的设备连接起来，该设备可以测量神经节细胞中的电脉冲峰值。神经节细胞将信息从视网膜传达到大脑。基于这一研究，科学家们能够估算出所有神经节细胞传递信息的速度。其中一只豚鼠视网膜含有大概 100 000 个神经节细胞，相应地，科学家们就能够计算出人类视网膜中的细胞每秒能传递多少数据。人类视网膜中大约包含 1 000 000 个神经节细胞，算上所有的细胞，人类视网膜能以大约 10 Mbit/s 的速度传达信息。

丹麦的著名科学作家陶·诺瑞钱德证明了人们通过视觉接收的信息比其他任何一种感官都多。如果人们通过视觉接收信息的速度和计算机网络相当，那么通过触觉接受信息的速度就只有它的 1/10。人们的嗅觉和听觉接收信息的速度更慢，大约是触觉接收速度的 1/10。同样，我们通过味蕾接收信息的速度也很慢。

换句话说，我们通过视觉接收信息的速度比其他感官接收信息的速度快了10～100 倍。因此，可视化能传达庞大的信息量也就容易理解了。如果包含大量数据的信息被压缩成了充满知识的图片，那我们接收这些信息的速度会更快。但这并不是可视化数据表示法如此强大的唯一原因。另一个原因是我们喜欢分享，尤其喜欢分享图片。

2.2.4 图片和分享的力量

数码照相机、智能手机和便宜的存储设备使人们可以拍摄多得数不清的数码照片，几乎每部智能手机都有内置摄像头。这就意味着不但可以随意拍照，还可以轻松上传或分享这些照片。这种轻松、自在的拍摄和分享图片的过程充满了乐趣和价值，自然想要分享它们。

和照片一样，如今制作信息图也要比以前容易得多。公司制作这类信息图的动机也多了。公司的营销人员发现，一个拥有有限信息资源的营销人员该做些什么来让搜索更加吸引人呢？答案是制作一张信息图。信息图可以吸纳广泛的数据资源，使这些数据相互吻合，甚至编造一个引人入胜的故事。博主和记者们想方设法地在自己的文章中加进类似的图片，因为读者喜欢看图片，同时也乐于分享这些图片。

最有效的信息图还是被不断重复分享的图片。其中有一些图片在网上疯传，它们在社交网站如领英、微信以及传统但实用的邮件里，被分享了数千次甚至上百万次。由于信息图制作需求的增加，帮助制作这类图形的公司和服务也随之增多。

2.2.5 公共数据集

公共数据集是指可以公开获取的政府或政府相关部门经常搜集的数据。人口普查是搜集数据的一种形式（见图 2-9），这些数据对于人们了解人口变化、国家兴衰以及战胜婴儿死亡率与其他流行病的进程尤为重要。

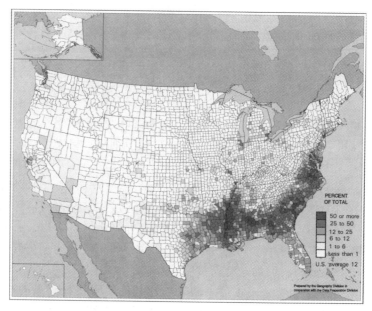

图 2-9　美国东海岸人口密度分布图

　　一直以来，很多著名的可视化信息中所使用的公共数据都是通过新颖、吸引人的方式来呈现的。一些可视化图片表明，恰当的图片可以非常有效地传达信息。例如，1854 年伦敦爆发霍乱，10 天内有 500 人死去，但比死亡更加让人恐慌的是"未知"，人们不知道霍乱的源头和感染分布。只有流行病专家约翰·斯诺意识到，源头来自市政供水。约翰在地图上用黑线标注死亡案例，最终地图"开口说话"（见图 2-10），形象地解释了大街水龙头是传染源，被污染的井水是霍乱传播的罪魁祸首。这张信息图还使公众意识到城市下水系统的重要性并采取切实行动。

图 2-10　1854 年伦敦爆发霍乱

2.3　实时可视化

数据要具有实时性价值，必须满足以下 3 个条件：

（1）数据本身必须要有价值。

（2）必须有足够的存储空间和计算机处理能力来存储和分析数据。

（3）必须要有一种巧妙的方法及时将数据可视化，而不用花费几天或几周的时间。

想了解数百万人是如何看待实时性事件，并将他们的想法以可视化的形式展示出来的想法看似遥不可及，但其实很容易达成。

在过去几十年里，美国总统选举过程中的投票民意测试，需要测试者打电话或亲自询问每个选民的意见。通过将少数选民的投票和统计抽样方法结合起来，民意测试者就能预测选举的结果，并总结出人们对重要政治事件的看法。但今天，大数据正改变着调查方法。

捕捉和存储数据只是像某社交网络 T 这样的公司所面临的大数据挑战中的一部分。为了分析这些数据，公司开发了某社交网络 T 数据流，即支持每秒发送 5 000 条或更多推文的功能。在特殊时期，如总统选举辩论期间，用户发送的推文更多，大约每秒 2 万条。然后公司又要分析这些推文所使用的语言，找出通用词汇，最后将所有的数据以可视化的形式呈现出来。

要处理数量庞大且具有时效性的数据很困难，但并不是不可能。推特为大家熟知的数据流人口配备了编程接口。像某社交网络 T 一样，Gnip 公司也开始提供类似的渠道。其他公司如 BrightContext，提供实时情感分析工具。在 2012 年总统选举辩论期间，《华盛顿邮报》在观众观看辩论时使用 BrightContext 的实时情感模式来调查和绘制情感图表。实时调查公司 Topsy 将大约 2 000 亿条推文编入了索引，为某社交网络 T 的政治索引提供技术支持。Vizzuality 公司专门绘制地理空间数据，并为《华尔街日报》选举图提供技术支持。

与电话投票耗时长且每场面谈通常要花费大约 20 美元相比，上述所采用的实时调查只需花费几个计算周期，并且没有规模限制。另外，它还可以将搜集到的数据及时进行可视化处理。

但信息实时可视化并不只是在网上不停地展示实时信息而已。"谷歌眼镜"被《时代周刊》称为 2012 年最好的发明。"它被制成一副眼镜的形状，增强了现实感，使之成为我们日常生活的一部分。"将来，人们不仅可以在计算机和手机上看可视化呈现的数据，还能边四处走动边设想或理解这个物质世界。

2.4　可视化分析工具

在可视化方面，如今用户有大量的工具可供选用，但哪一种工具最适合，这将取决于数据以及可视化数据的目的。而最可能的情形是，将某些工具组合起来才是最适合的。有些工具适用来快速浏览数据，而有些工具则适合为更广泛的读者设计图表。

可视化的解决方案主要有两大类：非程序式和程序式。以前可用的程序很少，但随着数据源的不断增长，涌现出了更多的点击/拖拽型工具，它们可以协助用户理解自己的数据。

2.4.1 Microsoft Excel

Excel 是大家熟悉的电子表格软件，被广泛使用，如今甚至有很多数据只能以 Excel 表格的形式获取到。在 Excel 中，让某几列高亮显示、做几张图表都很简单，更容易对数据有个大致的了解（见图 2-11）。

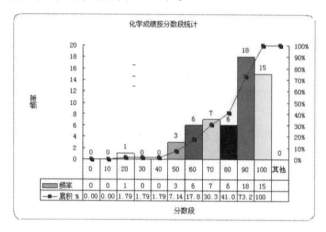

图 2-11　Excel 数据图表

如果要将 Excel 用于整个可视化过程，应使用其图表功能来增强其简洁性。Excel 的默认设置很少能满足这一要求。Excel 的局限性在于它一次所能处理的数据量上，而且除非通晓 VBA（Excel 内置的编程语言），否则针对不同数据集重制一张图表会是一件很烦琐的事情。

2.4.2 Google Spreadsheets

Google Spreadsheets 软件基本上是谷歌版的 Excel（见图 2-12），但用起来更容易，而且是在线使用。在线这一特性是它最大的亮点，因为用户可以跨不同的设备来快速访问自己的数据，而且可以通过内置的聊天和实时编辑功能进行协作。

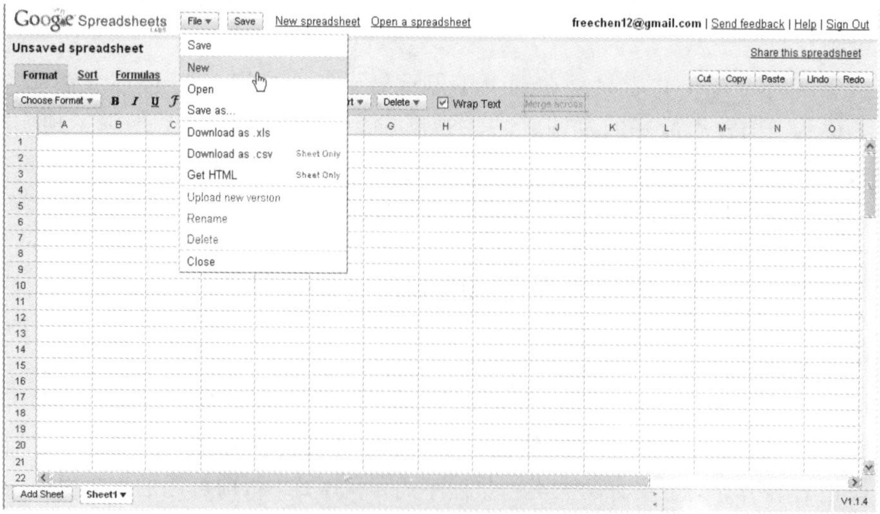

图 2-12　Google Spreadsheets 工作界面

通过 importHTML 和 importXML 函数，可以从网上导入 HTML 和 XML 文件。例如，如果在百度上发现了一张 HTML 表格，但想把数据存成 CSV 文件，就可以用 importHTML，然后再从 Google Spreadsheets 中把数据导出。

2.4.3　Tableau

相对于 Excel，如果想对数据做更深入的分析而又不想编程，那么 Tableau 数据分析软件（也称商务智能展现工具）就很值得一看。例如，Tableau 与 Mapbox 的集成能够生成绚丽的地图背景，并添加地图层和上下文，生成与用户数据相配的地图（见图 2-13）。用 Tableau 软件设计的基于可视化界面，在用户发现有趣的数据点，想一探究竟时，可以方便地与数据进行交互。

图 2-13　Tableau Software

Tableau 可以将各种图表整合成仪表板在线发布。但为此必须公开自己的数据，把数据上传到 Tableau 服务器。

2.4.4　可视化编程工具

拿来即用的软件可以让用户短时间内上手，代价则是这些软件为了能让更多的人处理自己的数据，总是或多或少进行了泛化。此外，如果想得到新的特性或方法，就得等别人为你实现。相反，如果你会编程，就可以根据自己的需求将数据可视化并获得灵活性。

显然，编码的代价是需要花时间学习一门新语言。当开始构造自己的库并不断学习新的内容，重复这些工作并将其应用到其他数据集上也会变得更容易。

1. Python

Python 是一款通用的编程语言，它原本并不是针对图形设计的，但还是被广泛地应用于数据处理和 Web 应用。因此，如果用户已经熟悉了这门语言，通过它来可视化探索数据就是合情合理的。尽管 Python 在可视化方面的支持并不全面，但还是可以从 matplotlib 入手，这是个很好的起点。

2．D3.js

D3.js 处理的是基于数据文档的 JavaScript 库。D3 利用诸如 HTML、Scalable Vector Graphic 以及 Cascading Style Sheets 等编程语言让数据变得更生动。通过对网络标准的强调，D3 赋予用户当前浏览器的完整能力，而无需与专用架构进行捆绑；并将强有力的可视化组件和数据驱动手段与文档对象模型（Document Object Model，DOM）操作实现融合。

D3.js 数据可视化工具的设计很大程度上受到 REST Web APIs 出现的影响。根据以往经验，创建一个数据可视化需要以下过程：

（1）从多个数据源汇总全部数据。

（2）计算数据。

（3）生成一个标准化的/统一的数据表格。

（4）对数据表格创建可视化。

REST APIs 已将这个过程流程化，使得从不同数据源迅速抽取数据变得非常容易。诸如 D3 等工具就是专门处理源于 JSON API 的数据响应，并将其作为数据可视化流程的输入。这样，可视化能够实时创建并在任何能够呈现网页的终端上展示，使得当前信息能够及时给到每一个人。

3．R 语言

由新西兰奥克兰大学 Ross Ihaka 和 Robert Gentleman 开发的 R 语言是一个用于统计学计算和绘图的语言，它已超越仅仅是流行的强有力开源编程语言的意义，成为统计计算和图表呈现的软件环境，并且还处在不断发展的过程中（见图 2-14）。

如今，R 的核心开发团队完善了其核心产品，这将推动其进入一个令人激动的全新方向。无数的统计分析和挖掘人员利用 R 开发统计软件并实现数据分析。对数据挖掘人员的民意和市场调查表明，R 近年普及率大幅增长。

R 语言最初的使用者主要是统计分析师，但后来用户群扩充了不少。它的绘图函数能用短短几行代码便将图形画好，通常一行即可。

Genentech 公司的高级统计科学家 Nicholas Lewin-Koh 描述 R"对于创建和开发生动、有趣图表的支撑能力丰富，基础 R 已经包括协同图（Coplot）、拼接图（Mosaic Plot）和双标图（Biplot）等多类图形的功能。" R 更能帮助用户创建强大的交互性图表和数据可视化。

R 语言主要的优势在于它是开源的，在基础分发包之上，人们又做了很多扩展包，这些包使得统计学绘图（和分析）更加简单。

通常，用 R 语言生成图形，然后用插画软件精制加工。在任何情况下，如果在编码方面是新手，而且想通过编程来制作静态图形，R 语言都是很好的起点。

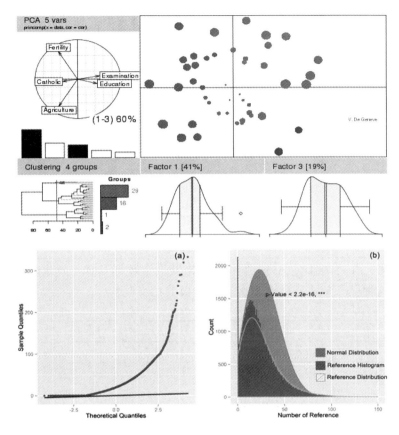

图 2-14　R 绘制的数据分析图形

【实验与思考】熟悉大数据可视化

1. 实验目的

（1）熟悉大数据可视化的基本概念和主要内容。

（2）通过访问大数据魔镜网站，尝试了解大数据可视化的设计与表现技术。

2. 工具/准备工作

在开始本实验之前，请认真阅读课程的相关内容。

需要准备一台带有浏览器，能够访问因特网的计算机。

3. 实验内容与步骤

（1）请结合查阅相关文献资料，简述什么是数据可视化？数据可视化系统的主要目的是什么？

答：_____

_____

_____

（2）随着大数据时代的日渐成熟，用于大数据可视化分析的应用软件系统正在不断涌现，不断发展。在大数据背景下，基于云计算模式，一些大数据可视化软件提供了基于 Web 的应用软件服务形式。请通过网络搜索，回答什么是软件服务的 SaaS 模式？

答：_____

_____

_____

（3）大数据魔镜网站（http://www.moojnn.com）是以 Web 形式提供大数据可视化软件应用服务的专业网站，请通过网络搜索，了解正在发展中的可视化数据分析网站——大数据魔镜。

通过浏览和了解，你对大数据魔镜网站的可视化数据分析能力有何评价。

答：_____

_____

_____

（4）未来，你可能通过 SaaS 服务模式来获取大数据及其可视化软件的应用服务吗？你认为这种服务形式有什么积极或者消极的意义吗？

答：_____

_____

_____

4. 实验总结

_____

_____

_____

5. 实验评价（教师）

_____

_____

第3章

Excel 数据可视化方法 ≪

【案例导读】亚马孙丛林的变迁

　　亚马孙盆地位于南美洲北部，包括巴西等6个国家的广大地区。亚马孙热带雨林是世界上最大的热带雨林，其面积比整个欧洲还要大，有700万 km^2，占地球上热带雨林总面积的50%，其中有480万 km^2 在巴西境内，它从安第斯山脉低坡延伸到巴西的大西洋海岸（见图3-1）。

图3-1　亚马孙热带雨林

　　亚马孙热带雨林对于全世界以及生存在世界上的一切生物的健康都是至关重要的。树林能够吸收二氧化碳（CO_2），而二氧化碳气体的大量存在会使地球变暖，危害气候，以至极地冰盖融化，引起洪水泛滥。树木也产生氧气，它是人类及所有动物的生命所必需的。有些雨林的树木长得极高，达 60 m 以上。它们的叶子形成"篷"，像一把雨伞，将光线挡住。因此树下几乎不生长什么低矮的植物。这里自然资源丰富，物种繁多，生态环境纷繁复杂，生物多样性保存完好，被称为"生物科学家的天堂"。

　　然而，亚马孙热带雨林却并没有因为它的富有而得到人类的厚爱。人们从16世纪起开始开发森林。1970 年，巴西总统为了解决东北部的贫困问题，又做出了一个最可悲的决策：开发亚马孙地区。这一决策使该地区每年约有 8 万平方公里的原始森林遭到破坏，1969—1975 年，巴西中西部和亚马孙地区的森林被毁掉了 11 万多平方，巴西的森林面积同 400 年前相比，整整减少了一半（见图 3-2）。

图 3-2　亚马孙丛林 30 年变迁

热带雨林的减少主要是由于烧荒耕作，此外还有过度采伐、过度放牧和森林火灾等，使整个热带森林减少面积的 50%。在垦荒过程中，人们把重型拖拉机开进亚马孙森林，把树木砍倒，再放火焚烧。

热带雨林的减少不仅意味着森林资源的减少，而且意味着全球范围内的环境恶化。因为森林具有涵养水源、调节气候、消减污染、减少噪声、减少水土流失及保持生物多样性的功能。

热带雨林像一个巨大的吞吐机，每年吞噬全球排放的大量的二氧化碳，又制造大量的氧气，亚马孙热带雨林由此被誉为"地球之肺"，如果亚马孙的森林被砍伐殆尽，地球上维持人类生存的氧气将减少 1/3。

热带雨林又像一个巨大的抽水机，从土壤中吸取大量的水分，再通过蒸腾作用，把水分散发到空气中。另外，森林土壤有良好的渗透性，能吸收和滞留大量的降水。亚马孙热带雨林贮蓄的淡水占地表淡水总量的 23%。森林的过度砍伐会使土壤侵蚀、土质沙化，引起水土流失。巴西东北部的一些地区就因为毁掉了大片的森林而变成了巴西最干旱、最贫穷的地方。在秘鲁，由于森林遭到破坏，1925—1980 年间就爆发了 4 300 次较大的泥石流，193 次滑坡，直接死亡人数达 4.6 万人。目前，每年仍有 0.3 万平方公里土地的 20 cm 厚的表土被冲入大海。

除此之外，森林还是巨大的基因库，地球上约 1 000 万个物种中，有 200～400 万种都生存于热带、亚热带森林中。在亚马孙河流域的仅 0.08 km^2 左右的取样地块上，就可以得到 4.2 万个昆虫种类，亚马孙热带雨林中每平方公里不同种类的植物达 1～200 多种，地球上动植物的 1/5 都生长在这里。然而由于热带雨林的砍伐，那里每天都至少消失一个物种。有人预测，随着热带雨林的减少，许多年后，至少将有 50～80 万种动植物种灭绝。雨林基因库的丧失将成为人类最大的损失之一。

阅读上文，请思考、分析并简单记录：

（1）湿地有强大的生态净化作用，因而又有"地球之肺"的美名。请通过网络搜索学习，了解湿地对自然的意义，并请简单记录。

答：_____

_____

_____

（2）请通过网络搜索学习，了解亚马孙丛林对全人类的意义，并简单记录。

答：_____

_____

_____

（3）图 3-2 以地图数据可视化方式形象地表现了亚马孙丛林的变迁，请简单分析在这个案例中文字描述与数据可视化方法的不同。

答：_____

_____

（4）请简单描述你所知道的上一周发生的国际、国内或者身边的大事。

答：_____

_____

_____

3.1 Excel 的函数与图表

电子表格软件（如 Microsoft Excel、iWorks Numbers、Google Docs Spreadsheets 或 LibreOffice Calc）提供了创建电子表格的工具。它就像一张"聪明"的纸，可以自动计算上面的整列数字，还可以根据用户输入的简单等式或者软件内置的更加复杂的公式进行其他计算。另外，电子表格软件还可以将数据转换成各种形式的彩色图表，它有特定的数据处理功能，如为数据排序、查找满足特定标准的数据以及打印报表等。

Excel 是目前最受欢迎的办公套件 Microsoft Office 的主要成员之一，它在数据管理、自动处理和计算、表格制作、图表绘制以及金融管理等许多方面都有独到之处。

以 Microsoft Office Excel 2013 中文版为例，在 Windows"开始"菜单中单击"Excel 2013"命令，屏幕显示 Excel 工作界面，如图 3-3 所示，从上到下，依次是标题栏、常用工具栏、功能区、编辑栏，最后一行是状态行。

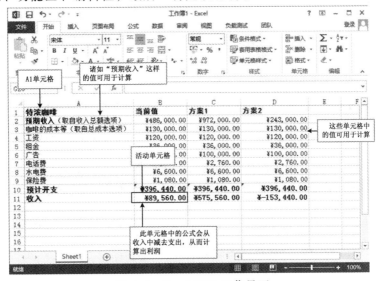

图 3-3　Excel 2013 工作界面

3.1.1 Excel 函数

Excel 的函数实际上是一些预定义的公式计算程序，它们使用一些称为参数的数值，按特定的顺序或结构进行计算。用户可以直接用它们对某个区域内的数值进行一系列运算，如分析和处理日期值和时间值、确定贷款的支付额、确定单元格中的数据类型、计算平均值、排序显示和运算文本数据等。例如 SUM 函数对单元格或单元格区域进行加法运算。

（1）参数：可以是数字、文本、形如 True 或 False 的逻辑值、数组、形如#N/A 的错误值或单元格引用等，给定的参数必须能产生有效的值。参数也可以是常量、公式或其他函数，还可以是数组、单元格引用等。

（2）数组：用于建立可产生多个结果或可对存放在行和列中的一组参数进行运算的单个公式。在 Excel 中有两类数组：区域数组和常量数组。区域数组是一个矩形的单元格区域，该区域中的单元格共用一个公式；常量数组将一组给定的常量用作某个公式中的参数。

（3）单元格引用：用于表示单元格在工作表所处位置的坐标值。例如，显示在第 B 列和第 3 行交叉处的单元格，其引用形式为"B3"（相对引用）或"B3"（绝对引用）。

（4）常量：是直接输入到单元格或公式中的数字或文本值，或由名称所代表的数字或文本值。例如，日期 8/8/2014、数字 210 和文本"Quarterly Earnings"都是常量。公式或由公式得出的数值都不是常量。

一个函数还可以是另一个函数的参数，这就是嵌套函数。所谓嵌套函数，是指在某些情况下，可能需要将某函数作为另一函数的参数使用。例如图 3-4 中所示的公式使用了嵌套的 AVERAGE 函数，并将结果与 50 相比较。这个公式的含义是：如果单元格 F2 到 F5 的平均值大于 50，则求 G2 到 G5 的和，否则显示数值 0。

如图 3-5 所示，函数的结构以函数名称开始，后面是左圆括号、以逗号分隔的参数和右圆括号。如果函数以公式的形式出现，则应在函数名称前面输入等号（=）。

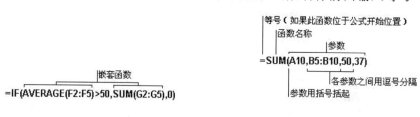

图 3-4　嵌套函数　　　　　　　图 3-5　函数的结构

单击"插入公式（fx）"按钮，弹出"插入函数"对话框（见图 3-6）。可在对话框或编辑栏中创建或编辑公式，还可提供有关函数及其参数的信息。

Excel 2013 函数一共有 13 类，分别是数据库函数、日期与时间函数、工程函数、财务函数、信息函数、逻辑函数、查找与引用函数、数学和三角函数、统计函数、文本函数、多维数据集函数、兼容性函数和 Web 函数。

 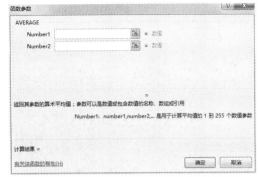

图 3-6   插入与编辑函数

3.1.2   Excel 图表

　　Excel 的数据分析图表可用于将工作表数据转换成图片，具有较好的可视化效果，可以快速表达绘制者的观点，方便用户查看数据的差异、图案和预测趋势等。例如，用户不必分析工作表中的多个数据列就可以立即看到各个季度销售额的升降，或很方便地对实际销售额与销售计划进行比较（见图 3-7）。

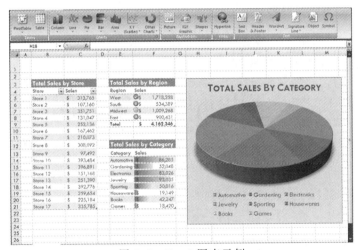

图 3-7   Excel 图表示例

　　用户可以在工作表上创建图表，或将图表作为工作表的嵌入对象使用，也可以在网页上发布图表。

　　为创建图表，需要先在工作表中为图表输入数据，操作步骤如下：

　　步骤 1：选择要为其创建图表的数据（见图 3-8）。

　　步骤 2：单击"插入"→"推荐的图表"按钮，在弹出对话框的"推荐的图表"选项卡（见图 3-9）中，滚动浏览 Excel 为用户数据推荐的图表列表，然后单击任意图表以查看数据的呈现效果。

　　如果没有喜欢的图表，可在"所有图表"选项卡中查看可用的图表类型（见图 3-10）。

　　步骤 3：找到所要的图表时单击该图表，然后单击"确定"按钮。

　　步骤 4：使用图表右上角的"图表元素""图表样式"和"图表筛选器"按钮（见图 3-11），添加坐标轴标题或数据标签等图表元素，自定义图表的外观或更改图表中显示的数据。

图 3-8　选择数据

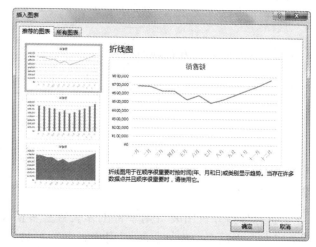

图 3-9　"推荐的图表"选项卡

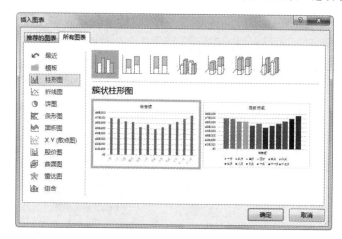

图 3-10　"所有图表"选项卡

步骤 5：若要访问其他设计和格式设置功能，可单击图表中的任何位置将"图表工具"添加到功能区，然后在"设计"和"格式"选项卡中单击所需的选项（见图 3-12）。

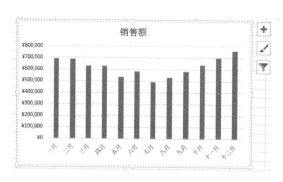

图 3-11　添加图表元素等

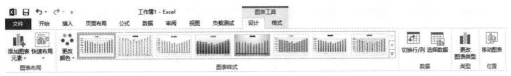

图 3-12 "图表工具"选项卡

各种图表类型提供了一组不同的选项。例如，对于簇状柱形图而言，选项包括：

（1）网格线：可以在此处隐藏或显示贯穿图表的线条。

（2）图例：可以在此处将图表图例放置于图表的不同位置。

（3）数据表：可以在此处显示包含用于创建图表的所有数据的表。用户也可能需要将图表放置于工作簿中独立的工作表上，并通过图表查看数据。

（4）坐标轴：可以在此处隐藏或显示沿坐标轴显示的信息。

（5）数据标志：可以在此处使用各个值的行和列标题（以及数值本身）为图表加上标签。这里要小心操作，因为很容易使图表变得混乱并且难于阅读。

（6）图表位置：如"作为新工作表插入"或者"作为其中的对象插入"。

实验确认：□ 学生　　□ 教师

3.1.3 选择图表类型

工作中经常使用柱形图和条形图来表示产品在一段时间内生产和销售情况的变化或数量的比较，如表示分季度产品份额的柱形图就显示了各个品牌市场份额的比较和变化。

如果要体现的是一个整体中每一部分所占的比例（例如市场份额）时，通常使用"饼图"。此外，比较常用的是折线图和散点图，折线图也通常用来表示一段时间内某种数值的变化，常见的如股票价格的折线图等。散点图主要用在科学计算中，如可以使用正弦和余弦曲线的数据来绘制出正弦和余弦曲线。

例如，为选择正确的图表类型，可按以下步骤操作：

步骤 1：选定需要绘制图表的数据单元，单击"插入"选项卡中的"推荐的图表"按钮，弹出"插入图表"对话框（见图 3-13）。

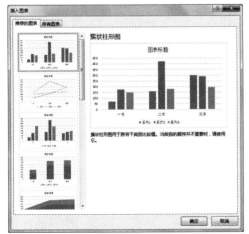
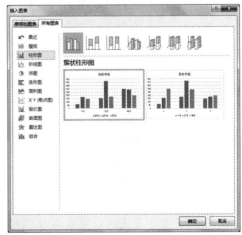

图 3-13 "插入图表"对话框

步骤 2：在"所有图表"选项卡的左窗格中选择"XY（散点图）"项，在右窗格中选择"带平滑线的散点图"（见图 3-14）。

步骤 3：单击"确定"按钮，完成散点图绘制（见图 3-15）。

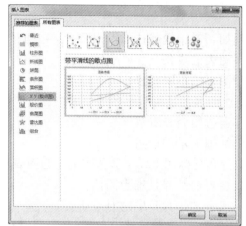

图 3-14　选择散点图

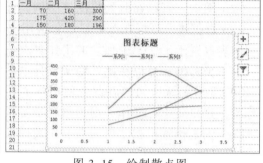

图 3-15　绘制散点图

对于大部分二维图表，既可以更改数据系列的图表类型，也可以更改整张图表的图表类型。对于气泡图，只能更改整张图表的类型。对于大部分三维图表，更改图表类型将影响到整张图表。

所谓"数据系列"，是指在图表中绘制的相关数据点，这些数据源自数据表的行或列。图表中的每个数据系列具有唯一的颜色或图案并且在图表的图例中表示。可以在图表中绘制一个或多个数据系列。饼图只有一个数据系列。对于三维条形图和柱形图，可将有关数据系列更改为圆锥、圆柱或棱锥图表类型，其步骤如下：

步骤 1：单击整张图表或单击某个数据系列。

步骤 2：在菜单中右击"更改图表类型"命令。

步骤 3：在"所有图表"选项卡中选择所需的图表类型。

步骤 4：若要对三维条形或柱形数据系列应用圆锥、圆柱或棱锥等图表类型，可在"所有图表"选项卡中单击"圆柱图""圆锥图"或"棱锥图"。

实验确认：☐ 学生　　☐ 教师

3.2　整理数据源

大数据时代,面对如此浩瀚的数据海洋,如何才能从中提炼出有价值的信息呢？其实,任何一个数据分析人员在做这方面的工作时,都是先获得原始数据,然后对原始数据进行整合、处理,再根据实际需要将数据集合。只有层层递进才能挖掘原始数据中潜在的商业信息,也只有这样才能掌握目标客户的核心数据,为企业自身创造更多的价值。

3.2.1　数据提炼

先来认识数据集成的含义,数据集成是把不同来源、格式、特点、性质的数据在逻辑上或物理上有机地集中,从而为企业提供全面的数据共享。在 Excel 中,用户可以执行数据的排序、筛选和分类汇总等操作。数据排序就是指按一定规则对数据进行整理、排列，为数据的进一步处理做好准备。

实例 3-1 2016 年汽车销量情况。

根据每月记录的不同车型销量情况，评判 2016 年前 5 个月哪种车型最受大众青睐，以此向更多客户推荐合适的车型。

步骤 1：获取原始数据。图 3-16（a）所示是一份从网站中导入且经过初始化后的销售数据，从表格中可以读出简单的信息，如不同车型每月的具体销量。

步骤 2：排序数据。将月份销量进行升序排列，即选定 G3 单元格，然后在"数据"选项卡"排序和筛选"组中单击"升序"按钮，数据将自动按从小到大排列，如图 3-16（b）所示。

步骤 3：制作图表。先选取 A3:A9 单元格区域，然后按住【Ctrl】键的同时选取 G3:G9 单元格区域，插入簇状条形图，系统就按数据排列的顺序生成有规律的图表，如图 3-16（c）所示。

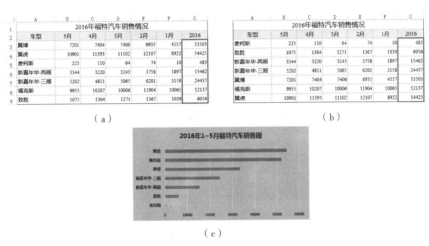

图 3-16　汽车销量

实验确认：□ 学生　　□ 教师

实例 3-2 产品月销售情况。

自动筛选一般用于简单的条件筛选，筛选时将不满足条件的数据暂时隐藏起来，只显示符合条件的。高级筛选一般用于条件较复杂的筛选操作，其筛选的结果可显示在原数据表格中，可以在新的位置显示筛选结果，不符合条件的记录同时保留在数据表中而不会被隐藏起来。

本例中，统计某月不同系列产品的月销量和月销售额，观察销售额在 25 000 以上的产品系列。在保证不亏损的情况下，扩展产品系列的市场。

步骤 1：统计月销售数据。将产品的销售情况按月份记录下来，然后抽取某月的销售数据来调研，如图 3-17（a）所示。

步骤 2：筛选数据。单击"销售额"栏目，单击"数据"→"排序和筛选"→"筛选"按钮，再单击筛选按钮，选择"数字筛选"→"大于或等于"选项，设置大于或等于 25 000 的筛选条件，如图 3-17（b）所示。

步骤 3：制作图表。将筛选出的产品系列和销售额数据生成图表，系统默认结果大于或等于 25 000 的产量系列，以只针对满足条件的产品进行分析，如图 3-17（c）所示。

	A	B	C	D
1	×××公司产品月销售情况			
2	产品系列	单价	销售量	销售额
3	A	199	56	11144
4	A1	219	45	9855
5	A2	249	40	9960
6	B	255	102	26010
7	B1	288	85	24480
8	B2	333	76	25308
9	C	308	88	27104
10	C1	328	71	23288
11	C2	358	66	23628
12	D	399	76	30324
13	D1	425	55	23375
14	D2	465	39	18135

（a）

A	B	C	D
×××公司产品月销售情况			
产品系列	单价	销售量	销售额
B	255	102	26010
B2	333	76	25308
C	308	88	27104
D	399	76	30324

（b）

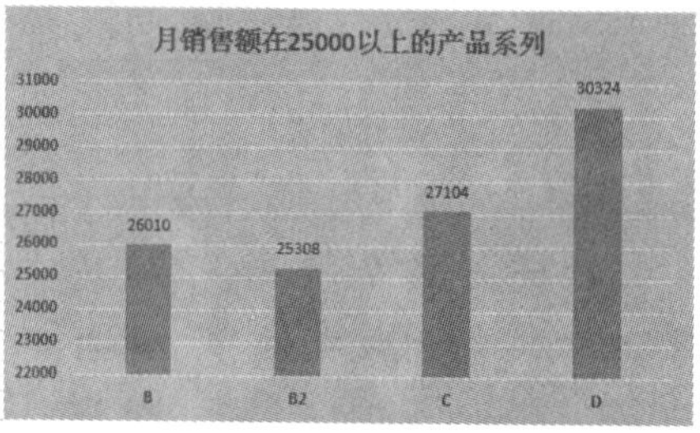

（c）

图 3-17　产品月销售情况

实验确认：□ 学生　□ 教师

实例 3-3　公司货物运输费情况表。

在对数据进行分类汇总前，必须确保分类的字段是按照某种顺序排列的，如果分类的字段杂乱无序，分类汇总将会失去意义。

在本例中，假设总公司从库房向成华区、金牛区和锦江区的卖点送达货物，记录下在运输的过程中产生的汽车运输费和人工搬运费，通过分类汇总制作 3 个卖点的运输费对比图。

步骤 1：排序关键字，如图 3-18（a）所示，单击“送达店铺”栏，再单击“数据”选项卡“排序和筛选”组中的“排序”按钮，弹出“排序”对话框，设置“送达店铺”关键字按“升序”排序。

步骤 2：分类汇总。同样在“数据”选项卡下单击“分级显示”组中的“分类汇总”按钮，弹出“分类汇总”对话框。然后，设置分类字段为“送达店铺”，汇总方式为“求和”，在“选定汇总项”列表中勾选“汽车运输费”和“人工搬运费”复选框，参见图 3-18（b）所示。

步骤 3：制作图表。单击分类汇总后按左上角的级别“2 " 按钮，选取各地区的汇总结果生成柱状图表。图表中显示了各地区的汽车运输费和人工搬运费对比情况如图 3-18（c）所示。

对于一份庞大的数据来说，无论是手动录制还是从外部获取，难免会出现无效值、重复值、缺失值等情况。不符合要求的主要有缺失数据、错误数据、重复数据这三类，这样的数据就需要进行清洗，此外还有数据一致性检查等操作。

（a）

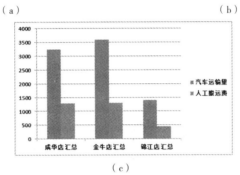

（b）

（c）

图 3-18 分类汇总

实验确认：□ 学生 □ 教师

在实际工作中，由于对公式的不熟悉、单元格引用不当、数据本身不满足公式参数的要求等原因，难免会出现一些错误。但是有时出现的错误类型并不影响计算结果，此时应该对错误值进行深度处理，可显示为空白或用 0 代替，以方便查阅。

例如，为用 0 显示错误值，可在计算结果的单元格中输入公式（假设数据在 A2:B9 中）：

= IFERROR(VLOOKUP("0", A2:B9, 2, 0) , "0")

3.2.2 抽样产生随机数据

做数据分析、市场研究、产品质量检测，不可能像人口普查那样进行全量的研究。这就需要用到抽样分析技术。在 Excel 中使用"抽样"工具，必须先启用"开发工具"选项，然后再加载"分析工具库"。

抽样方式包括周期和随机。所谓周期模式，即所谓的等距抽样，需要输入周期间隔。输入区域中位于间隔点处的数值以及此后每一个间隔点处的数值将被复制到输出列中。当到达输入区域的末尾时，抽样将停止。而随机模式适用于分层抽样、整群抽样和多阶段抽样等。随机抽样需要输入样本数，计算机即自行进行抽样，不受间隔规律的限制。

实例 3-4 随机抽样客户编码。

步骤 1：加载"分析工具库"。单击"文件选项卡中的"选项"按钮，在弹出的对话框中选择自定义功能区"选项，如图 3-19 所示，然后在"自定义功能区（B）"面板中勾选"开发工具"，单击"确定"按钮，在 Excel 工作表的功能区中即显示"开发工具"选项卡（见图 3-20）。

图 3-19　文件 ＞ 选项 ＞自定义功能区

图 3-20　"开发工具"选项卡

步骤 2：单击"开发工具"选项卡中的加载项"按钮，在弹出的对话框列表中勾选"分析工具库"，单击"确定"按钮，即可成功加载"数据分析"功能。此时，在"数据"选项卡的"分析"组中可以看到"数据分析"按钮。

现有从 51001 开始的 100 个连续的客户编码，需要从中抽取 20 个客户编码进行电话拜访，用抽样分析工具产生一组随机数据。

步骤 3：获取原始数据。如图 3-21（a）所示，将编码从 51001 开始按列依次排序到 51100，并对间隔列填充相同颜色。

步骤 4：使用抽样工具。在"数据"选项卡的"分析"组中单击"数据分析"按钮，弹出"数据分析"对话框，然后在"分析工具"列表框中选择"抽样"，如图 3-21（b）所示。

步骤 5：设置输入区域和抽样方式。单击"确定"按钮，在弹出的"抽样"对话框中，设置"输入区域"为"A1:l10"；设置"抽样方法"为"随机"，样本数为 20；再设置"输出区域"为"K1"，如图 3-21（c）所示。

步骤 6：抽样结果。单击对话框中的"确定"按钮后，K 列中随机产生了 20 个样本数据，将产生的后 10 个数据剪切到 L 列，然后利用突出显示单元格规则下的重复值选项，将重复结果用不同颜色标记出来，结果如图 3-21（c）所示。

51001	51011	51021	51031	51041	51051	51061	51071	51081	51091
51002	51012	51022	51032	51042	51052	51062	51072	51082	51092
51003	51013	51023	51033	51043	51053	51063	51073	51083	51093
51004	51014	51024	51034	51044	51054	51064	51074	51084	51094
51005	51015	51025	51035	51045	51055	51065	51075	51085	51095
51006	51016	51026	51036	51046	51056	51066	51076	51086	51096
51007	51017	51027	51037	51047	51057	51067	51077	51087	51097
51008	51018	51028	51038	51048	51058	51068	51078	51088	51098
51009	51019	51029	51039	51049	51059	51069	51079	51089	51099
51010	51020	51030	51040	51050	51060	51070	51080	51090	51100

51050	51059
51084	51027
51006	51054
51067	51055
51008	51059
51053	51013
51032	51076
51073	51082
51065	51009
51033	51048

（a）

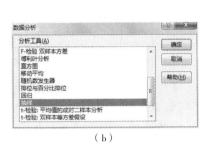

（b）

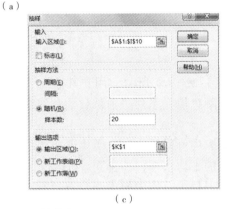

（c）

图 3-21　获取原始数据

实验确认：□ 学生　　□ 教师

3.3　数理统计中的常见统计量

人们在描述事物或过程时，已经习惯性地偏好于接受数字信息以及对各种数字进行整理和分析，而统计学就是基于现实经济社会发展的需求而不断发展的。

3.3.1　比平均值更稳定的中位数和众数

在统计学领域有一组统计量是用来描述样本的集中趋势的，它们就是平均值、中位数和众数。

（1）平均值：在一组数据中，所有数据之和再除以这组数据的个数。

（2）中位数：将数据从小到大排序之后的样本序列中，位于中间的数值。

（3）众数：一组数据中，出现次数最多的数。

平均数涉及所有的数据，中位数和众数只涉及部分数据。它们互相之间可以相等也可以不相等，却没有固定的大小关系。

一般来说，平均数、中位数和众数都是一组数据的代表，分别代表这组数据的"一般水平""中等水平"和"多数水平"。

实例 3-5　员工工作量统计。

统计员工 7 月份的工作量，对整个公司的工作进度进行分析，再评价姓名为"陈科"的员工的工作情况。

如图 3-22（a）所示，在工作表中分别利用 AVERAGE 函数、MEDIAN 函数和 MODE 函数求出"页数"组的平均值、中位数和众数。

姓名	部门	业绩			
周正	摄影部	90	平均数		194
郭靖	摄影部	120	中位数		210
李自城	办公室	150	众数		220
魏洁	摄影部	180			
来飞	平面部	190			
陈科	平面部	200			
阿诗玛	平面部	210			
谭咏麟	办公室	220			
王乐乐	平面部	220			
孙鲁阳	办公室	220			
张文玉	办公室	220			
石晴瑶	平面部	240			
戴海东	办公室	260			

（a）

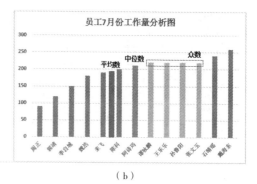

（b）

图 3-22　员工工作量

如图 3-22（b）所示，用"姓名"列和"页数"列作为数据源，将其生成图表，并用不同颜色填充系列"中位数"和"众数"，再手绘一个"平均值"的柱形图置于图表中。

从图表中可以看出，若要体现公司的整体业绩情况，平均值最具代表性，它反映了总体中的平均水平，即公司 7 月份员工的平均业绩：194。而中位数是一个趋向中间值的数据处于总体中的中间位置，所以有一半的样本值是小于该值，还有一半的样本值大于该值，相对于平均值来讲，本例中的中位数 210 更具考察意义，因为平均值的计算受到了最大值和最小值两个极端异常值的影响，中位数虽然不能反映公司的一般水平，但是却反映了公司的集中趋势——中等水平。将本例中出现次数最多的众数220 与平均值和中位数对比后会发现，在所有数据中 220 是一个多数人的水平，它反映了整个公司大多数人的工作状态，也是数据集中趋势的一个统计量。

如果单独考察"陈科"的工作状况，他 7 月份的工作业绩是 200，这并没有达到公司的"中等水平"和"多数水平"，但参考这两个统计量并不能否定他这个月的成绩，因为他的业绩高于整个公司的"平均水平"。

实验确认：□ 学生　　□ 教师

3.3.2　正态分布和偏态分布

正态分布是一种对称概率分布，而偏态分布是指频数分布不对称、集中位置偏向一侧的分布，如图 3-23 所示若集中位置偏向数值小的一侧，称为正偏态分布；集中位置偏向数值大的一侧，称为负偏态分布。在 Excel 中通过折线图或散点图可以模拟出如图所示的效果。

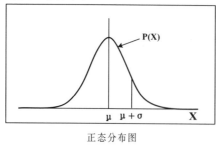

正态分布图

（a）

偏态分布图

（b）

图 3-23　正态与偏态分布图

在 Excel 中若要绘制正态分布图，需要了解 NORMDIST 函数。该函数返回指定平均值和标准偏差的正态分布函数。此函数在统计方面应用范围广泛（包括假设检验），能建立起一定数据频率分布直方图与该数据平均值和标准差所确定的正态分布数据的对照关系。

实例3-6 计算学生考试成绩的正态分布图。

一般考试成绩具有正态分布现象。现假设某班有 45 个学生，在一次英语考试中学生的成绩分布在 54～95 分（假设他们的成绩按着学号依次递增），计算该班学生成绩的累积分布函数图和概率密度函数图（见图 3-24（a），图中在第 27 行有折叠）。

步骤 1：计算均值和方差。在 C2 单元格中输入计算学生成绩的均值公式"= AVERAGE(B3:B47)"，按【Enter】键后显示结果。然后在 D2 单元格中输入公式"= STDEVP(B3:B47)"计算学生成绩的方差。

步骤 2：计算积累分布函数。在 E3 单元格中输入正态分布函数的公式"= NORMDIST(B3, C2, D2, TRUE)"。输入该函数的 cumulative 参数时，选择 True 选项表示累积分布函数。

步骤 3：计算概率密度函数。在 F3 单元格中输入步骤 2 一样的函数公式，只是最后一个 cumulative 参数设置为 False，即概率密度函数。

步骤 4：填充单元格公式。选取单元格 E3:F3，拖动鼠标填充 E4:F47 单元格区域。

步骤 5：绘制概率密度函数图。选取 F 列数据，插入折线图，系统显示如图 3-24（b）所示。

步骤 6：绘制累积分布函数图。选取 E 列数据，插入面积图，系统显示如图 3-24（c）所示。

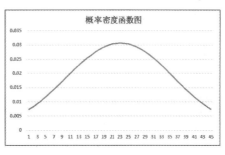

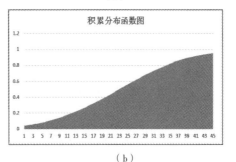

（a）

（b）

图 3-24 学生成绩正态分布图

实验确认：□ 学生　　□ 教师

3.3.3 财务预算中的分析工具

大数据预测分析是大数据的核心，但同时也是一个很困难的任务。这里尝试用在 Excel 中实现数据的分析和预测。

在 Excel 中包括 3 种预测数据的工具，即移动平均法、指数平滑法和回归分析法。

（1）移动平均法：适用于近期预测。当产品需求既不快速增长也不快速下降，且不存在季节性因素时，移动平均法能有效地消除预测中的随机波动，是非常有用的。

（2）指数平滑法：是生产预测中常用的一种方法，也用于中短期经济发展趋势预测。它兼容了全期平均和移动平均所长，不舍弃过去的数据，但是仅给予逐渐减弱的影响程度，即随着数据的远离，赋予逐渐收敛为零的权数。

（3）回归分析法：是在掌握大量观察数据的基础上，利用数理统计方法建立因变量与自变量之间的回归关系函数表达式。回归分析法不能用于分析与评价工程项目风险。

简单的全期平均法是对时间序列的过去数据一个不漏地全部加以同等利用；而移动平均法不考虑较远期的数据，并在加权移动平均法中给予近期资料更大的权重。

移动平均法根据预测时使用的各元素的权重不同，可以分为简单移动平均和加权移动平均。简单移动平均的各元素的权重都相等；加权移动平均给固定跨越期限内的每个变量值以不相等的权重。其原理是：历史各期产品需求的数据信息对预测未来期内的需求量的作用是不一样的。

实例 3-7 一次移动平均法预测。

如图 3-25（a）所示，这是一份某企业 2015 年 12 个月的销售额情况表，表中记录了 1～12 月每个月的具体销售额，按移动期数为 3 来预测企业下一个月的销售额。

步骤 1：数据分析。打开销售额情况表，在"数据"选项卡的"分析"组中单击"数据分析"按钮，弹出"数据分析"对话框，在"分析工具"列表框中选择"移动平均"工具，单击"确定"按钮。

步骤 2：在弹出的"移动平均"对话框中设置"输入区域"为 B2:B13，"输出区域"为 C3，"间隔"为 3，如图 3-25（b）所示。

步骤 3：预测结果。单击"移动平均"对话框中的"确定"按钮后，运行结果会显示在单元格区域 C5:C13 中，图 3-25（b）中的第 14 行预测数据即是下月的预测值。

（a）

（b）

图 3-25 预测结果

实验确认：□ 学生　□ 教师

实例 3-8　指数平滑法预测。

如图 3-26（a）所示，这是某企业 2013 年的销售额数据，用指数平滑法预测下一月的销售额。

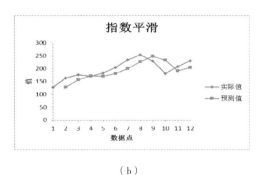

（a）　　　　　　　　　　　　　　（b）

图 3-26　指数平滑预测

步骤 1：打开"指数平滑"对话框，设置"输入区域"为"B2:B13"，"输出区域"为"C3"，然后输入"阻尼系数"为"0.2"，再勾选"图表输出"复选框，单击"确定"按钮。

步骤 2：预测结果。工作表中 C14 单元格中的数据就是指数平滑法预测出的结果。

步骤 3：图表输出。除了工作表中会显示预测数据外，由于勾选了"图表输出"复选框，所以系统还会将预测结果用图表的形式输出，如图 3-26（b）所示。

实验确认：□ 学生　　□ 教师

3.4　改变数据形式引起的图表变化

常见的数量单位有一、十、百、千、万、亿、兆等，万以下是十进制，万以上则为万进制，即万万为亿，万亿为兆；小数点以下为十退位。在 Excel 中，数据单位是否合理直接影响了图表的表达形式，如果数据单位没有设置恰当，制作的图表不但不能准确传递数据信息，还可能误导用户对图表的使用，或者使设计的图表失去意义。

3.4.1　用负数突出数据的增长情况

在计算产值、增加值、产量、销售收入、实现利润和实现利税等项目的增长率时，经常使用的计算公式为

增长率（％）=(报告期水平 − 基期水平)/ 基期水平×100% = 增长量/基期水平×100%

其中报告期和基期构成一对相对的概念，报告期和基期的对称，是指在计算动态分析指针时，需要说明其变化状况的时期；基期是作为对比基础的时期。

实例 3-9　增长率分析。

数据如图 3-27（a）所示，用"销售额"来表达数据增长情况并不为过，如图 3-27（b）所示，从图表中可以看出某年销售额的一个增长趋势。

（a）

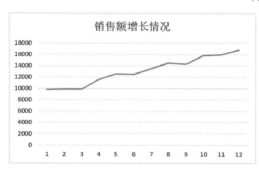

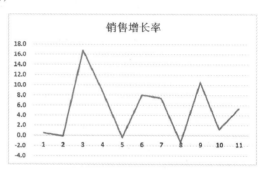

（b）

图 3-27　增长率分析

实验确认：□ 学生　□ 教师

在 C3 单元格中输入计算增长率的公式"= (B3-B2) / B2"，然后拖动鼠标指针填充 C3。

通过用增长额来分析，使数据波动的大小和负增长的情况并不那么显而易见。而在图 3-27 下右图中，折线的起伏不定表示了数据的波动情况，而且在零基线上方展示了数据的正增长，还有一小部分在零基线下方，说明该年的销售额数据有负增长的情况——这就是用增长率来分析数据的优势。

实验确认：□ 学生　□ 教师

3.4.2　重排关键字顺序使图表更合适

条形图和柱形图最常用于说明各组之间的比较情况。条形图是水平显示数据的唯一图表类型。因此，该图常用于表示随时间变化的数据，并带有限定的开始和结束日期。另外，由于类别可以水平显示，因此它还常用于显示分类信息。

实例 3-10　重排顺序。

在图 3-28（a）中，选定 B2 单元格，切换至"数据"选项卡下，在"排序和筛选"组中单击"升序"按钮，便可得到图 3-28（b）所示的结果。

从图 3-28（c）可知源数据的凌乱无序，无论是数据还是关键字毫无规律可言。条形图与柱状图一样，在表示项目数据大小时，一般都会先对数据排序。图 3-28（d）是对数值按从大到小的顺序排列后的效果。对于条形图，人们习惯将类别按从大至小的次序排列，也就是要将源数据按降序排列才会达到此效果。

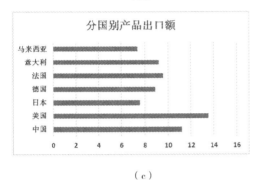

（a）

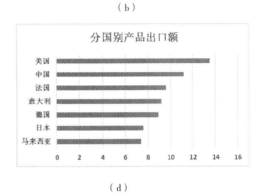

（b）

分国别产品出口额

分国别产品出口额

（c）

（d）

图 3-28 重排关键字顺序

实验确认：□ 学生   □ 教师

【实验与思考】体验 Excel 数据可视化方法

1．实验目的

（1）熟悉 Excel 电子表格的基本操作。

（2）通过对课文中实例的实验操作，熟悉 Excel 数据分析和数据可视化方法。

（3）体验大数据可视化分析的基础操作。

2．工具/准备工作

在开始本实验之前，请认真阅读课程的相关内容。

需要准备一台安装有 Microsoft Excel（如 2013 版）应用软件的计算机。

3．实验内容与步骤

请仔细阅读本章的课文内容，对其中的各个实例实施具体操作，从中体验 Excel 数据统计分析与可视化方法。

注意：完成每个实例操作后，在对应的"实验确认"栏中打钩（√），并请实验指导老师指导并确认。

请问：你是否完成了上述各个实例的实验操作？如果不能顺利完成，请分析原因。

答：_____

_____

_____

_____

4．实验总结

_____

_____

_____

5．实验评价（教师）

_____

_____

_____

Excel 数据可视化应用 ‹‹‹

第 4 章

【案例导读】包罗一切的数字图书馆

这里要讲述的是一个有关对图书馆进行实验的故事。实验对象不是一个人、一只青蛙、一个分子或者原子，而是史学史中最有趣的数据集：一个旨在包罗所有书籍的数字图书馆。

这样神奇的图书馆从何而来

1996 年，斯坦福大学计算机科学系的两位研究生正在做一个现在已经没什么影响力的项目——斯坦福数字图书馆技术项目。该项目的目标是展望图书馆的未来，构建一个能够将所有书籍和互联网整合起来的图书馆。他们打算开发一个工具，能够让用户浏览图书馆的所有藏书。但是，这个想法在当时是难以实现的，因为只有很少一部分书是数字形式的。于是，他们将该想法和相关技术转移到文本上，将大数据实验延伸到互联网上，开发出一个能让用户浏览互联网上所有网页的工具，他们最终开发出了一个搜索引擎，并将其称为"谷歌"。

到 2004 年，谷歌"组织全世界的信息"的使命进展得很顺利，这就使其创始人拉里·佩奇有暇回顾他的"初恋"——数字图书馆。令人沮丧的是，仍然只有少数书是数字形式的。不过，在那几年间，某些事情已经改变了：佩奇现在是亿万富翁。于是，他决定让谷歌涉足扫描图书并对其进行数字化的业务。尽管他的公司已经在做这项业务了，但他认为谷歌应该为此竭尽全力。

雄心勃勃？无疑如此。不过，谷歌最终成功了。在公开宣称启动该项目的 9 年后，谷歌完成了 3 000 多万册书的数字化，相当于历史上出版图书总数的 1/4。其收录的图书总量超过了哈佛大学（1 700 万册）、斯坦福大学（900 万册）、牛津大学（1 100 万册）以及其他任何大学的图书馆，甚至还超过了俄罗斯国家图书馆（1 500 万册）、中国国家图书馆（2 600 万册）和德国国家图书馆（2 500 万册）。在撰写本书时，唯一比谷歌藏书更多的图书馆是美国国会图书馆（3 300 万册）。而在读者读到这段话时，其数字可能已远远超越。

长数据，量化人文变迁的标尺

当"谷歌图书"（见图 4-1）项目启动时，我们和其他人一样是从新闻中得知的。但是，直到两年后的 2006 年，这一项目的影响才真正显现出来。当时，我们正在写一篇关于英语语法历史的论文。

图 4-1　谷歌图书的 Logo

为了该论文，我们对一些古英语语法教科书做了小规模的数字化。

现实问题是，与我们的研究最相关的书被"埋藏"在哈佛大学魏德纳图书馆里。下面介绍一下我们是如何找到这些书的。首先，到达图书馆东楼的二层，走过罗斯福收藏室和美洲印第安人语言部，会看到一个标有电话号码"8900"和向上标识的过道，这些书被放在从上数的第二个书架上。多年来，伴随着研究的推进，我们经常来翻阅这个书架上的书。那些年，我们是唯一借阅过这些书的人，除了我们之外没有人在意这个书架。

有一天，注意到我们的研究中经常使用的一本书可以在网上看到了。那是由"谷歌图书"项目实现的。出于好奇，我们开始在"谷歌图书"项目中搜索魏德纳图书馆那个书架上的其他书，而那些书同样也可以在"谷歌图书"项目中找到。这并不是因为谷歌公司关心中世纪英语的语法。我们又搜索了其他一些书，无论这些书来自哪个书架，都可以在"谷歌图书"中找到对应的电子版本。也就是说，就在我们动手数字化那几本语法书时，谷歌已经数字化了几栋楼的书！

谷歌的大量藏书代表了一种全新的大数据，其有可能会转变人们看待过去的方式。大多数大数据虽然大，但时间跨度却很短，是有关近期事件的新近记录。这是因为这些数据是由互联网催生的，而互联网只是一项新兴的技术。我们的目标是研究文化变迁，而文化变迁通常会跨越很长的时间段。当我们探索历史上的文化变迁时，短期数据是没有多大用处的，不管它有多大。

"谷歌图书"项目的规模可以和我们这个数字媒体时代的任何一个数据集相媲美。谷歌数字化的书并不只是当代的：不像电子邮件、RSS 订阅和 superpokes 等，这些书可以追溯到几个世纪前。因此，"谷歌图书"不仅是大数据，而且是长数据。

由于"谷歌图书"包含了如此长的数据，和大多数大数据不同，这些数字化的图书不局限于描绘当代人文图景，还反映了人类文明在相当长一段时期内的变迁，其时间跨度比一个人的生命更长，甚至比一个国家的寿命还长。"谷歌图书"的数据集也由于其他原因而备受青睐——它涵盖的主题范围非常广泛。浏览如此大量的书籍可以被认为是在咨询大量的人，而其中有很多人都已经去世了。在历史和文学领域，关于特定时间和地区的书是了解那个时间和地区的重要信息源。

由此可见，通过数字透镜来阅读"谷歌图书"将有可能建立一个研究人类历史的新视角。我们知道，无论要花多长时间，我们都必须在数据上入手。

数据越多，问题越多

大数据为我们认识周围世界创造了新机遇，同时也带来了新的挑战。

第一个主要的挑战是，大数据和数据科学家们之前运用的数据在结构上差异很大。科学家们喜欢采用精巧的实验推导出一致的准确结果，回答精心设计的问题。但是，大数据是杂乱的数据集。典型的数据集通常会混杂很多事实和测量数据，数据搜集过程随意，并非出于科学研究的目的。因此，大数据集经常错漏百出、残缺不全，缺乏科学家们需要的信息。而这些错误和遗漏即便在单个数据集中也往往不一致。那是因为大数据集通常由许多小数据集融合而成。不可避免地，构成大数据集的一些小数据集比其他小数据集要可靠一些，同时每个小数据集都有各自的特性。处理大数据的一部分工作就是熟悉数据，以便你能反推出产生这些数据的工程师们的想法。

但是，我们和多达 1 PB 的数据又能熟悉到什么程度呢？

第二个主要的挑战是，大数据和我们通常认为的科学方法并不完全吻合。科学家们想通过数据证实某个假设，将他们从数据中了解到的东西编织成具有因果关系的故事，并最终形成一个数学理论。当在大数据中探索时，你会不可避免地有一些发现，例如，公海的海盗出现率和气温之间的相关性。这种探索性研究有时被称为"无假设"研究，因为我们永远不知道会在数据中发现什么。但是，当需要按照因果关系来解释从数据中发现的相关性时，大数据便显得有些无能为力了。是海盗造成了全球变暖吗？是炎热的天气使更多的人从事海盗行为的吗？如果两者是不相关的，那么近几年在全球变暖加剧的同时，海盗的数目为什么会持续增加呢？我们难以解释，而大数据往往却能让我们去猜想这些事情中的因果链条。

当我们继续搜集这些未做解释或未做充分解释的发现时，有人开始认为相关性正在威胁因果性的科学基石地位。甚至有人认为，大数据将导致理论的终结。这样的观点有些让人难以接受。现代科学最伟大的成就是在理论方面。譬如，爱因斯坦的广义相对论、达尔文的自然选择进化论等，理论可以通过看似简单的原理来解释复杂的现象。如果我们停止理论探索，那么我们将会忽视科学的核心意义。当我们有了数百万个发现而不能解释其中任何一个时，这意味着什么？这并不意味着我们应该放弃对事物的解释，而是意味着很多时候我们只是为了发现而发现。

第三个主要挑战是，数据产生和存储的地方发生了变化。作为科学家，我们习惯于通过在实验室中做实验得到数据，或者记录对自然界的观察数据。可以说，某种程度上，数据的获取是在科学家的控制之下的。但是，在大数据的世界里，大型企业甚至政府拥有着最大规模的数据集。而它们自己、消费者和公民们更关心的是如何使用数据。很少有人希望美国国家税务局将报税记录共享给那些科学家，虽然科学家们使用这些数据是出于善意。eBay 的商家不希望它们完整的交易数据被公开，或者让研究生随意使用。搜索引擎日志和电子邮件更是涉及个人隐私权和保密权。书和博客的作者则受到版权保护。各个公司对所控制的数据有着强烈的产权诉求，它们分析自己的数据是期望产生更多的收入和利润，而不愿意和外人共享其核心竞争力，学者和科学家更是如此。

出于所有这些原因，一些最强大的关于人类"自我知识"的数据资源基本未被使用过。尽管市场经济理论已经有了几个世纪的历史，经济学家也无法访问主要在线市场的详细交易记录。尽管人类已经在绘制世界地图上努力了几千年，DigitalGlobe 等公司也拥有着地球表面的 50 cm 分辨率的卫星照片，但是这些地图数据并从未被系统地研究过。我们发现，人们永无止境的学习欲望和探索欲望与这些数据之间的鸿沟大得惊人。这类似于数代天文学家们一直在探索遥远的恒星，却由于法律原因而不被允许研究太阳。

然而，只要知道太阳在那里，人们对它的研究欲望就不会消退。如今，全世界的人都在跳着一支支奇怪的"交际舞"。学者和科学家为了能够访问企业的数据，开始不断地接触工程师、产品经理甚至高级主管。有时候，最初的会谈很顺利——他们出去喝喝咖啡，随后事情就会按部就班地进行。一年后，一个新人加入进来。很不幸，这个人通常是律师。

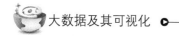

如果要分析谷歌的图书馆，我们就必须找到应对上述挑战的方法。数字图书所面临的挑战并不是独特的，只是今天大数据生态系统的一个缩影。

资料来源：[美]埃雷兹·艾登、[法]让-巴蒂斯特·米歇尔. 王彤彤，等译. 可视化未来——数据透视下的人文大趋势[M]. 杭州：浙江人民出版社，2015.

阅读上文，请思考、分析并简单记录：

（1）"谷歌"的诞生最初源自于什么项目？如今，这个项目已经达到什么样的规模？这个规模经历了多长时间？对此，你有什么感想？

答：_____

_____

_____

（2）请在互联网上搜索"Google 图书"（谷歌图书），能顺利打开这个网页吗？请记录，什么是"Google 图书"？

答：_____

_____

_____

（3）"数据越多，问题越多"，那么，我们面临的主要挑战是什么？

答：_____

_____

_____

（4）简单描述你所知道的上一周发生的国际、国内或者身边的大事。

答：_____

_____

_____

4.1　直方图：对比关系

直方图是一种统计报告图，是表示资料变化情况的主要工具。直方图由一系列高度不等的纵向条纹或线段表示数据分布的情况，一般用横轴表示数据类型，纵轴表示分布情况。制作直方图的目的是通过观察图的形状，判断生产过程是否稳定，预测生产过程的质量。

4.1.1　以零基线为起点

零基线是以零作为标准参考点的一条线，在零基线的上方规定为正数，下方为负数，它相当于十字坐标轴中的水平轴。Excel 中的零基线通常是图表中数字的起点线，一般只展示正数部分。若是水平条形图，零基线与水平网格线平行；若是垂直条形图，则零基线与垂直网格线平行。

实例 4-1　零基线为起点。

如图 4-2（a）所示，数据起点是 2 000 元，从中可以读出每个部门的日常开支，而图 4-2（b）的数据起点是 0，即把零基线作为起点。图 4-2（a）的不足在于不便于对比每个直条的总价值，感觉人事部的开支是财务部的两倍还多，而事实上人事部的数据只比财务部多了 1 500 元。这种错误性的导向就是数据起点的设定不恰当造成的。

步骤 1：绘制图表，如图 4-2（a）所示。

步骤 2：右击图表左侧的坐标轴数据，选择"设置坐标轴格式"命令，打开该窗格，在"坐标轴选项"下，将"边界"组中的"最大值""最小值"和"单位"组中的"主要""次要"数字设置为图 4-2（d）所示，得到图 4-2（b）所示的结果。

零基线在图表中的作用很重要。在绘图时，零基线的线条要比其他网格线线条粗、颜色重。如果直条的数据点接近于零，还需要将其数值标注出来。

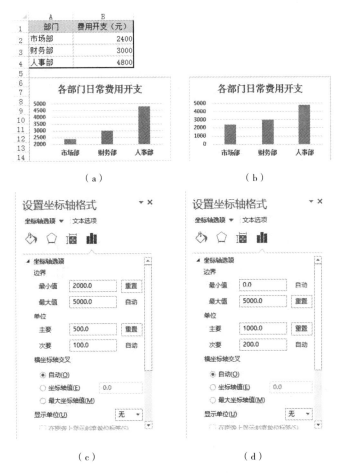

图 4-2　零基线为起点

此外，要看懂图表，必须先认识图例。图例是集中于图表一角或一侧的各种形状和颜色所代表内容与指标的说明。它具有双重任务，在编图时图解是表示图表内容的准绳，在用图时图解是必不可少的阅读指南。无论是阅读文字还是图表，人们习惯于从上至下地去阅读，这就要求信息的因果关系应明确。在图表中，这一点也必须有所体现。例如，在默认情况下图例都是在底部显示的，而将图例放在图信息的上方，根据阅读习惯，可自然而然地加快阅读速度。

如果想删除多余标签，只显示部分的数据标签，可单击所有的数据标签，然后再双击需要删除的数据标签即可；或单击单独的某个标签，再按【Delete】键便可删除。

实验确认：□ 学生　　□ 教师

4.1.2　垂直直条的宽度要大于条间距

在柱状图或条形图中，直条的宽度与相邻直条间的间隔决定了整个图表的视觉效果。即使表示的是同一内容，也会因为各直条的不同宽度及间隔而给人以不同的印象。如果直条的宽度小于条间距，则会形成一种空旷感，这时读者在阅读图表时注意力会集中在空白处，而不是数据系列上。在一定程度上会误导读者的阅读方式。

实例 4-2　直条的宽度。

如图 4-3 所示，两组图表中，图 4-3（a）中直条宽度明显小于条间距，虽然能从中读出想要的数据结果，但其表达效果不如图 4-3（b）中的图形。直条是用来测量零散数据的，如果其中的直条过窄，视线就会集中在直条之间不附带数据信息的留白空间上。因此，将直条宽度绘制在条间距的 1 倍以上 2 倍以下最为合适。

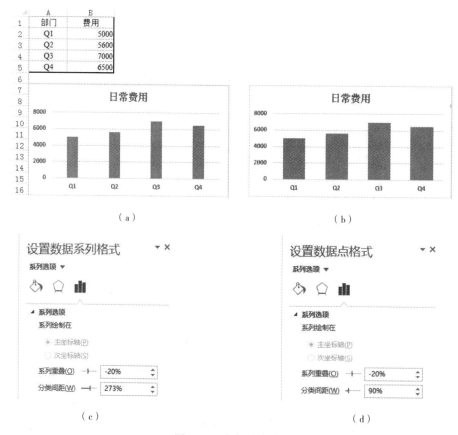

图 4-3　直条的宽度

双击图中的直条形状，在打开窗格的"系列选项"下设置"分类间距"的百分比大小。分类间距百分比越大，直条形状就越细，条间距就越大，所以将分类间距调为小于或等于 100% 较为合适。

网格线的作用是方便读者在读图时进行值的参考，Excel 默认的网格线是灰色的，显示在数据系列的下方。如果把一个图表中必不可少的元素称为数据元素，其余的元素称为非数据元素，那么 Excel 中的网格线属于非数据元素，对于这类元素，应尽量减弱或者直接删除。例如，应该避免在水平条形图中使用网格线。

实验确认：□ 学生　　□ 教师

4.1.3　慎用三维效果的柱形图

在大多数情况下，使用三维效果的目的是为了体观立体感和真实感。但是，这并不适用于柱状图，因为柱状图顶部的立体效果会让数据产生歧义，导致其失去正确的判断。

如果想用 3D 效果展示图表数据，可以选用圆锥图表类型，圆锥效果将圆锥的顶点指向数据，也就是在图表中每个圆锥的顶点与水平网格线只有一个交点，使指向的数据是唯一的、确定的。

实例 4-3　柱形图的三维效果。

图 4-4 的左图中使用了三维效果展示各店一季度的销售额，细心的读者会疑惑直条的顶端与网格线相交的位置在哪里。也就是直条对应的数据到底是多少并不明确，这种错误在图表分析过程中是不可原谅的。所以切记不能将三维效果用在柱形图中，若要展示一定程度的立体感，可以选用不会产生歧义的阴影效果，如图 4-4（b）中的图表。

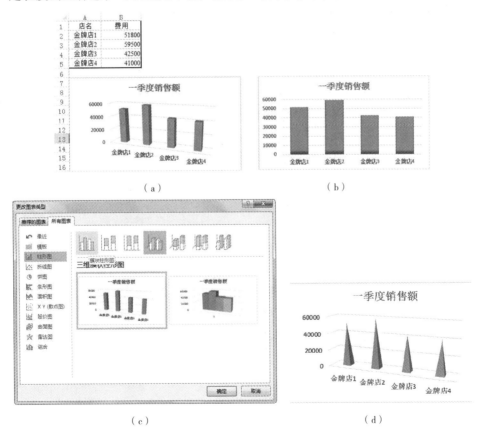

图 4-4　柱形图的三维效果

步骤 1：选中三维效果的图表，然后在"图表工具|设计"选项卡下单击"类型"组中的"更改图表类型"按钮，在弹出的对话框中选择"簇状柱形图"，如图 4-4（c）所示。

步骤 2：若想为图表设计立体感，可以先选中系列，在"格式"选项卡中设置"形状效果"为"阴影-内部-内部下方"，如图 4-4（b）所示。

步骤 3：如果需要制作三维效果的圆锥图，可以先制作成三维效果的柱状图，然后双击图表中的数据系列，打开"设置数据系列格式"窗格，在"系列选项"下有一组"柱体形状"，单击"完整圆锥"按钮，即可将图表类型设计为三维效果的圆锥状，如图 4-4（d）所示。

在图表制作中，图表系列的颜色也很重要。例如，使用相似的颜色填充柱形图中的多直条，使系列的颜色由亮至暗地进行过渡布局，这样，较之于颜色鲜艳分明，得到的图表具有更强的说服力。因为在多直条种类中（一般保持在 4 种或 4 种以下），前者在同一性质（月份）下会使阅读更轻松，因为它们的颜色具有相似性，不会因为颜色繁多而眼花缭乱。

实验确认：☐ 学生　　☐ 教师

4.1.4　用堆积图表示百分数

柱形图按数据组织的类型分为簇状柱形图、堆积柱形图和百分比堆积柱形图，簇状柱形图用来比较各类别的数值大小；堆积柱形图用来显示单个项目与整体间的关系，比较各个类别的每个数值占总数值的大小；百分比堆积柱形图用来比较各个类别的每一数值占总数值的百分比。

实例 4-4　百分比柱形堆积图。

如图 4-5 所示，图表中的数据所要表达的是 4 个月中某个新员工实际完成的工作量占目标工作量的百分数大小。图 4-5（a）所示图表中单色直条所代表的 100%数值完全就是画蛇添足，将其去掉后反而会让图表更加简洁。如果想保留这一目标百分数，可以将"完成率"与"目标值"所代表的直条重合在一起，结果就是图 4-5（b）中的效果。图 4-5（b）中的图表从形式上加强了百分数的表达，特别是部分与整体的百分数效果更明确。

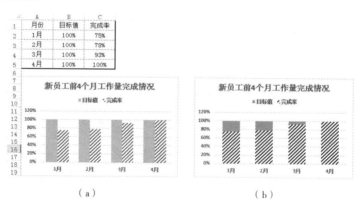

图 4-5　百分比柱形堆积图

步骤 1：根据图 4-5 表格中的数据绘制图表并调整，选中该系列上的数据标签，在"标签选项"下设置"标签位置"为"居中"，完成图 4-5（a）所示的直方图效果。

步骤 2：双击图表中的"完成率"系列，在弹出的"设置数据系列格式"窗格中，设置"系列选项"下"系列重叠"值为"100%"，如图 4-5（b）所示。

实验确认：□ 学生　　□ 教师

4.2 折线图：按时间或类别显示趋势

折线图是用直线段将各数据点连接起来而组成的图形，以折线方式显示数据的变化趋势和对比关系。折线图可以显示随时间（根据常用比例设置）而变化的连续数据，因此非常适用于显示在相等时间间隔下数据的趋势。在折线图中，类别数据沿水平轴均匀分布，所有值数据沿垂直轴均匀分布。

但是，图表中如果绘制的折线图折线线条过多，会导致数据难以分析。与柱状图一样，折线图中的线条数也不宜多过，最好不要超过 4 条。

如果在图表中表达的产品数过多，则不适宜绘制在同一折线图中，此时，可以将每种产品各绘制成一种折线图，然后调整它们的 Y 轴坐标，使其刻度值保持一致。这样不仅可以直接对比不同的折线，还可以查看每种产品自身的销售情况。

4.2.1 减小 Y 轴刻度单位增强数据波动情况

在折线图中，可以显示数据点以表示单个数据值，也可以不显示这些数据点而表示某类数据的趋势。如果有很多数据点且它们的显示顺序很重要时，折线图尤其有用。当有多个类别或数值是近似的，一般使用不带数据标签的折线图较为合适。

实例 4-5 减小 Y 轴刻度单位。

如图 4-6 所示，图 4-6（a）中的图表 Y 轴边界是以 0 为最小值、60 为最大值设置的边界刻度，并按 10 为主要刻度单位递增。而图 4-6（b）中的图表 Y 轴是以 30 作为基准线，主要刻度单位按照 5 开始增加。由于刻度值的不同使得图 4-6（a）中的折线位置过于靠上，给人悬空感，并且折线的变化趋势不明显；而图 4-6（b）中的折线约占图表的 2/3，既不拥挤也不空旷，同时也能反映出数据的变化情况。通过对比发现，在适当时候更改折线图中的起点刻度值可以让图表表现得更深刻。

步骤 1：根据图 4-6 中的表格数据，绘制折线图，如图 4-6（a）所示。

步骤 2：双击 Y 轴坐标，打开"设置坐标轴格式"窗格，在"坐标轴选项"下输入边界最小值"30"，边界最大值"50"，然后输入主要单位值"5"，结果图 4-6（b）所示。

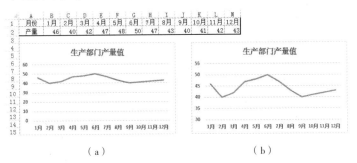

（a）　　　　　　　　　　（b）

图 4-6　减小 Y 轴刻度单位

在折线图中，Y轴表示的是数值，X轴表示的是时间或有序类别。在对Y轴刻度进行优化后，还应该对X轴的一些特殊坐标轴进行编辑。例如，常见的带年月的日期横坐标轴，如果是同年内一般只显示月份即可；如果是不同年份的数据点，就需要显示年月。

像图4-7（a）中的横坐标就显得冗长，若将相同年份中的月份省略年数，显示就会轻松很多，可在数据源中重新编辑。重新制作的图表效果如图4-7（b）所示。对比两张图表，后者横轴的日期文本更清晰，一看便知月份属于何年。

图 4-7　简化坐标标识

实验确认：□ 学生　　□ 教师

4.2.2　突出显示折线图中的数据点

在图表中单击，进而在图表右侧单击出现的"图表元素"项，勾选"数据标签"复选框，可为图表加上数据标签。也可以单击出现的数据标签，然后删除不需要出现的数据标签。

除了数据标签能直接分辨出数据的转折点外，还有一个方法，就是在系列线的拐弯处用一些特殊形状标记出来，这样就可轻易分辨出每个数据点。

虽然折线图和柱状图都能表示某个项目的趋势，但是柱状图更加注重直条本身的长度，即直条所表示的值，所以一般都会将数据标签显示在直条上。若在较多数据点的折线图中显示数据点的值，不但数据之间难以辨别所属系列，而且整个图表也会失去美观性。只有在数据点相对较少时，显示数据标签才可取。

实例 4-6　显示数据点。

为了表示数据点的变化位置，需要特意将转折点标示出来。图4-8（a）中用数据标签标注各转折点的位置，但并不直接，而且不同折线的数据标签容易重叠，使得数字难以辨认。而图4-8（b）中在各转折点位置显示比折线线条更大、颜色更深的圆点形状，整个图表的数据点之间不仅容易分辨，而且图表也显得简单。除此之外，还特意将每条折线的最高点和最低点用数据标签显示出来。

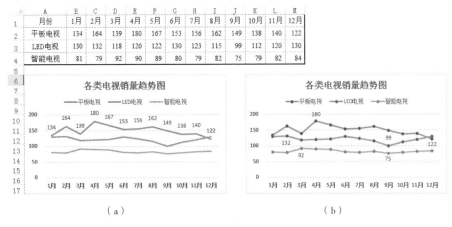

月份	1月	2月	3月	4月	5月	6月	7月	8月	9月	10月	11月	12月
平板电视	134	164	139	180	167	153	156	162	149	138	140	122
LED电视	130	132	118	120	122	130	123	115	99	112	120	130
智能电视	81	79	92	90	89	80	79	82	75	79	82	84

（a）　　　　　　　　　　　（b）

图 4-8　显示数据点

步骤 1：双击图表中的任意系列，打开"设置数据系列格式"窗格，在"系列选项"中单击填充图标；切换至"标记"选项，展开"数据标记选项"展开下拉列表，选择"内置"单选按钮，再设置标记"类型"为圆形。同样在"标记"选项中展开"填充"下拉列表，设置颜色为深蓝色。

步骤 2：选择图表中其他系列进行类似步骤 1 的设置。

步骤 3：在折线图中标记各数据点时，选择不同的形状可标记不同的效果。但是在设置标记点的类型时有必要调整形状的大小，使其不至于太小难以分辨，也不至于形状过大削弱了折线本身的作用。系统默认的标记点"大小"为"5"，可单击数字微调按钮进行调整（如将大小调整为 10）。

选择好标记数据点的形状类型后，根据折线的粗细调整形状大小，再为形状填充不同于折线本身的线条颜色加以强调。

实验确认：☐ 学生　　☐ 教师

4.2.3　通过面积图显示数据总额

在折线图中添加面积图，属于组合图形中的一种。面积图又称区域图，它强调数量随时间而变化的程度，可引起人们对总值趋势的注意。例如，表示随时间而变化的利润的数据可以绘制在折线图中添加面积图以强调总利润。

实例 4-7　面积图。

图 4-9（a）中的折线图展示了 1 月份 A 产品不同单价的销售量差异情况，从图表中可看出这段时间的销售额波动不大；而图 4-9（b）中的折线图 + 面积图不仅显示了这段时间内销量的差异情况，而且在折线下方有颜色的区域还强调了这段时间内销售总额的情况，即销售额等于横坐标值乘以纵坐标值。从对比结果中可发现，在分析利润额数据时，为折线图添加面积图会有一个更直接、更明确的效果。

步骤 1：依据图 4-9 表格中的单价、销售额（一行）数据绘制折线图。设置坐标轴标题，突出显示折线图中的数据点。

步骤 2：增加一组与数据源中"销售额"一样的数据，然后用两组相同的销售额数据和日期数据绘制折线图，两个系列完全重合，结果如图 4-9（a）所示。选中图

表，在"图表工具|设计"选项卡下，单击"类型"组中的"更改图表类型"按钮，在弹出的对话框中，默认在"组合"选项下设置其中一个销售额系列为"带数据标记的折线图"，另一个销售额系列为"面积图"。

步骤 3：将添加的折线图改为面积图后，删除图例，双击图表中的面积区域，弹出"设置数据系列格式"窗格，在"系列选项"下展开"填充"下拉列表，为面积图选择一种浅色填充，并设置其"透明度"为"50%"，如图 4-9（b）所示。

如果需要在同一图表中绘制多组折线，也同样可以参考上面的方法和样式进行设计制作，但在操作过程中需要注意数据系列的叠放顺序问题。

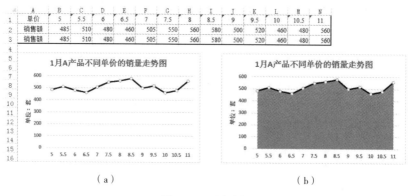

（a）　　　　　　　　　　　　（b）

图 4-9　面积图

实验确认：□ 学生　　□ 教师

4.3　圆饼图：部分占总体的比例

圆饼图是用扇形面积，也就是圆心角的度数来表示数量。圆饼图主要用来表示组数不多的品质资料或间断性数量资料的内部构成，仅有一个要绘制的数据系列，要绘制的数值没有负值，且数值几乎没有零值；各类别分别代表整个圆饼图的一部分，各个部分需要标注百分比，且各部分百分比之和必须是 100%。圆饼图可以根据圆中各个扇形面积的大小，来判断某一部分在总体中所占比例的多少。

4.3.1　重视圆饼图扇区的位置排序

实例 4-8　圆饼图扇区。

在图 4-10（a）中，数据是按降序排列的，所以圆饼图中切片的大小以顺时针方向逐渐减小。这其实不符合读者的阅读习惯。人们习惯从上至下地阅读，并且在圆饼图中，如果按规定的顺序显示数据，会让整个圆饼图在垂直方向上有种失衡的感觉，正确的阅读方式是从上往下阅读的同时还会对圆饼图左右两边的切片大小进行比较。所以需要对数据源重新排序，使其呈现出图 4-10（b）中的效果。

步骤 1：为了让圆饼图的切片排列合理，需要将原始的表格数据重新排序，其排序结果如图 4-10 中的右表所示，这样排序的目的是将切片大小合理地分配在圆饼图的左右两侧。

圆饼图的切片分布一般是将数据较大的两个扇区设置在水平方向的左右两侧。其实，除了通过更改数据源的排序顺序改变圆饼图切片的分布位置外，还可以对圆饼图切片进行旋转，使圆饼图的两个较大扇区分布在左右两侧。

步骤 2： 双击圆饼图的任意扇区，打开"设置数据系列格式"窗格，在"系列选项"组中调整"第一扇区起始角度"为"240°"，即将原始的圆饼图第一个数据的切片按顺时针旋转 240° 后的结果。

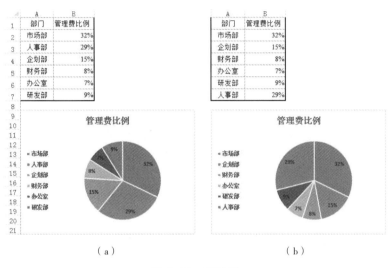

（a）　　　　　　　　　　（b）

图 4-10　圆饼图

实验确认：□ 学生　　□ 教师

4.3.2　分离圆饼图扇区强调特殊数据

用颜色反差来强调需要关注的数据在很多图表中是较适用的，但是圆饼图中，可用一种更好的方式来表达，就是将需要强调的扇区分离出来。

实例 4-9　分离圆饼图。

在图 4-11（a）中，为了强调空调在一季度所有家电销售额中的占比情况，将空调所代表的扇区单独分离出来，这不但能抢夺读者的眼球，而且整个圆饼图在颜色的搭配上也不失彩，效果显得比左图更好。

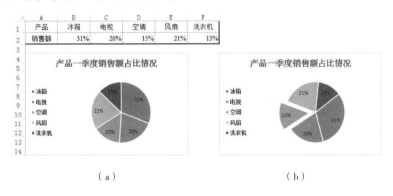

（a）　　　　　　　　　　（b）

图 4-11　分离圆饼图扇区

步骤 1：依据图中表格中的数据绘制圆饼图如，图 4-11（a）所示。

步骤 2：双击圆饼图，打开"设置数据系列格式"窗格，再单击需要被强调的扇区（系列为"空调"），然后在"系列选项"组下设置"点爆炸型"的百分比值为"22%"，即将所选中的扇区单独分离出来。由于分离的扇区显示在图表下方，需要调整"第一扇区起始角度"值"53°"来改变扇区位置，使其显示在图表的左边区域，如图 4-11（b）所示。

在圆饼图中，为了显示各部分的独立性，可以将圆饼图的每个部分独立分割开，这样的图表在形式上胜过没有被分开的扇区。

步骤 3：分割圆饼图中的每个扇区与单独分离某个扇区的原理是一样的，首先选中整个圆饼图，在"设置数据系列格式"窗格中，在"系列选项"组中调整"圆饼图分离程度"百分比值为"8%"。

"圆饼图分离程度"值越大，扇区之间的空隙也就越大。注意，由于选取的是整个圆饼图，所以在"第一扇区起始角度"下方显示的是"圆饼图分离程度"，如果选中的是某个扇区，则"第一扇区起始角度"下方显示的就是"点爆炸型"。

实验确认：☐ 学生　　☐ 教师

4.3.3　用半个圆饼图刻画半期内的数据

一个圆形无论从时间上还是空间上都给读者一种完整感，当圆形缺失某个角时，会让人产生"有些数据不存在"的直觉。在此基础上，可以对圆饼图进行升级处理，将表示半期内的数据用圆饼图的一半去展示，这样在时间上就会引导读者联想到后半期的数据。

实例 4-10　半个圆饼图。

在图 4-12（a）中，数据的表现形式是准确无误的，而图 4-12（b）的整个圆饼图只显示了一半的效果，但是从三维效果中可以看出这个图形是完整的，其表示的数据之和与图 4-12（a）中一致，正是因为图表只展示了一半效果，在图表意义上比图 4-12（a）更胜一筹。半个圆饼图表示公司上半年的销售额比使用一个整体的圆饼图更有意义，这半个圆饼图不是只有一半数据，而是表示在一个完整的时期内的前半期数据。

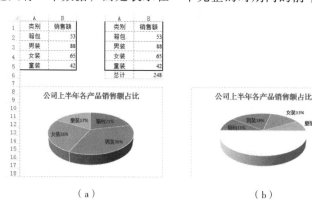

（a）　　　　　　　　　　　　（b）

图 4-12　半个圆饼图

步骤 1：根据图 4-12 中的表格数据绘制圆饼图，如图 4-12（a）所示。

步骤 2：将数据源中各类别的销售额汇总，在制作图表时，需要将"总计"项作为源数据。

步骤 3：选中圆饼图，打开"设置数据系列格式"窗格，在"系列选项"组中设置"第一扇区起始角度"值为"270°"。然后单击图表中"总计"系列所在的扇区，在窗格中选择"填充"组中的"纯色填充–白色"（或"无填充"），如图 4-12（b）所示。

这样，在图表中不仅展示了公司上半年的销售额情况，还指出需要被关注的下半年的销售额。

实验确认：□ 学生　　□ 教师

常见的圆饼图有平面圆饼图、三维圆饼图、复合圆饼图、复合条圆饼图和圆环图，它们在表示数据时各有千秋。但无论对于哪种类型的圆饼图，都不适于表示数据系列较多的数据，数据点较多只会降低图表的可读性，不利于数据的分析与展示。

4.3.4　让多个圆饼图对象重叠展示对比关系

任何看似复杂的图形都是由简单的图表叠加、重组而成的。有时为了凸显信息的完整性，需要将分散的点聚集在一起，在图表的设计中也需要利用这一思想来优化图表，让图表在表达数据时更直接有效。

实例 4-11　堆叠圆饼图。

在图 4-13（a），用了 3 个独立的图表展示 3 个店的利润结构，如果将这 3 个店看作一个整体，这样分散的展示不方便读者进行对比。若将 3 个图表进行叠加组合在一起，如图 4-13（b）所示，这样不仅能表示出整个公司是一个整体，还使各店之间形成一种强烈的对比关系，视觉效果和信息传递的有效性比图 4-13（a）的要强烈。所以在图表的展示过程中，不仅需要数据的清晰表达，还需要在形式上做到"精益求精"。

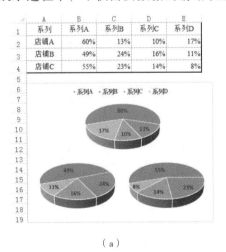
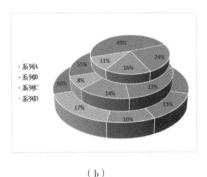

（a）　　　　　　　　　　　　　（b）

图 4-13　堆叠圆饼图

步骤 1：依据图 4-13 中的数据表格分别绘制 3 个店的圆饼图，图表区设置为"无填充"和"无线条"样式，如图 4-13（a）所示。

步骤 2：打开"设置数据点格式"窗格，设置每个圆饼图中第一扇区起始角度值，使 3 个圆饼图的"系列 A"所表示的扇区显示在图表的里边。再缩放店 2 和店 3 图表到合适比例，然后依次层叠地放置在圆饼图上。

步骤 3：将 3 个圆饼图重叠在一起后，单击"图表工具|格式"选项卡"排列"组中的"组合"按钮，将 3 个饼图组合起来如图 4-13（b）所示。

实验确认：☐ 学生　　☐ 教师

4.4　散点图：表示分布状态

散点图在回归分析中是指数据点在直角坐标系平面上的分布图；通常用于比较跨类别的聚合数据。散点图中包含的数据越多，比较的效果就越好。

散点图通常用于显示和比较数值，如科学数据、统计数据和工程数据。当不考虑时间的情况而比较大量数据点时，散点图就是最好的选择。散点图中包含的数据越多，比较的效果就越好。在默认情况下，散点图以圆点显示数据点。如果在散点图中有多个序列，可考虑将每个点的标记形状更改为方形、三角形、菱形或其他形状。

4.4.1　用平滑线联系散点图增强图形效果

实例 4-12　平滑线联系散点图。

图 4-14（a）是普通的散点图，数据点的分布展示了不同年龄段的月均网购金额，从图表中可以分析出月均网购金额较高的人群主要集中 30 岁左右；但是对比图 4-14(b)，发现在连续的年龄段上，图 4-14（a）中的数据较密的点不容易区分；而图 4-14（b）中将所有数据点通过年龄的增加联系起来，不但表示了数据本身的分布情况，还表示了数据的连续性。用带平滑线和数据标记的散点图来表示这样的数据比普通的散点效果更好。

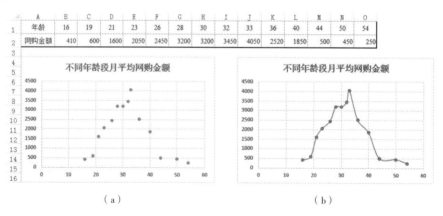

（a）　　　　　　　　　　　　　（b）

图 4-14　平滑线联系散点图

步骤 1：依据图 4-14 中表格的数据绘制散点图，如图 4-14（a）所示。

步骤 2：选中图表，在"图表工具|设计"选项卡的"类型"组中单击"更改图表类型"按钮，然后在弹出的对话框中选择 XY 散点图中的"带平滑线和数据标记的散点图"即可。

步骤 3：更改图表类型后，双击图表中的数据系列，打开"设置数据系列"窗格，单击"填充"组中的"标记"按钮，然后将线条颜色改为与标记点相同的深蓝色，如图 4-14（b）所示。

气泡图与 XY 散点图类似，不同之处在于，XY 散点图对成组的两个数值进行比较；而气泡图允许在图表中额外加入一个表示大小的变量，所以气泡图是对成组的 3 个数值进行比较，且第 3 个数值确定气泡数据点的大小。

实验确认：□ 学生　　□ 教师

4.4.2　将直角坐标改为象限坐标凸显分布效果

制作气泡图一般是为了查看被研究数据的分布情况，所以在设计气泡图时，运用数学中的象限坐标来体现数据的分布情况是最直接的效果。这时图表被划分的象限虽然表示了数据的大小，但不一定出现负数，这需要根据实际被研究数据本身的范围来确定。

实例 4-13　象限坐标。

对图 4-15 中的图表可以发现，前者虽然能看出每个气泡（地区）的完成率和利润率，但是没有后者的效果明显；而后者将完成率和利润率划分了 4 个范围（4 个象限），通过每个象限出现的气泡判断各地区的项目进度和利润情况，而且根据气泡所在象限位置地区之间的对比也更加明显。另外，在图 4-15（b）中气泡上显示了地区名称，这一点在图 4-15（a）中没有体现出来。

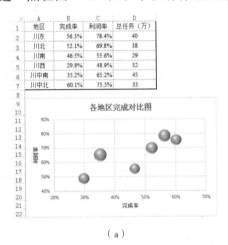

（a）

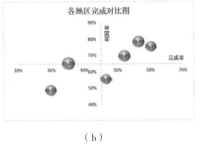

（b）

图 4-15　象限坐标

步骤 1：选定数据区域中的任意单元格，插入散点图中的气泡图，如图 4-15（a）所示。

步骤 2：打开"选择数据源"对话框，单击"编辑"按钮，在弹出的"编辑数据系列"对话框中设置各项内容（见图 4-16）。

步骤 3：双击纵坐标轴，在"设置坐标轴格式"窗格中，展开"坐标轴选项"下拉列表，选择"横坐标轴交叉"组中的"坐标轴值"单选按钮，并在右侧

图 4-16　"编辑数据系列"对话框

的文本框中输入"0.65"；双击图表中的横坐标，设置"横坐标轴交叉"组中的"坐标轴值"为"0.45"。

步骤 4：选中图表中的气泡并右击，在弹出的快捷菜单中单击"添加数据标签"命令，然后选中标签并右击，再单击"设置数据标签格式"命令，在弹出的窗格中，取消选择"标签包括"组中的"Y 值"复选框，勾选"单元格中的值"复选框，在弹出的对话框中选择表格中的"地区"列，这一操作是将地区名称显示出来。然后设置"标签位置"为"居中"方式，完成如图 4-15（b）所示。

实验确认：□ 学生　　□ 教师

4.5　侧重点不同的特殊图表

除了直方图、折线图、圆饼图、散点图等传统数据分析图表外，还有一些特殊的数据图表可用于不同的数据分析和可视化要求，如子弹图、温度计、滑珠图、漏斗图等。

4.5.1　用子弹图显示数据的优劣

在 Excel 中制作子弹图，能清晰地看到计划与实际完成情况的对比，常常用于销售、营销分析、财务分析等。用子弹图表示数据，使数据之间的比较变得十分容易。同时读者也可快速地判断数据和目标及优劣的关系。为了便于对比，子弹图的显示通常采用百分比而不是绝对值。

实例 4-14　子弹图。

图 4-17（d）是一张子弹图，看似复杂的样式却隐藏了更多的信息。如果读者清楚子弹图的表达意义，就能很快地从此图中分析出每月的销售额完成情况与目标值的差异，还能看出每月销售额的优劣等级。子弹图图表的实现其实就是通过填充不同颜色来实现的，再辅助使用系列选项的分类间隔。

步骤 1：图 4-17 表格数据中的"一般""良好""优秀"3 行数据主要是根据需要显示的堆积柱形图的直条长度而设定输入的。选取单元格区域 A1:G6，插入堆积柱形图，结果如图 4-17（a）所示。

步骤 2：双击图表中的"实际"系列，在"设置数据系列格式"窗格中的"系列选项"下选择"次坐标轴"，并设置"分类间距"值为"300%"，此时图表的样式如图 4-17（b）所示。

步骤 3：打开"更改图表类型"对话框，设置"目标"系列的图表类型为"带直线和数据标记的散点图"。此操作是让目标数据以数据标记的形式显示出来，与其他系列的柱形加以区别，如图 4-17（c）所示。

步骤 4：删除次要坐标轴，然后选中带数据标记的散点图，在"设置数据系列格式"窗格中，选择"填充图标"下的"标记数据标记"选项，然后设置标记的"类型"（短横）和"大小"（15）。回到图表中，分别将数据系列"一般""良好""优秀""实际"由深至浅地填充颜色，得到图 4-17（d）所示的效果。最后对图表进行深度优化，如标题名称、字体样式等。

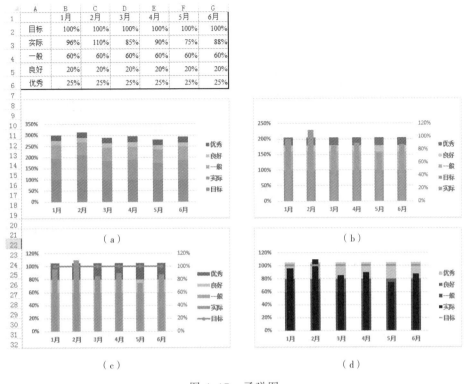

图 4-17 子弹图

实验确认：□ 学生　　□ 教师

4.5.2 用温度计展示工作进度

温度计式的 Excel 图表以比较形象的动态显示某项工作完成的百分比，指示出工作的进度或某些数据的增长。这种图表就像一个温度计一样，会根据数据的改动随时发生直观的变化。要实现这样一个图表效果，关键是用一个单一的单元格（包含百分比值）作为一个数据系列，再对图表区和柱形条填充具有对比效果的颜色。

实例 4-15 温度计图。

图 4-18 反映了半个月内员工的工作进度。图 4-18（b）以员工实际拜访的客户数作为纵坐标值，将"目前总数"和"目标数"用两个柱形表示。而图 4-18（a）用实际拜访的客户数除以目标数的百分比作为纵坐标值，在图表中只展示"达成率"这个值。表格中的"达成率"是一个动态的数值，当数据逐渐录入完成后，"达成率"也就越来越接近 100%，图表中的红色区域也就逐渐掩盖黑色区域，像一个温度计达到最高温度那样。用温度计似的图表来表示这样的动态数据很实用。

步骤 1： 在工作表中单击单元格 B18，插入簇状柱形图，结果如图 4-19（a）所示。

步骤 2： 选中图表，在"图表工具|格式"选项卡的"大小"组中设置图表的高度为"9.74 厘米"，宽度为"4.04 厘米"，再删除横坐标轴，图表样式变为图 4-19（b）所示。

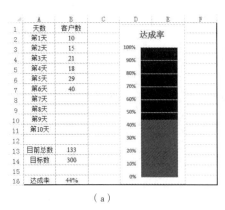

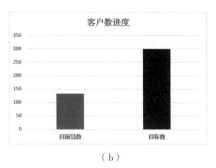

（a）　　　　　　　　　　　　　（b）

图 4-18　温度计图

步骤 3：选中图表中的柱形，在"设置数据系列格式"窗格的"系列选项"下设置"分类间距"为"0"（系列重叠为-27%）。双击纵坐标轴，在打开窗格的"坐标轴选项"组中设置边界"最大值"为 1.0，"主要"刻度单位为 0.1。设置完坐标轴选项后图表样式变为图 4-19（c）所示。

步骤 4：选中图表中的数据系列，在"设置数据系列格式"窗格中设置"纯色填充"，并使用红色。再选中图表中的绘图区，设置为"纯色填充"，选用黑色，效果如图 4-19（d）所示。

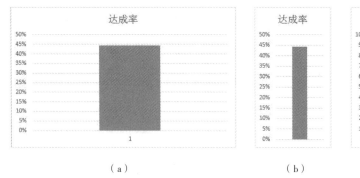

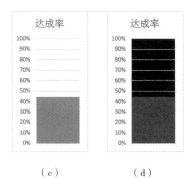

（a）　　　　　　　（b）　　　　　　　（c）　　　　　　　（d）

图 4-19　制作温度计图

实验确认：□ 学生　　□ 教师

4.5.3　用漏斗图进行业务流程的差异分析

漏斗图是由 Light 与 Pillemer 于 1984 年提出的，它是元分析的有用工具。在 Excel 中绘制漏斗图需要借助堆积条形图来实现，漏斗图适用于业务流程比较规范、周期长、环节多的流程分析，通过漏斗各环节业务数据的比较，能够直观地发现和说明问题所在。

实例 4-16　漏斗图。

在图 4-20（a）所示的图表中，客户数是默认的簇状条形图，用绝对值表示直条的大小，其排列形式像反着的阶梯。而图 4-20（d）经过复杂的操作步骤后，让直条像漏斗一样显示在图表区域，横轴用绝对值表示，而纵轴用数据标签模拟每个直条的百分比表示，是一个关于刻度值为 200 的直线对称的图形。漏斗代表的意义就是数量逐渐减少的过程，这正符合了图表表达的业务流程，直观地说明了数据减少的环节所在。

步骤 1：如图 4-20 所示的数据表格，其中的"辅助值"和"百分比"都是根据 B 列的值计算而得来的。在 C2 单元格中输入公式"= (B2 − B2) / 2"，在 D2 单元格中输入公式"= B2 / B2"，然后填充 C、D 列数据区域的空白单元格。

步骤 2：根据数据源插入堆积条形图，图表如图 4-20（a）所示。

步骤 3：修改 Y 轴坐标轴为"逆序类别"，并设置水平轴的最大刻度为"1100.0"。

步骤 4：打开"选择数据源"对话框，选中"图例项"下方列表中的"辅助值"，再单击"上移"按钮，该步骤是重新排列图表中系列的位置。

步骤 5：继续单击对话框中的"添加"按钮，在弹出的"编辑数据系列"对话框中，添加列表中已有的"辅助值"系列。当返回"选择数据源"对话框中时，重新调整新添加的"辅助值"系列的位置，即将它上移至"客户数"与"百分比"之间。

步骤 6：经过前几步的调整后图表样式变为图 4-20（b）所示的结果。选中图表中的"百分比"系列值，由于其代表的是百分数，所以在图表中不容易识别出来，将百分比的标签显示在"轴内侧"，其实是模拟 Y 轴次要坐标。

步骤 7：将两个"辅助值"和"百分比"系列所代表的直条的填充效果设置为"无填充"，这样漏斗就基本成形，如图 4-20（c）所示。然后取消图例的显示，并将蓝色的直条颜色改为蓝-灰色样式，如右图 4-20（b）所示。最后对图表中的文字内容设置字体格式，得到图 4-20（d）的效果。

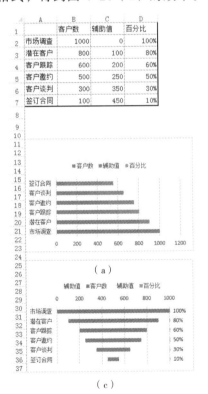

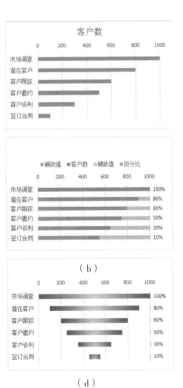

图 4-20　漏斗图

实验确认：□ 学生　　□ 教师

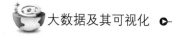

【实验与思考】大数据如何激发创造力

1．实验目的

（1）理解和熟悉直方图、折线图、圆饼图、散点图等不同的数据图表的数据分析的作用。

（2）通过对课文中实例的实验操作，掌握 Excel 数据分析和数据可视化方法技巧。

（3）体验和掌握大数据可视化分析的应用操作。

2．工具/准备工作

在开始本实验之前，请认真阅读课程的相关内容。

需要准备一台安装有 Microsoft Excel（如 2013 版）应用软件的计算机。

3．实验内容与步骤

请仔细阅读本章的课文内容，对其中的各个实例实施具体操作实现，从中体验 Excel 数据统计分析与可视化方法。

注意：完成每个实例操作后，在对应的"实验确认"栏中打钩（√），并请实验指导老师指导并确认。

请问：你是否完成了上述各个实例的实验操作？如果不能顺利完成，请分析原因是。

答：_____

_____

_____

4．实验总结

_____

_____

_____

5．实验评价（教师）

_____

_____

第 5 章

大数据的商业规则 ‹‹‹

【案例导读】大数据企业的缩影——谷歌（Google）

谷歌（见图 5-1）创建于 1998 年 9 月，是美国一家致力于互联网搜索、云计算、广告技术等领域的跨国科技企业。谷歌开发并提供大量基于互联网的产品与服务，主要利润来自于 AdWords 等广告服务。

图 5-1　Google（谷歌）总部

谷歌由在斯坦福大学攻读理工博士的拉里·佩奇和谢尔盖·布林共同创建，因此两人也被称为"Google Guys"（家伙）。创始之初，Google 官方的公司使命为"集成全球范围的信息，使人人皆可访问并从中受益"。谷歌公司的总部称为"Googleplex"，位于美国加州圣克拉拉县的芒廷维尤。2011 年 4 月，佩奇接替施密特担任首席执行官。2014 年 5 月 21 日，市场研究公司明略行公布，谷歌取代苹果成为全球最具价值的商业品牌。2015 年 3 月 28 日，谷歌和强生达成战略合作，联合开发能够做外科手术的机器人；10 月 20 日，谷歌表示已向羽扇智（Mobvoi Inc.）展开投资；12 月谷歌位列"全球最具创新力企业报告"前三名。

谷歌搜索引擎就是大数据的缩影，这是一个用来在互联网上搜索信息的简单快捷的工具，使用户能够访问一个包含超过 80 亿个网址的索引。谷歌坚持不懈地对其搜索功能进行革新，始终保持着自己在搜索领域的领先地位。据调查结果显示，仅一个月内，谷歌处理的搜索请求高达 122 亿次。

除了存储搜索结果中出现的网站链接外，谷歌还存储人们的所有搜索行为，这就使谷歌能以惊人的洞察力掌握搜索行为的时间、内容以及它们是如何进行的。这些对数据的洞察力意味着谷歌可以优化其广告，使之从网络流量中获益，这是其他公司所不能企及的。另外，谷歌不仅可以追踪人的行为，还可以预测人们接下来会采取怎样的行动。换句话说，在你行动之前，谷歌就已经知道你在寻找什么了。这种对大量的人机数据进行捕捉、存储和分析，并根据这些数据做出预测的能力，就是我们所说的大数据。

（本案例由作者根据相关资料改写）

阅读上文，请思考、分析并简单记录：

（1）谷歌是一家国际化的重要的大数据企业。请通过网络搜索，了解谷歌企业开展的重要技术和业务，并请扼要记录：

答：_____

_____

（2）在谷歌琳琅满目的先进技术中，你特别感兴趣的有哪些？

答：_____

_____

（3）除了谷歌，你还知道哪些重量级的国际化大数据企业？

答：_____

_____

（4）简单描述你所知道的上一周内发生的国际、国内或者身边的大事。

答：_____

_____

_____

5.1 大数据的跨界年度

《纽约时报》把 2012 年称为"大数据的跨界年度"。大数据之所以会在 2012 年进入主流大众的视野，缘于 3 种趋势的合力。

第一，许多高端消费公司加大了对大数据的应用。如国外某社交网络巨擘 F 使用大数据来追踪用户。通过识别你熟悉的其他人，该网站可以给出好友推荐建议。用户的好友数目越多，他与该网站的黏度就越高。好友越多同时也就意味着用户分享的照片越多、发布的状态更新越频繁、玩的游戏也越多样化。

商业社交网站 L 则使用大数据为求职者和招聘单位之间建立关联。有了 L 社交网站，猎头公司就不再需要对潜在雇员进行意外访问。只需要一个简单的搜索，他们就可以找到潜在雇员，并与他们进行联系。同样，求职者也可以通过联系网站上的其他人，将自己推销给潜在的负责招聘的经理。L 社交网站的首席执行官杰夫·韦纳曾谈到该网站的未来发展及其经济图表——一个能实时识别"经济机会趋势"的全球经济数字图表。实现该图表及其预测能力时所面临的挑战就是一个大数据问题。

第二，F 社交网站与 L 社交网站两家公司都是在 2012 年上市的。F 社交网站在纳斯达克上市，L 社交网站在纽约证券交易所上市。从表面上来看，谷歌和这两家公司都是消费品公司，而实质上，它们是名副其实的大数据企业。除了这两家公司以外，Splunk 公司（一家为大中型企业提供运营智能的大数据企业）也在 2012 年完成了上市。这些企业的公开上市使华尔街对大数据业务的兴趣日渐浓厚。

因此，硅谷的风险投资家们开始前赴后继地为大数据企业提供资金，硅谷甚至有望在未来几年取代华尔街。作为 F 社交网站的早期投资者，Accel Partners 投资机构在 2011 年末宣布为大数据提供 1 亿美元的投资，2012 年年初，Accel Partners 支出了第一笔投资。著名的风险投资公司安德森·霍洛维茨、Greylock 公司也针对这一领域进行了大量的投资。

第三，商业用户，例如亚马逊、F 社交网站、L 社交网站和其他以数据为核心的消费产品，也开始期待以一种同样便捷的方式来获得大数据的使用体验。既然互联网零售商亚马逊可以为用户推荐一些阅读书目、电影和产品，为什么这些产品所在的企业却做不到呢？比如，为什么汽车租赁公司不能明智地决定将哪一辆车提供给租车人呢？毕竟该公司拥有客户的租车历史和现有可用车辆库存记录。随着新技术的出现，公司不仅能够了解到特定市场的公开信息，还能了解到有关会议、重大事项及其他可能会影响市场需求的信息。通过将内部供应链与外部市场数据相结合，公司可以更加精确地预测出可用的车辆类型和可用时间。

类似地，通过将这些内部数据和外部数据相结合，零售商每天都可以利用这种混合式数据确定产品价格和摆放位置。通过考虑从产品供应到消费者的购物习惯这一系列事件的数据（包括哪种产品卖得比较好），零售商就可以提升消费者的平均购买量，从而获得更高的利润。

5.2　谷歌的大数据行动

谷歌的规模使其得以实施一系列大数据方法，而这些方法是大多数企业不曾具备的。谷歌的优势之一是其拥有一支软件工程师队伍，这些工程师能为该公司提供前所未有的大数据技术。多年来，谷歌还不得不处理大量的非结构化数据，例如网页、图片等，它不同于传统的结构化数据，例如写有姓名和地址的表格。

谷歌的另一个优势是它的基础设施（见图 5-2）。就谷歌搜索引擎本身的设计而言，数不胜数的服务器保证了谷歌搜索引擎之间的无缝连接。如果出现更多的处理或存储信息需求，抑或某台服务器崩溃时，谷歌的工程师们只需要添加服务器就能保证搜索引擎的正常运行。据估计，谷歌的服务器总数超过 100 万个。

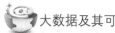

图 5-2　谷歌的机房

谷歌在设计软件时一直没有忘记自己所拥有的强大的基础设施。MapReduce 和 Google File System 就是两个典型的例子。《连线》杂志在 2012 年暑期的报道称，这两种技术"重塑了谷歌建立搜索索引的方式"。

许多公司现在都开始接受 Hadoop 开源代码——MapReduce 和 Google File System 开发的一个开源衍生产品。Hadoop 能够在多台计算机上实施分布式大数据处理。当其他公司刚刚开始利用 Hadoop 开源代码时，谷歌在多年前就已经开始大数据技术的应用了，事实上，当其他公司开始接受 Hadoop 开源代码时，谷歌已经将重点转移到其他新技术上了，这在同行中占据了绝对优势。这些新技术包括内容索引系统 Caffeine、映射关系系统 Pregel 以及量化数据查询系统 Dremel。

如今，谷歌正在进一步开放数据处理领域，并将其和更多第三方共享，例如它最近刚刚推出的 BigQuery 服务。该项服务允许使用者对超大量数据集进行交互式分析，其中"超大量"意味着数十亿行的数据。BigQuery 就是基于云的数据分析需求。此前，许多第三方企业只能通过购买昂贵的安装软件来建立自己的基础设施，才能进行大数据分析。随着 BigQuery 这一类服务的推出，企业可以对大型数据集进行分析，而无须巨大的前期投资。

除此以外，谷歌还拥有大量的机器数据，这些数据是人们在谷歌网站进行搜索及经过其网络时所产生的。每当用户输入一个搜索请求时，谷歌就会知道他在寻找什么，所有人类在互联网上的行为都会留下"足迹"，而谷歌具备绝佳的技术——对这些"足迹"进行捕捉和分析。

不仅如此，除搜索之外，谷歌还有许多获取数据的途径。企业会安装"谷歌分析"（Google Analytics）之类的产品来追踪访问者在其站点的"足迹"，而谷歌也可获得这些数据。利用"谷歌广告联盟"（Google Adsense），网站还会将来自谷歌广告客户网的广告展示在其各自的站点上，因此，谷歌不仅可以洞察自己网站上广告的展示效果，对其他广告发布站点的展示效果也一览无余。

将所有这些数据集合在一起，我们可以看到：企业不仅可以从最好的技术中获益，同样还可以从最好的信息中获益。在信息技术方面，许多企业可谓耗资巨大，然而谷歌所进行的庞大投入和所获得的巨大成功，却罕有企业能望其项背。

5.3　亚马逊的大数据行动

互联网零售商亚马逊（Amazon，见图5-3）同时也是一个推行大数据的大型技术公司，它已经采取一些积极的举措，很可能成为谷歌数据驱动领域的最大竞争伙伴。如同谷歌一样，亚马逊也要处理海量数据，只不过它处理的数据带有更强的电商倾向。每次，当消费者们在亚马逊网站上搜索想看的电视节目或想买的产品时，亚马逊就会增加对该消费者的了解。基于消费者的搜索行为和产品购买行为，亚马逊就可以知道接下来应该为消费者推荐什么产品。

图5-3　互联网零售商——亚马逊

亚马逊的聪明之处还远不止于此。它会在网站上持续不断地测试新的设计方案，从而找出转化率最高的方案。你认为亚马逊网站上的某段页面文字只是碰巧出现的吗？其实，亚马逊整个网站的布局、字体大小、颜色、按钮以及其他所有设计，都是在经过多次审慎测试后的最优结果。

以尝试设计新按钮为例，这种测试的思路如下：首先随机选择少量（例如5%）的用户，让他们看到新的按钮设计，如果这部分人的点击率高于对照用户，就逐渐提高新按钮覆盖的用户比例，并测试其表现的稳定性；在相当比例用户中，具有稳定性且更佳表现的新设计将会替代原有的设计。对于亚马逊这样的大型企业，即便是千分之一的用户，数量也非常可观。如果他们拿出10%的流量用作测试，而每个基础测试桶只需要千分之一的用户量，就意味着亚马逊时时刻刻都可以测试上百个新算法和新设计的效果。国内阿里巴巴集团算法部门也使用类似的思路和技术进行效果测试。

数据驱动的方法并不仅限于以上领域。根据亚马逊一位前任员工的说法，亚马逊的企业文化就是冷冰冰的数据驱动文化。数据会告诉你什么是有效的、什么是无效的，新的商业投资项目必须要有数据支撑。

对数据的长期关注使亚马逊能够以更低的价格提供更好的服务。消费者往往会直接去亚马逊网站搜索商品并进行购买，谷歌之类的搜索引擎则完全被抛诸脑后。争夺消费者控制权这一战争的硝烟还在不断弥漫。如今，苹果、亚马逊、谷歌以及微软，这4家公认的巨头不仅在互联网上进行厮杀，还将其争斗延伸至移动领域。

随着消费者把越来越多的时间花费在手机和平板电脑等移动设备上，他们坐在计算机前的时间已经变得越来越少，因此，那些能成功地让消费者购买他们的移动设备的企业，将会在销售和获取消费者行为信息方面具备更大的优势。企业掌握的消费者群体和个体信息越多，它就越能更好地制定内容、广告和产品。

令人难以置信的是，从支撑新兴技术企业的基础设施到消费内容的移动设备，亚马逊的触角已触及到更为广阔的领域。亚马逊在几年前就预见了将作为电子商务平台基础结构的服务器和存储基础设施开放给其他人的价值。"亚马逊网络服务"（Amazon Web Service，AWS）是亚马逊公司知名的面向公众的云服务提供者，能为新兴企业和老牌公司提供可扩展的运算资源。虽然 AWS 成立的时间不长，但有分析者估计它每年的销售额超过 15 亿美元。

这种运算资源为企业开展大数据行动铺平了道路。当然，企业依然可以继续投资建立以私有云为形式的自有基础设施，而且很多企业还会这样做。但是，如果企业想尽快利用额外的、可扩展的运算资源，它们还可以方便、快捷地在亚马逊的公共云上使用多个服务器。如今亚马逊引领潮流、备受瞩目，靠的不仅是它自己的网站和 Kindle Fire 之类的新移动设备，支持着数千个热门站点的基础设施同样功不可没。AWS 带来的结果是，大数据分析不再需要企业在 IT 上投入固定成本。如今，获取数据、分析数据都能在云端简单、迅速地完成。换句话说，如今，企业已有能力获取和分析大规模的数据，而在过去，它们则会因为无法存储而不得不抛弃它。

5.4　将信息变成一种竞争优势

数十年来，人们对"信息技术"的关注一直偏重于其中的"技术"部分，首席信息官（CIO）的职责就是购买和管理服务器、存储设备和网络。而如今，信息以及对信息的分析、存储和预测的能力，正成为一种竞争优势（见图 5-4）。

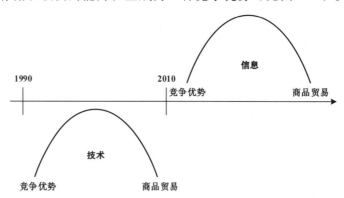

图 5-4　大数据将"信息技术"的焦点从"技术"转变为"信息"

信息技术刚刚兴起时，较早应用信息技术的企业能够更快地发展，超越他人。微软在 20 世纪 90 年代就树立并巩固了它的地位，这不仅得益于它开发了世界上应用最为广泛的操作系统，还在于当时它在公司内部将电子邮件作为标准的沟通机制。事实上，在许多企业仍在犹豫是否采用电子邮件时，电子邮件已成为微软讨论招聘、产品

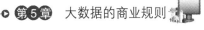

决策、市场战略等事务的标准沟通机制。虽然群发电子邮件的交流在如今已是司空见惯，但在当时，这样的举措让微软较之其他未采用电子邮件的公司具有更多的速度和协作优势。

接受大数据并在不同的组织之间民主化地使用数据，将会给企业带来与之相似的优势。诸如谷歌和F社交网站之类的企业已经从"数据民主"中获益。

通过将内部数据分析平台开放给所有跟自己公司相关的分析师、管理者和执行者，谷歌、F社交网站以及其他一些公司已经让组织中的所有成员都能提出跟商业有关的数据问题、获得答案并迅速行动。正如F社交网站的前任大数据领导人阿施什·图苏尔所言，新技术已经将我们的话题从"储存什么数据"转化到"我们怎样处理更多的数据"这一话题上。

以F社交网站为例，它将大数据推广成为内部的服务，这意味着该服务不仅是为工程师设计的，也是为终端用户，即生产线管理人员设计的，他们需要运用"查询"来找出有效的方案。因此，管理者们不再需要花费几天或是几周的时间，来找出网站的哪些改变最有效，或者哪些广告方式的效果最好。他们可以使用内部的大数据服务，而这些服务本身就是为了满足他们的需求而设计的，这使得数据分析的结果很容易在员工之间共享。

过去的20年是信息技术的时代，接下来的20年的主题仍会是信息技术。这些企业能够更快地处理数据，而公共数据资源和内部数据资源一体化将带来独特的洞见，使他们能够远远超越竞争对手。正如"大数据创新空间曲线"的创始人和首席技术官安德鲁·罗杰斯所言："你分析数据的速度越快，它的预测价值就越大"。企业如今正在渐渐远离批量处理数据的方式（即先存储数据，之后再慢慢进行分析处理）而转向实时分析数据来获取竞争优势。

对于高管们而言，好消息是：来自于大数据的信息优势不再只属于谷歌、亚马逊之类的大企业。Hadoop之类的开源技术让其他企业可以拥有同样的优势。无论是老牌财富100强企业还是新兴初创公司，都能以合理的价格利用大数据来获得竞争优势。

5.4.1 数据价格下降，数据需求上升

与以往相比，大数据带来的颠覆不仅是可以获取和分析更多数据的能力，更重要的是，获取和分析等量数据的价格也正在显著下降。但是价格"蒸蒸日下"，需求却蒸蒸日上。这种略带讽刺的关系正如所谓的"杰文斯悖论"[①]一样。科技进步使存储和分析数据的方式变得更有效率，与此同时，公司也将对此做出更多的数据分析。简而言之，这就是为什么大数据能够带来商业上的颠覆性变化。

从亚马逊到谷歌，从IBM到惠普和微软，大量的大型技术公司纷纷投身于大数据；而基于大数据解决方案，更多初创型企业如雨后春笋般涌现，提供基于云服务和开源

---

① 杰文斯悖论：19世纪经济学家杰文斯在研究煤炭的使用效率时发现，在提高煤的使用效率方面，原本以为效率的提高能满足人们对煤的需求，然而结果是，效率越高，消耗的煤就越多，煤炭总量就会更快耗竭，人们的需求无法得到满足。即技术进步可以提高自然资源的利用效率，但结果是增加而不是减少这种资源的需求，因为效率的改进会导致生产规模扩大。这就带来了一种技术进步、经济发展和环境保护之间的矛盾和悖论。公众对杰文斯悖论可能比较陌生，但事实上，这一悖论，大到对国家的发展，小到对我们普通民众的生活都有影响。

的大数据解决方案。

大公司致力于横向的大数据解决方案，与此同时，小公司则以垂直行业的关键应用为重。有些产品可以优化销售效率，而有些产品则通过将不同渠道的营销业绩与实际的产品使用数据相联系，来为未来营销活动提供建议。这些大数据应用程序意味着小公司不必在内部开发或配备所有大数据技术；在大多数情况下，它们可以利用基于云端的服务来解决数据分析需求。

5.4.2 大数据应用程序的兴起

大数据应用程序在大数据空间掀起了又一轮波浪。投资者相继将大量资金投入到现有的基础设施中，又为 Hadoop 软件的商业供应商 Cloudera 等提供了投资。与此同时，企业并没有停留在大数据基础设施上，而是将重点转向了大数据的应用。

从历史上来说，企业必须利用自主生成的脚本文件来分析日志文件（一种由网络设备和 IT 系统中的服务器生成的文件），相对而言，这是一种人工处理程序。IT 管理员不仅要维护服务器、网络工作设备和软件的基础设施，他们还要建立自己的脚本工具，从而确定因这些系统所引发的问题的根源。这些系统会产生海量的数据；每当用户登录或访问一个文件时，一旦软件出现警告或显示错误，管理者就需要对这些数据进行处理，也必须弄清楚出现故障的原因。

有了大数据应用程序之后，企业不再需要自己动手创建工具，他们可以利用预先设置的应用程序从而专注于他们的业务经营。例如，利用 Splunk 公司（见图 5-5）的软件，可以搜索 IT 日志，并直观看到有关登录位置和频率的统计，进而轻松地找到基础设施存在的问题。

图 5-5 Splunk 公司

当然，企业的软件主要是安装类软件，也就是说，它必须安装在客户的网站中。基于云端的大数据应用程序承诺，它们不会要求企业安装任何硬件或软件。在某些方面，它们可以被认为是软件即服务（Software as a service，SaaS）后的下一个合乎逻辑的步骤。软件即服务是通过互联网向客户交付产品的一种新形式，现已经发展得较为完善。十几年前，客户关系管理（CRM）软件服务提供商 Salesforce 首先推出了"无软件"的概念，这一概念已经成为基于云计算的客户关系管理软件的事实标准，这种软件会帮助企业管理他们的客户列表和客户关系。

通过软件运营服务转化后，软件可以被随时随地使用，企业几乎不需要对软件进行维护。大数据应用程序把着眼点放在这些软件存储的数据上，从而改变了这些软件公司的性质。换句话说，大数据应用程序具备将技术企业转化为"有价值的信息企业"的潜力。

例如，oPower公司可以改变能量的消耗方式。通过与75家不同的公用事业企业合作，该公司可以追踪约5 000万美国家庭的能源消耗状况。该公司利用智能电表设备（一种追踪家庭能源使用的设备）中存储的数据，能为消费者提供能源消耗的具体报告，即使能源消耗数据出现一个小小的变动，也会对千家万户造成很大的影响。就像谷歌可以根据消费者在互联网上的行为追踪到海量的数据一样，oPower公司也拥有大量的能源使用数据。这种数据最终会赋予oPower公司以及像oPower公司之类的公司截然不同的洞察力。目前该公司已经开始通过提供能源报告来继续建立其信息资产，这些数据资源和分析产品向我们展示了未来大数据商业的雏形。

然而，大数据应用程序不仅仅出现在技术世界里。在技术世界之外，企业还在不断研发更多的数据应用程序，这些程序将对人们的日常生活产生重大的影响。举例来说，有些产品会追踪与健康相关的指标并为人们提出建议，从而改善人类的行为。这类产品还能减少肥胖、提高生活质量、降低医疗成本。

5.4.3　实时响应，大数据用户的新要求

过去几年，大数据一直致力于以较低的成本采集、存储和分析数据，而现在，数据的访问已大大加快。2010年，谷歌推出了Google Instant，该产品可以在输入文本的同时就能看到搜索结果。通过引入该功能，一个典型用户在谷歌给出的结果中找到自己需要的页面的时间缩短为以前的1/5~1/7。当这一程序刚刚被引进时，人们还在怀疑是否能够接受它。

数据分析师、经理及行政人员都希望能像谷歌一样用迅捷的洞察力来了解他们的业务。随着大数据用户对便捷性提出的要求越来越高，仅仅通过采用大数据技术已不能满足他们的需求。持续的竞争优势并非来自于大数据本身，而是更快的洞察信息的能力。Google Instant这样的程序就向我们演示了"立即获得结果"的强大之处。

5.4.4　企业构建大数据战略

据IBM称："我们每天都在创造大量的数据，大约是2.5×10^{18}个字节——仅在过去两年间创造的数据就占世界数据总量的90%。"据福雷斯特产业分析研究公司估计，企业数据的总量每年以94%的增长率飙升。

在这样的高速增长之下，每个企业都需要一个大数据路线图，至少，企业应为获取数据制订一种战略，获取范围应从内部计算机系统的常规机器日志一直到线上的用户交互记录。即使企业当时并不知道这些数据有什么用，他们也要这样做，或许随后他们会突然发现这些数据的作用。正如罗杰斯所言，"数据所创造的价值远远高于最初的预期——千万不要随便将它们抛弃"。

企业还需要制订一个计划来应对数据的指数型增长。照片、即时信息以及电子邮

件的数量非常庞大，而由手机、GPS 及其他设备构成的"传感器"所释放出的数据量甚至更大。在理想情况下，企业应让数据分析贯穿于整个组织，并尽可能地做到实时分析。通过观察谷歌、亚马逊、Facebook 和其他科技主导企业，可以看到大数据之下的种种机会。管理者需要做的就是往自己所在的组织中注入大数据战略。

成功运用大数据的企业往大数据世界中添加了一个更为重要的因素：大数据的所有者。大数据的所有者是指首席数据官（CDO）或主管数据价值的副总裁。如果你不了解数据意味着什么，世界上所有的数据对你来说将毫无价值可言。拥有大数据所有者不仅能帮助企业进行正确的策略定位，还可以引导企业获取所需的洞察力。

5.5 大数据营销

行之有效的大数据交流需要同时具备愿景和执行两个方面。愿景意味着诉说故事，让人们从中看到希望，受到鼓舞。执行则是指具体实现的商业价值，并提供数据支撑。

大数据还不能（至少现在还不能）明确产品的作用、购买人群以及产品传递的价值。因此，大数据营销由 3 个关键部分组成：愿景、价值以及执行。号称"世界上最大的书店"的亚马逊、"终极驾驶汽车"的宝马以及"开发者的好朋友"的谷歌，它们各自都有清晰的愿景。

但是单单愿景明确还不够，公司还必须有伴随着产品价值、作用以及具体购买人群的清晰表述。基于愿景和商业价值，公司能讲述个性化的品牌故事，吸引到它们大费周折才接触到的顾客、报道者、博文作者以及其他产业的成员。他们可以创造有效的博客、信息图表、在线研讨会、案例研究、特征对比以及其他营销材料，从而成功地支持营销活动——既可以帮助宣传，又可以支持销售团队销售产品。与其他形式的营销一样，内容也需要具备高度针对性。

即使如此，公司对自己的产品有了许多认识，但却未能在潜在顾客登录其网站时实现有效转换。通常，公司花费九牛二虎之力增加了网站的访问量，但需要将潜在顾客转换为真正的顾客时，却一再出错。网站设计者可能将按钮放在非最佳位置上，可能为潜在顾客提供了太多可行性选择，或者建立的网站缺乏顾客所需的信息，在顾客想要下载或者购买公司的产品时，却产生各种不便。至于大数据营销，则与传统观营销方式关系不大，其更注重创建一种无障碍的对话。通过开辟大数据对话，能将大数据的好处带给更为广泛的人群。

5.5.1 像媒体公司一样思考

大数据本身有助于提升对话。营销人员拥有网站访客的分析数据、故障通知单系统的顾客数据以及实际产品的使用数据，这些数据可以帮助他们理解营销投入如何转换为顾客行为，并由此建立良性循环。

随着杂志、报纸以及书籍等线下渠道广告投入持续下降，在线拓展顾客的新方法正不断涌现。谷歌仍然是在线广告行业的巨无霸，在线广告收入约占其总电子广告收入的 41.3%。同时，如某些社交网站等社会化媒体不仅代表了新型营销渠道，也是新型数据源。现在，营销不仅仅是指在广告上投入资金，它意味着每个公司必须像一个媒体公司一样思考、行动。它不仅意味着运作广告营销活动以及优化搜索引擎列表，也包含了开发内容、分布内容以及衡量结果。大数据应用将源自所有渠道的数据汇集到一起，经过分析，做出下一步行动的预测——帮助营销人员制订更优的决策或者自动执行决策。

5.5.2　营销面对新的机遇与挑战

据产业研究公司高德纳咨询公司称，到 2017 年，首席营销官（CMO）花费在信息技术上的时间将比首席信息官（CIO）还多。现在，营销组织更加倾向于自行制订技术决策，IT 部门的参与也越来越少。越来越多的营销人员转而使用基于云端的产品以满足他们的需求，这是因为他们可以多次尝试，一旦产品不能发挥效用，就直接抛弃。

过去，市场营销费用分 3 类：

（1）跑市场的人员成本。

（2）创建、运营以及衡量营销活动的成本。

（3）开展这些活动和管理所需的基础设施。

在生产实物产品的公司中，营销人员花钱树立品牌效应，并鼓励消费者采购。消费者采购的场所则包括零售商店、汽车经销店、电影院以及其他实际场所，此外还有网上商城如亚马逊。在出售技术产品的公司中，营销人员往往试图推动潜在客户直接访问他们的网站。例如，一家技术创业公司可能会购买谷歌关键词广告（出现在谷歌网站和所有谷歌出版合作伙伴的网站上的文字广告），希望人们会点击这些广告并访问他们的网站。在网站上，潜在客户可能会试用该公司的产品，或输入其联系信息以下载资料或观看视频，这些活动都有可能促成客户购买该公司的产品。

所有这些活动都会留下包含大量信息的电子记录，记录由此增长了 10 倍。营销人员从众多广告网络和媒体类型中选择了各种广告，他们也可能从客户与公司互动的多种方式中搜集到数据。这些互动包括网上聊天会话、电话联系、网站访问量、顾客实际使用的产品的功能，甚至是特定视频的最为流行的某个片段等。从前公司营销系统需要创建和管理营销活动，跟踪业务，向客户收取费用，并提供服务支持的功能，公司通常采用安装企业软件解决方案的形式，但其花费昂贵且难以实施。IT 组织则需要购买硬件、软件和咨询服务，以使全套系统运行，从而支持市场营销、计费和客户服务业务。通过"软件即服务"模型（SaaS），基于云计算的产品已经可以运行上述所有活动。企业不必购买硬件、安装软件、进行维护，便可以在网上获得最新和最优秀的市场营销、客户管理、计费和客户服务的解决方案。

如今，许多公司拥有的大量客户数据都存储在云中，包括企业网站、网站分析、网络广告花费、故障通知单等。很多与公司营销工作相关的内容（如新闻稿、新闻报道、网络研讨会、幻灯片放映以及其他形式的内容）也都在网上进行。公司在网上提供产品（如在线协作工具或网上支付系统），营销人员就可以通过用户统计和产业信息知道客户或潜在客户浏览过哪项内容。

现在营销人员的挑战和机遇在于将从所有活动中获得的数据汇集起来，使之产生价值。营销人员可以尝试将所有数据输入电子表格中，并做出分析，以确定哪些有效，哪些无用。但是，真正理解数据需要大量的分析，比如，某项新闻发布是否增加了网站访问量，某篇新闻文章是否带来了更多的销售线索，网站访问群体能否归为特定产业部分，什么内容对哪种访客有吸引力，网站上一个按钮的移动位置是否使公司的网站有了更高的顾客转化率等。

营销人员的另一个问题是了解客户的价值，尤其是他们可以带来多少盈利。例如，一个客户只花费少量的钱却提出很多支持请求，也许无利可图。但公司却很难将故障通知单数据与产品使用数据联系起来，特定客户创造的财政收入信息与获得该客户的成本也不能直接挂钩。

5.5.3 自动化营销

大数据营销要合乎逻辑，不仅要将不同数据源整合到一起，为营销人员提供更佳的仪表盘和解析，还要利用大数据使营销实现自动化。然而，这颇为棘手，因为营销由两个不同的部分组成：创意和投递。

营销的创意部分以设计和内容创造的形式出现。例如，计算机可以显示出红色按钮还是绿色按钮、12 号字体还是 14 号字体可以为公司获得更高的顾客转换率。假如要运作一组潜在的广告，它也能分辨哪些最为有效。如果提供正确的数据，计算机甚至能针对特定的个人信息、文本或图像广告的某些元素进行优化。例如，广告优化系统可以将一条旅游广告个性化，将参观者的城市名称纳入其中："查找旧金山和纽约之间的最低票价"，而非仅仅"查找最低票价"。接着，它就可以确定包含此信息是否会增加转换率。

从理论上来说，个人可以执行这种操作，但对于数以十亿计的人群来说，执行这种自定义根本就不可行，而这正是网络营销的专长。例如，谷歌平均每天服务的广告发布量将近 300 亿。大数据系统擅长处理的情况是：大量数据必须迅速处理，迅速发挥作用。

一些解决方案应运而生，它们为客户行为自动建模以提供个性化广告。像TellApart 公司（一项重新定位应用）这样的解决方案正在将客户数据的自动化分析与基于该数据展示相关广告的功能结合起来。TellApart 公司能识别离开零售商网站的购物者，当他们访问其他网站时，就向他们投递个性化的广告。这种个性化的广告将购物者带回到零售商的网站，通常能促成一笔交易。通过分析购物者的行为，TellApart 公司能够锁定高质量顾客的预期目标，同时排除根本不会购买的人群。

就营销而言，自动化系统主要涉及大规模广告投放和销售线索评分，即基于种种预定因素对潜在客户线索进行评分，如线索源。这些活动很适合数据挖掘和自动化，因为它们的过程都定义明确，而具体决策有待制订（如确定一条线索是否有价值）并且结果可以完全自动化（如选择投放哪种广告）。

大量数据可用于帮助营销人员以及营销系统优化内容创造和投递方式。挑战在于如何使之发挥作用。社会化媒体科学家丹·萨瑞拉已研究了数百万条推文，点"赞"以及分享，并且他还对转发量最多的推文关联词，发博客的最佳时间以及照片、文本、视频和链接的相对重要性进行了定量分析。大数据迎合机器的下一步将是大数据应用程序，将萨瑞拉这样的研究与自动化内容营销活动管理结合起来。

在今后的岁月里，我们将看到智能系统继续发展，遍及营销的方方面面：不仅是为线索评分，还将决定运作哪些营销活动以及何时运作，并且向每位访客呈现个性化的理想网站。营销软件不仅包括帮助人们更好地进行决策的仪表盘，借助大数据，营销软件还将用于运作营销活动并优化营销结果。

5.5.4 为营销创建高容量和高价值的内容

谈到为营销创建内容，大多数公司真正需要创建的内容有两种：高容量和高价值。比如，亚马逊有约 2.48 亿个页面存储在谷歌搜索索引中，这些页面被称为"长尾"。人们并不会经常浏览某个单独的页面，但如果有人搜索某一特定的条目，相关页面就会出现在搜索列表中。消费者搜索产品时，就很有可能看到亚马逊的页面。人类不可能将这些页面通过手动一一创建出来。相反，亚马逊却能为数以百万计的产品清单自动生成网页。创建的页面对单个产品以及类别页面进行描述，其中类别页面是多种产品的分类：例如一个耳机的页面上一般列出了所有耳机的类型，并附上单独的耳机和耳机的文本介绍。当然，每一页都可以进行测试和优化。

亚马逊的优势在于，它不仅拥有庞大的产品库存（包括其自身的库存和亚马逊合作商户所列的库存），而且也拥有用户生成内容（以商品评论形式存在）的丰富资源库。亚马逊将巨大的大数据源、产品目录以及大量的用户生成内容结合起来。这使得亚马逊不但成为销售商的领导者，也成为优质内容的一个主要来源。除了商品评论，亚马逊还有产品视频、照片（兼由亚马逊提供和用户自备）以及其他形式的内容。亚马逊从两个方面收获这项回报：一是它很可能在搜索引擎的结果中被发现；二是用户认为亚马逊有优质内容（不只是优质产品）就直接登录亚马逊进行产品搜索，从而使顾客更有可能在其网站上购买。

按照传统标准来说，亚马逊并非媒体公司，但它实际上却已转变为媒体公司。就此而言，亚马逊也绝非独树一帜，某些商务社交网站也与其如出一辙。

5.5.5 内容营销

驱动产品需求和保持良好前景都与内容创作相关：博客文章、信息图表、视频、播客、幻灯片、网络研讨会、案例研究、电子邮件、信息以及其他材料，都是保持内容引擎运行的能源。

内容营销是指把和营销产品一样多的努力投入到为产品创建的内容的营销中去。创建优质内容不再仅仅意味着为特定产品开发案例研究或产品说明书，也包括提供新闻故事、教育材料以及娱乐。

在教育方面，IBM 就有一个网上课程的完整组合。度假租赁网站 Airbnb（见图 5-6）创建了 Airbnb TV，以展示其在世界各个城市的房地产，当然，在这个过程中也展示了 Airbnb 本身。你不能再局限于推销产品，还要重视内容营销，所以内容本身也必须引人注目。

图 5-6　Airbnb 服务

5.5.6　内容创作与众包

内容创作似乎是一个艰巨且耗资高昂的任务，但实际并非如此。众包是一种相对简单的方法，它能够将任务进行分配，生成对营销来讲非常重要的非结构化数据：内容。许多公司早已使用众包来为搜索引擎优化（SEO）生成文章，这些文章可以帮助他们在搜索引擎中获得更高的排名。很多人将这样的内容众包与高容量、低价值的内容联系起来。但在今天，高容量、高价值的内容也可能使用众包。众包并不是取代内部内容开发，但它可以将之扩大。现在，各种各样的网站都提供众包服务。亚马逊土耳其机器人（AMT）经常被用于处理内容分类和内容过滤这样的任务，这对计算机而言很难，但对人类来说却很容易。亚马逊自身使用 AMT 来确定产品描述是否与图片相符。其他公司连接 AMT 支持的编程接口，以提供特定垂直服务，如音频和视频转录。

类似 Freelancer.com 和 oDesk.com 这样的网站经常被用来查找软件工程师，或出于搜索引擎优化的目的创造大量低成本文章。而像 99designs 和 Behance 这样的网站则帮助创意专业人士（如平面设计师）展示其作品，内容买家也可以让排队的设计者提供创意作品。同时，跑腿网站跑腿兔（TaskRabbit）这样的公司正在将众包服务应用到线下，例如送外卖、商场内部清洗以及看管宠物等。

专门为网络营销而创造的相对较低价值内容与高价值内容之间的主要区别是后者的权威性。低价值内容往往为搜索引擎提供优质素材，以一篇文章的形式捕捉特定关键词的搜索。相反，高价值内容往往读取或显示更多的专业新闻、教育以及娱乐内容。博客文章、案例研究、思想领导力文章、技术评论、信息图表和视频访谈等都属于这一类。这种内容也正是人们想要分享的类型。此外，如果你的观众知道你拥有新鲜、有趣的内容，那么他们就更有理由频繁回访你的网站，也更有可能对你和你的产品进行持续关注。

这种内容的关键是，它必须具有新闻价值、教育意义或娱乐性，或三者兼具。对于正努力提供这种内容的公司来说，好消息就是众包使之变得比以往任何时候都更容易。

众包服务可以借由网站形式实现，但并不是必须的。只要你为内容分发网络提供一个网络架构，就可以插入众包服务，生成内容。例如，可以为自己的网站创建一个博客，编写自己的博客文章；也可以发布贡献者的文章，如客户和行业专家所撰写的文章。

如果为自己的网站创建了一个 TV 部分，就可以发布视频，包括自己创作的视频集、源自其他网站（如 YouTube）的视频以及通过众包服务创造的视频。视频制作者可以是自己的员工、承包商或行业专家，他们可以进行自我采访。也可以大致相同的方式，对网络研讨会和网络广播进行众包。只需查找为其他网站贡献内容的人，再联系他们，看看他们是否有兴趣加入你的网站即可。使用众包是保持高价值内容生产机器持续运作的有效方式，它只需要一个内容策划人或内容经理对这个过程进行管理即可。

5.5.7 用投资回报率评价营销效果

内容创作的另一方面是分析所有非结构化内容，从而了解它。计算机使用自然语言处理和机器学习算法来理解非结构化文本，如某社交网站 T 每天要处理 5 亿条推文。这种大数据分析被称为"情绪分析"或"意见挖掘"。通过评估人们在线发布的论坛帖子、推文以及其他形式的文本，计算机可以判断消费者关注品牌的正面影响还是负面影响。

然而，尽管出于营销目的的数字媒体得以迅速普及，但是营销测量的投资回报率（ROI）仍然会出现惊人误差。根据一项对 243 位首席营销官和其他高管所作的调查显示，57%的营销人员制订预算时不采取计算投资回报率的方法。约 68%的受访者表示，他们基于以往的开支水平制订预算，28%的受访者表示依靠直觉，而 7%的受访者表示其营销支出决策不基于任何数据记录。

最先进的营销人员将大数据的力量应用到工作中——从营销工作中排除不可预测的部分，并继续推动其营销工作数据化，而其他人将继续依赖于传统的指标（如品牌知名度）或根本没有衡量方法。这意味着两者之间的差距将日益扩大。

营销的核心将仍是创意。最优秀的营销人员将使用大数据优化发送的每封电子邮件、撰写的每一篇博客文章以及制作的每一个视频。最终，营销的每一部分将借助算法变得更好，例如确定合适的营销主题或时间。正如现在华尔街大量的交易都是由金融工程师完成的一样，营销的很大一部分工作也将以相同的方式自动完成。创意将选择整体策略，但金融工程师将负责运作及执行。

当然，优秀的营销不能替代优质的产品。大数据可以帮助你更有效地争取潜在客户，也可以帮助你更好地了解顾客以及他们的消费数额，还可以帮你优化网站，这样，一旦引起潜在客户的注意，将他们转换为客户的可能性就更大。但是，在这样一个时代，评论以百万条计算，消息像野火一样四处蔓延，单单靠优秀的营销是不够的，提供优质的产品仍然是首要任务。

【实验与思考】大数据营销的优势与核心内涵

1．实验目的

（1）深刻理解 2012 年大数据跨界年度的内涵。

（2）熟悉世界级大数据企业谷歌、亚马逊等的大数据行动。

（3）了解大数据营销的主要方法。

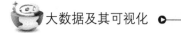

2．工具/准备工作

在开始本实验之前，请认真阅读课程的相关内容。

需要准备一台带有浏览器，能够访问因特网的计算机。

3．实验内容与步骤

（1）为什么说 2012 年是"大数据的跨界年度"？

答：_____

_____

_____

（2）在大数据业务方面，谷歌公司的主要优势有哪些？

答：_____

_____

_____

（3）互联网零售商亚马逊是大数据应用的领先企业，同时也是一个推行大数据的大型技术公司，亚马逊是如何成为世界级大数据技术企业的？

答：_____

_____

_____

（4）请仔细阅读本书 5.5 节，研究并简述大数据营销的优势和核心内容是什么。

答：_____

_____

_____

4．实验总结

_____

_____

_____

_____

5．实验评价（教师）

_____

_____

第 6 章

大数据激发创造力 <<<

【案例导读】互联网时代，大数据对设计行业的重要性

对于建筑设计企业来说，人们常常提到"以用户为核心"的设计，一定不能缺少用户研究这一环节，确实，现在的建筑师们逐渐意识到，他们有必要输出一个针对使用者的模型或者用户报告来辅助于设计。

以前，无论做什么设计，前辈们都会告诉你，设计师和科学家不一样，锁在实验室里单靠想象力，是做不出好设计的，一定要走出去，做用户研究。现在大家还会多提三个字：大数据。

关于"用户研究"，百度百科里是这么定义的：用户研究的首要目的是帮助企业定义产品的目标用户群，明确、细化产品概念，并通过对用户的任务操作特性、知觉特征、认知心理特征的研究，使用户的实际需求成为产品设计的导向，使产品更符合用户的习惯、经验和期待。简单来说，就是让你的设计尽可能满足企业本身和使用者的双方需求。

1. 大数据与小数据

在互联网浪潮尚未到来之前，我们做用户研究，通常是定量的问卷调查、定性的深度访谈、焦点小组等方法来搜集用户信息（我们称为"小数据"），进行研究分析但都有一定的下定论的作风，这种根据不完全数据产生的主观做法，可能会误导设计走向一条不归路。

现如今，我们发现用户的个性化需求越加明显，一个在细节上的 Get 或许能让你的设计脱颖而出。

为此需要在"小数据"研究的基础上纳入互联大数据，大数据对于市场数据的直观反馈，使得用户研究员在制定产品策略时更加贴近现实市场，更容易产生成功的产品，做更精准的设计，使其产品策略既能正确适应大众市场又能满足用户个性化需求。

比如，我们设计一款杯子，可以从以下多个方面应用大数据：

(1) 由市场反推产品机会

传统的用户研究及产品设计通常单从用户需求和痛点出发，由设计师通过设计解决用户需求完成设计，并由研发选好工艺材料后评估成本，并以某种方式推向市场。此种方式对产品在制定价格策略时存在较强的被动性。而大数据的运用使得我们可以快速研究一遍市场情况，我们可以借助大数据检索工具，做出价格与造型、价格与销量的分析图。

这些产品特征也对接下来的设计阶段有很好的指导意义，结合用户需求，建筑设计师可以通过差异化设计来区别同类产品，并且在这个分段中脱颖而出。

（2）给予设计师一些设计规范

LKK 洛可可互联网用户大数据产品事业部总经理张欢曾表示，她带领的用研团队在做杯子的大数据研究时，发现 90 后喜欢的杯子，85 后一定会喜欢，但是 85 后喜欢的杯子，90 后不一定会喜欢。

产品需要找到自己的核心用户，用户研究需要输出用户画像，以往通常会根据深访结论直接拟定一个感觉对的人群然后就开始设计，现在则可以通过大数据，精准找到产品目标用户群体，这样一来，研究就变得有意义了。而这也是互联网大数据对于设计而言最明显的益处。

建筑师在做设计的阶段一般都特别喜欢想象单体呈现的样子，而理性的大数据能给予设计师一些设计规范，打破这个想法，使感性与理性共存。

（3）发现使用者对产品的关注点和兴趣点

如果是在一般的产品销售领域，通过对电商平台的评论、论坛观点、用户评测及相关新闻等内容的自然语言分析，可以进一步得到使用者对于产品的关注点。

比如，在电商评论中，66 元以下的保温杯大众评论中，更多的是集中于水杯味道、色差、掉漆现象、漏水、拧盖声音等问题，而与高价格段评论相比，其反馈的以漏水问题高于味道问题。在低价格段如果我们产品能合理地解决这些问题即可获得用户的好评，同时在高价格段产品中出了解决异味问题还需着力解决漏水问题。

由此可见，互联网评论更直观地反馈了使用者对于他们所体验过的或即将要体验的空间的关注点和需求点。这对用户定型研究和设计的定量标准，甚至后期的产品营销都有着极其重要的指导意义。

2. 大数据从何而来

① 巧妙利用互联网工具，如百度指数、淘宝指数、阿里指数、微指数等公开数据平台。

② 购买深度定制化的市场数据，如淘宝生意参谋，第三方电商数据平台，如京拍档、魔镜等。

③ 与大数据相关的第三方公司合作，如华院数据，协助我们做数据检索与呈现，帮助我们做用户相关评论检索分析。

④ 打开互联网社交入口，如腾讯、新浪等。

⑤ 充分利用自身数据，搭建专属于自己的数据库，比如洛可可正在搭建属于洛可可的 12 年数据库。

⑥ 搭建共享资源渠道，链接客户与客户的资源，实现数据共通，达到共赢的目的。

从庞杂的数据背后挖掘、分析用户的行为习惯和喜好，找出更符合用户"口味"的产品和服务，并结合用户需求有针对性地调整和优化自身，就是大数据的价值，设计师应该学会和懂得利用大数据，做"以用户为核心"的设计。

阅读上文，请思考、分析并简单记录：

① 什么是"用户研究"？

答：_____

② 大数据对设计有什么积极影响？

答：_____

_____

③ 影响设计的大数据从何而来？

答：_____

_____

④ 请简单描述你所知道的上一周发生的国际、国内或者身边的大事：

答：_____

_____

6.1　大数据与循证医学

　　传统医学以个人经验、经验医学为主，即根据非实验性的临床经验、临床资料和对疾病基础知识的理解来诊治病人（见图 6-1）。在传统医学下，医生根据自己的实践经验、高年资医师的指导、教科书和医学期刊上零散的研究报告为依据来处理病人。其结果是：一些真正有效的疗法因不为公众所了解而长期未被临床采用；一些实践无效甚至有害的疗法因从理论上推断可能有效而长期广泛使用。

　　循证医学（Evidence-based medicine，EBM）意为"遵循证据的医学"，又称实证医学，其核心思想是医疗决策（即病人的处理、治疗指南和医疗政策的制定等）应在现有的最好的临床研究依据基础上做出，同时也重视结合个人的临床经验（见图 6-2）。

图 6-1　传统医学是以经验医学为主

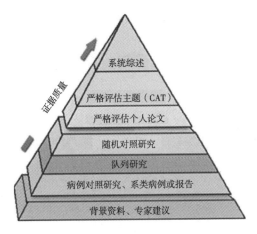

图 6-2　循证医学金字塔

第一位循证医学的创始人科克伦（1909—1988），是英国的内科医生和流行病学家，他于 1972 年在牛津大学提出了循证医学思想。第二位循证医学的创始人费恩斯坦（1926—），是美国耶鲁大学的内科学与流行病学教授，他是现代临床流行病学的开山鼻祖之一。第三位循证医学的创始人萨科特（1934—）也是美国人，他曾经以肾脏病和高血压为研究课题，先在实验室中进行研究，后来又进行临床研究，最后转向临床流行病学的研究。

就实质而言，循证医学的方法与内容来源于临床流行病学。费恩斯坦在美国的《临床药理学与治疗学》杂志上，以"临床生物统计学"为题，从 1970 年到 1981 年的 11 年间，共发表了 57 篇的连载论文，他的论文将数理统计学与逻辑学导入到临床流行病学，系统地构建了临床流行病学的体系，被认为富含极其敏锐的洞察能力，因此为医学界所推崇。

循证医学不同于传统医学。循证医学并非要取代临床技能、临床经验、临床资料和医学专业知识，它只是强调任何医疗决策应建立在最佳科学研究证据基础上。循证医学实践既重视个人临床经验又强调采用现有的、最好的研究证据，两者缺一不可（见图 6-3）。

1992 年，来自安大略麦克马斯特大学的两名内科医生戈登·盖伊特和大卫·萨基特发表了呼吁使用"循证医学"的宣言。他们的核心思想很简单：医学治疗应该基于最好的证据，而且如果有统计数据的话，最好的证据应来自对统计数据的研究。盖伊特和萨基特希望统计数据在医疗诊断中起到更大的作用。

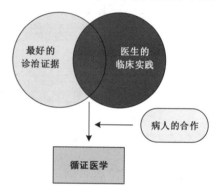

图 6-3　循证医学实践图

医生应该特别重视统计数据的这种观点，直到今天仍颇受争议。从广义上来说，努力推广循证医学，就是在努力推广大数据分析，事关统计分析对实际决策的影响。对于循证医学的争论在很大程度上是关于统计学是否应该影响实际治疗决策的争论。其中很多研究仍在利用随机试验的威力，只不过现在风险大得多。由于循证医学运动的成功，一些医生在把数据分析结果与医疗诊断相结合方面已经加快了步伐。

6.2　大数据带来的医疗新突破

根据美国疾病控制中心（CDC）的研究，心脏病是美国的第一大致命杀手，每年 250 万的死亡人数中，约有 60 万人死于心脏病，而癌症紧随其后（在中国，癌症是第一致命杀手，心血管疾病排名第二）。在 25～44 岁的美国人群中，1995 年，艾滋病是致死的头号原因（现在已降至第六位）。死者中每年仅有 2/3 的人死于自然原因。那么情况不严重但影响深远的疾病又如何呢，如普通感冒。据统计，美国民众每年总共会得 10 亿次感冒，平均每人 3 次。普通感冒是各种鼻病毒引起的，其中大约有 99 种已经排序，种类之多是普通感冒长久以来如此难治的根源所在。

在医疗保健方面的应用，除了分析并指出非自然死亡的原因之外，大数据同样也可以增加医疗保健的机会、提升生活质量、减少因身体素质差造成的时间和生产力损失。

以美国为例，通常一年在医疗保健上要花费 27 万亿美元，即人均 8 650 美元。随着人均寿命增长，婴儿出生死亡率降低，更多的人患上了慢性病，并长期受其困扰。如今，因为注射疫苗的小孩增多，所以减少了 5 岁以下小孩的死亡数。而除了非洲地区，肥胖症已成为比营养不良更严重的问题。在比尔与美琳达·盖茨基金会以及其他人资助的研究中，科学家发现，虽然世界人口寿命变长，但大家的身体素质却下降了。所有这些都表明我们亟需提供更高效的医疗保健，尽可能地帮助人们跟踪并改善身体健康。

6.2.1　量化自我，关注个人健康

谷歌联合创始人谢尔盖·布林的妻子安妮·沃西基（同时也是公司的首席执行官）2006 年创办了 DNA[①]（见图 6-4）测试和数据分析公司 23andMe。公司并非仅限于个人健康信息的搜集和分析，而是将眼光放得更远，将大数据应用到了个人遗传学上，至今已分析了超过 20 万人的唾液（见图 6-5）。

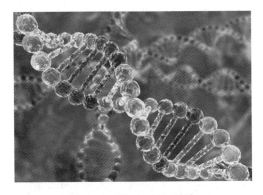

图 6-4　基因 DNA 图片　　　　　图 6-5　23andMe 的 DNA 测试

通过分析人们的基因组数据，公司确认了个体的遗传性疾病，如帕金森氏病和肥胖症等遗传倾向。通过搜集和分析大量的人体遗传信息数据，该公司不仅希望可以识别个人遗传风险因素以帮助人们增强体质并延年益寿，而且希望能识别更普遍的趋势。通过分析，公司已确定了约 180 个新的特征，例如所谓的"见光喷嚏反射"，即人们从阴暗处移动到阳光明媚的地方时会有打喷嚏的倾向；还有一个特征则与人们对药草、香菜的喜恶有关。

事实上，利用基因组数据来为医疗保健提供更好的洞悉是自 1990 年以来所做努力的合情合理的下一步。人类基因计划组（HGP）绘制出总数约有 23 000 组的基因组，而这所有的基因组也最终构成了人类的 DNA。这一项目费时 13 年，耗资 38 亿美元。

值得一提的是，存储人类基因数据并不需要多少空间。有分析显示，人类基因存储空间仅占 20 MB，和在 iPod 中存几首歌所占的空间差不多。其实随意挑选两个人，他们的 DNA 约 99.5% 都完全一样。因此，通过参考人类基因组的序列，我们也许可

---

① DNA：脱氧核糖核酸（Deoxyribonucleic Acid），又称去氧核糖核酸，是一种分子，可组成遗传指令，以引导生物发育与生命机能运作。

以只存储那些将此序列转化为个人特有序列所必需的基因信息。

DNA 最初的序列在捕捉的高分辨率图像中显示为一列 DNA 片段。虽然个人的 DNA 信息以及最初的序列形式会占据很大空间，但是，一旦序列转化为 DNA 的 As、Cs、Gs 和 Ts，任何人的基因序列就可以被高效地存储下来。

数据规模大并不一定能称其为大数据。真正体现大数据能量的是不仅要具备搜集数据的能力，还要具备低成本分析数据的能力。虽然，人类最初的基因组序列分析耗资约 38 亿美元，如今你只需花大概 99 美元就能在 23andMe 网站上获取自己的 DNA 分析。业内专家认为，基因测序成本在短短 10 年内跌了几个数量级。

6.2.2　可穿戴的个人健康设备

Fitbit 是美国的一家移动电子医疗公司（见图 6-6），致力于研发和推广健康乐活产品，从而帮助人们改变生活方式，其目标是通过使保持健康变得有趣来让其变得更简单。2015 年 6 月 19 日 Fitbit 上市，成为纽交所可穿戴设备的第一股。该公司所售的一项设备可以跟踪你一天的身体活动，还有晚间的睡眠模式。Fitbit 公司还提供一项免费的苹果手机应用程序，可以让用户记录他们的食物和液体摄入量。通过对活动水平和营养摄入的跟踪，用户可以确定哪些有效、哪些无效。营养学家建议，准确记录我们的食物和活动量是控制体重的最重要一环，因为数字明确且具有说服力。Fitbit 公司正在搜集关于人们身体状况、个人习惯的大量信息，如此一来，它就能将图表呈现给用户，从而帮助用户直观地了解自己的营养状况和活动水平，而且，它能就可改善的方面提出建议。

图 6-6　Fitbit 设备

耐克公司推出了类似的产品 Nike+ FuelBand，即一条可以戴在手腕上搜集每日活动数据的手环。这一设备采用了内置加速传感器来检测和跟踪每日的活动，诸如跑步、散步以及其他体育运动。加上 Nike Plus 网站和手机应用程序的辅助，这一设备令用户可以更加方便地跟踪自己的活动行为、设定目标并改变习惯。耐克公司也为其知名的游戏系统提供训练计划，使用户在家也能健身。使用这一款软件，用户可以和朋友或其他人在健身区一起训练。这一想法旨在让健身活动更有乐趣、更加轻松，同时也更社交化。

另一款设备是可穿戴技术商身体媒体公司（Body Media）推出的 BodyMedia 臂带，它每分钟可捕捉到 5 000 多个数据点，包括体温、汗液、步伐、卡路里消耗及睡眠质量等。

Strava 公司通过将这些挑战搬到室外，把现实世界的运动和虚拟的比赛结合在一起。公司推出的适用于苹果手机和安卓系统的跑步和骑车程序，为充分利用体育活动的竞技属性而经过了专门的设计。健身爱好者可以通过拍摄各种真实的运动片段来角逐排行榜，如挑战单车上险坡等，并在 Strava 网站上对他们的情况进行比较。

据出自美国心脏协会的文章《非活动状态的代价》称，65%的成年人不是肥胖就是超重。自 1950 年以来，久坐不动的工作岗位增加了 83%，而仅有 25%的劳动者从事的是身体活动多的工作。美国人平均每周工作 47 小时，相比 20 年前，每年的工作时间增加了 164 小时。据估计，美国公司每年与健康相关的生产力损失高达 2 258 亿美元。因此，类似 Fitbit 和 Nike+ FuelBand 这样的设备对不断推高医疗保健和个人健康的成本确实影响很大。

另一个苹果手机的应用程序可以通过审视面部或检测指尖上脉搏跳动的频率来检查心率。生理反馈应用程序公司 Azumio 的程序被下载了 2 000 多万次，这些程序几乎无所不能，从检测心率到承压水平测试都可以。随着前来体验测量的用户数据不断增加，公司就足以提供更多建设性的保健建议。

Azumio 公司推出了一款叫"健身达人"的健身应用程序，还有一款叫做"睡眠时间"的应用，它可以通过苹果手机检测睡眠周期。这样的应用程序为大数据和保健相结合提供了有趣的可能性。通过这些应用程序搜集到的数据，可以了解正在发生什么以及身体状况走势如何。比如，如果心律不齐，就表示健康状况出现了某种问题。通过分析数百万人的健康数据，科学家们可以开发更好的算法来预测我们未来的健康状况。

回溯过去，检测身体健康发展情况需要用到特殊的设备，或是花费高额就诊费去医生办公室问诊。新型应用程序最引人注目的一面是：它们使得健康信息的检测变得更简单易行。低成本的个人健康检测程序以及相关技术甚至"唤醒"了全民对个人健康的关注。

新应用程序表明，当配备合适的软件时，低价的设备或唾手可得的智能手机可以帮助我们搜集到很多健康数据。将这种数据搜集能力、低成本的分析、可视化云服务与大数据以及个人健康领域相结合，将在提升健康状况和减低医疗成本方面发挥出巨大的潜力。

就如大数据的其他领域一样，改善医疗和普及医疗的进展前景位于两者的交汇处——相对低价的数据搜集感应器的持续增多，如苹果手机和为其定制的医疗附加软件，以及这些感应器生成的大数据量的攀升。通过把病例数字化和能为医生提供更优信息的智能系统相结合，不管是在家还是医诊室，大数据都有望对我们的身体健康产生重大影响。

6.2.3 大数据时代的医疗信息

就算有了这些可穿戴设备与应用程序，我们依然需要去看医生。大量的医疗信息搜集工作依然靠纸笔进行。纸笔记录的优势在于方便、快捷、成本低廉。但纸笔做的记录会分散在多处，这就会导致医疗工作者难以找到患者的关键医疗信息。

2009 年美国颁布的《卫生信息技术促进经济和临床健康法案》（HITECH）旨在促进医疗信息技术的应用，尤其是电子健康档案（EHRs）的推广。法案也在 2015 年给予医疗工作者经济上的激励，鼓励他们采用电子健康档案，同时会对不采用者施以处罚。电子病历（EMRs，见图 6-7）是纸质记录的电子档，如今许多医生都在使用。相比之下，电子健康档案意图打造病人健康概况的普通档案，这使得它能被医疗工作者轻易接触到。医生还可以使用一些新的 APP 应用程序，在苹果平板电脑、苹果手机、搭载安卓系统的设备或网页浏览器上搜集病人的信息。除了可以搜集过去用纸笔记录的信息之外，医生们还将通过这些程序实现从语言转换到文本的听写、搜集图像和视频等其他功能。

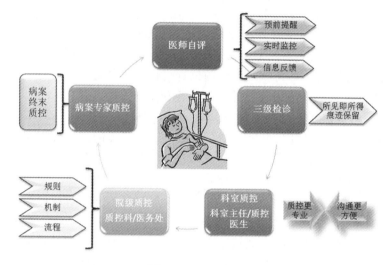

图 6-7　电子病历

电子健康档案、DNA 测试和新的成像技术在不断产生大量数据。搜集和存储这些数据对于医疗工作者而言是一项挑战，也是一个机遇。不同于以往采用的封闭式的医院 IT 系统，更新、更开放的系统与数字化的病人信息相结合可以带来医疗突破。

如此种种分析也会给人们带来别样的见解。比如，智能系统可以提醒医生使用与自己通常推荐的治疗方式相关的其他治疗方式和程序。这种系统也可以告知那些忙碌无暇的医生某一领域的最新研究成果。这些系统搜集、存储的数据量大得惊人，越来越多的病患数据会采用数字化形式存储，不仅是填写在健康问卷上或医生记录在表格里的数据，还包括苹果手机和苹果平板电脑等设备以及新的医疗成像系统（比如 X 光机和超音设备）生成的数字图像。

就大数据而言，这意味着未来将会出现更好、更有效的患者看护，更为普及的自我监控以及防护性养生保健，当然也意味着要处理更多的数据。其中的挑战在于，要确保所搜集的数据能够为医疗工作者以及个人提供重要的见解。

6.3 医疗信息数字化

早在 19 世纪 40 年代，奥地利内科医生伊格纳茨·塞麦尔维斯就在维也纳完成了一项关于产科临床的详细的统计研究。塞麦尔维斯在维也纳大学总医院首次注意到，如果住院医生从验尸房出来后马上为产妇接生，产妇死亡的概率更大。当他的同事兼好朋友杰克伯·克莱斯卡死于剖腹产时的热毒症时，塞麦尔维斯得出一个结论：孕妇分娩时的发烧具有传染性。他发现，如果诊所里的医生和护士在给每位病人看病前用含氯石灰水洗手消毒，那么死亡率就会从 12%下降到 2%。

这一最终产生病理细菌理论的惊人发现遇到了强烈的阻力，塞麦尔维斯也受到其他医生的嘲笑。他主张的一些观点缺乏科学依据，因为他没有充分解释为什么洗手会降低死亡率，医生们不相信病人的死亡是由他们所引起的，他们还抱怨每天洗好几次手会浪费他们宝贵的时间。塞麦尔维斯最终被解雇，后来他精神严重失常，并在精神病院去世，享年 47 岁。

塞麦尔维斯的死是一个悲剧，成千上万产妇不必要的死亡更是一种悲剧，不过它们都已成为历史，现在的医生当然知道卫生的重要性。然而，时至今日，医生们不愿洗手仍是一个致命的隐患。不过最重要的是，医生是否应该因为统计研究而改变自己的行为方式，至今仍颇受质疑。

唐·博威克是一名儿科医生，也是保健改良协会的会长，他鼓励进行一些大胆的对比试验。多年以来，博威克一直致力于减少医疗事故，他也与塞麦尔维斯一样努力根据循证医学的结果提出简单的改革建议。

1999 年发生的两件不同寻常的事情，使得博威克开始对医院系统进行广泛的改革。第一件事是，医学协会公布的一份权威报告，记录了美国医疗领域普遍存在的治疗失误。据该报告估计，每年医院里有 98 000 人死于可预防的治疗失误。医学协会的报告使博威克确信治疗失误的确是一大隐患。

第二件事是发生在博威克自己身上的事情。博威克的妻子安患有一种罕见的脊椎自体免疫功能紊乱症。在 3 个月的时间里，她从完成 28 km 的阿拉斯加跨国滑雪比赛后变得几乎无法行走。使博威克震惊的是他妻子所在医院懒散的治疗态度。每次新换的医生都不断重复地询问同样的问题，甚至不断开出已经证明无效的药物。主治医生在决定使用化疗来延缓安的健康状况的"关键时刻"之后的足足 60 小时，安才吃到最终开出的第一剂药。而且有 3 次，安被半夜留在医院地下室的担架床上，既惶恐不安又孤单寂寞。

安住院治疗，博威克就开始担心。他已经失去了耐性，他决定要做点什么了。2004年 12 月，他大胆地宣布了一项在未来一年半中挽救 10 万人生命的计划。"10 万生命运动"是对医疗体系的挑战，敦促它们采取 6 项医疗改革来避免不必要的死亡。他并不仅仅希望进行细枝末节的微小变革，也不要求提高外科手术的精度，与之前的塞麦尔维斯一样，他希望医院能够对一些最基本的程序进行改革。例如，很多人做过手术后处于空调环境中会引发肺部感染。随机试验表明，简单地提高病床床头，以及经常清洗病人口腔，就可以大大降低感染的几率。博威克反复地观察临危病人的临床表现，并努力找出可能降低这些特定风险的干预方法的大规模统计数据。循证医学研究也建议进行检查和复查，以确保能够正确地开药和用药，能够采用最新的心脏电击疗法，以及确保在病人刚出现不良症状时就有快速反应小组马上赶到病榻前。因此，这些干预也都成为"10万生命运动"的一部分。

然而，博威克最令人吃惊的建议是针对最古老的传统。他注意到每年有数千位ICU（重症加强护理病房，见图 6-8）病人在胸腔内放置中央动脉导管后感染而死。大约一半的重症看护病人有中央动脉导管，而 ICU 感染是致命的。于是，他想看看是否有统计数据能够支持降低感染概率的方法。

他找到了《急救医学》杂志上 2004 年发表的一篇文章，文章表明系统地洗手（再配合一套改良的卫生清洁程序，比如，用一种称为双氯苯双胍己烷的消毒液清洗病人的皮肤）能够减少中央动脉导管 90%以上感染的风险。博威克预计，如果所有医院都实行这套卫生程序，就有可能每年挽救 25 000 个人的生命。

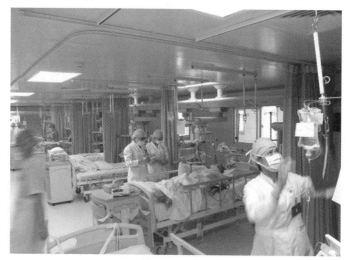

图 6-8　ICU

博威克认为，医学护理在很多方面可以学习航空业，现在的飞行员和乘务人员的自由度比以前少得多。他向联邦航空局提出，必须在每次航班起飞之前逐字逐句宣读安全警告。"研究得越多，我就越坚信，医生的自由度越少，病人就会越安全，"他说，"听到我这么说，医生会很讨厌我。"

博威克还制定了一套有力的推广策略。他不知疲倦地到处奔走，发表慷慨激昂的演说。他的演讲有时听起来就像是复兴大会上的宣讲。在一次会议上，他说："在场的每一个人都将在会议期间挽救 5 个人的生命。"他不断地用现实世界的例子来解释自己的观点，他深深痴迷于数字。与没有明确目标的项目不同，他的"10 万生命运动"是全国首个明确在特定时间内挽救特定数目生命的项目。该运动的口号是："没有数字就没有时间。"

该运动与 3 000 多家医院签订了协议，涵盖全美 75%的医院床位。大约有 1/3 的医院同意实施全部 6 项改革，一半以上的医院同意实施至少 3 项改革。该运动实施之前，美国医院承认的平均死亡率大约是 2.3%。该运动中平均每家医院有 200 个床位，一年大约有 10 000 个床位，这就意味着每年大约有 230 个病人死亡。从目前的研究推断，博威克认为参与该运动的医院每 8 个床位就能挽救 1 个生命。或者说，200 个床位的医院每年能够挽救大约 25 个病人的生命。

参与该运动的医院需要在参与之前提供 18 个月的死亡率数据，并且每个月都要更新实验过程中的死亡人数。很难估计某家有 10 000 个床位的医院的病人死亡率下降是否是纯粹因为运气。但是，如果分析 3 000 家医院实验前后的数据，就可能得到更加准确的估计。

实验结果非常令人振奋。2006 年 6 月 14 日，博威克宣布该运动的结果已经超出了预定目标。在短短 18 个月里，这 6 项改革措施使死亡人数预计减少了 122 342 人。当然，我们不要相信这一确切数字。部分原因是许多医院在一些可以避免的治疗失误问题上取得的进展是独立的；即使没有该运动，这些医院也有可能会改变他们的工作方式，从而挽救很多生命。

无论从哪个角度看，这项运动对于循证医学来说都是一次重大胜利。可以看到，"10 万生命运动"的核心就是大数据分析。博威克的 6 项干预并不是来自直觉，而是来自统计分析。博威克观察数字，发现导致人们死亡的真正原因，然后寻求统计上证明能够有效降低死亡风险的干预措施。

6.4　搜索：超级大数据的最佳伙伴

循证医学运动之前的医学实践受到了医学研究成果缓慢低效的传导机制的束缚。据美国医学协会的估计，"一项经过随机控制试验产生的新成果应用到医疗实践中，平均需要 17 年，而且这种应用还非常参差不齐。"医学科学的每次进步都伴随着巨大的麻烦。如果医生们没有在医学院或者住院实习期间学会这些东西，似乎永远也把握不住好机会。

如果医生不知道有什么样的统计结果，他就不可能根据统计结果进行决策。要使统计分析有影响力，就需要有一些能够将分析结果传达给决策制定者的传导机制。大数据分析的崛起往往伴随着并受益于传播技术的改进，这样，决策制定者就可以更加迅速地即时获取并分析数据。甚至在互联网试验的应用中，我们也已经看过传导环节的自动化。Google AdWords 功能不仅能够即时报告测试结果，还可以自动切换到效果最好的那个网页。大数据分析速度越快，就越可能改变决策制定者的选择。

与其他使用大数据分析的情况相似，循证医学运动也在设法缩短传播重要研究结果的时间。循证医学最核心也最可能受抵制的要求是，提倡医生们研究和发现病人的问题。一直"跟踪研究"从业医生的学者们发现，新患者所提出的问题大约有 2/3 会对研究有益。这一比重在新住院的病人中更高。然而被"跟踪研究"的医生却很少有人愿意花时间去回答这些问题。

对于循证医学的批评往往集中在信息匮乏上。反对者声称，在很多情况下根本不存在能够为日常治疗决策所遇到的大量问题提供指导的高质量的统计研究。抵制循证医学的更深层原因其实恰恰相反：对于每个从业医生来说，有太多的循证信息，以至于无法合理地吸收利用。仅以冠心病为例，每年有 3 600 多篇统计方面的论文发表，想跟踪这一领域的学者必须每天（包括周末）读十几篇文章。如果读一篇文章需要 15 min，那么关于每种疾病的文章每天就要花掉两个半小时。显然，要求医生投入如此多的时间去仔细查阅海量的统计研究资料，是行不通的。

循证医学的倡导者们从最开始就意识到信息追索技术的重要性，它使得从业医生可以从数量巨大且时时变化的医学研究资料中提取出高质量的相关信息。网络的信息提取技术使得医生更容易查到特定病人特定问题的相关结果。

对于研究结果的综述通常带有链接，这样医生在点开链接后就可以查看全文以及引用过该研究的所有后续研究。即使不点开链接，仅仅从"证据质量水平"中，医生也可以根据最初的搜索结果了解到很多。现在，每项研究都会得到牛津大学循证医学中心研发的 15 等级分类法中的一个等级，以便使读者迅速地了解证据的质量。最高等级（1a）只授给那些经过多个随机试验验证后都得到相似结果的研究，而最低等级则给那些仅仅根据专家意见而形成的疗法。

这种简洁标注证据质量的变化很可能成为循证医学运动最有影响力的部分。现在，从业医生评估统计研究提出的政策建议时，可以更好地了解自己能在多大程度上信赖这种建议。最酷的是，大数据回归分析法不仅可以做预测，而且还可以告诉你预测的精度。证据质量水平也是如此。循证医学不仅提出治疗建议，同时还会告诉医生支撑这些建议的数据质量如何。

证据的评级有力地回应了反对循证医学的人，他们认为循证医学不会成功，因为没有足够的统计研究来回答医生所需回答的所有问题。评级使专家们在缺乏权威的统计证据时仍然能够回答紧迫的问题。这要求他们显示出当前知识中的局限。证据评级标准也很简单，却是信息追索方面的重大进步。受到威胁的医生们现在可以浏览大量网络搜索的结果，并把道听途说与经过多重检验的研究结果区别开来。

互联网的开放性甚至改变了医学界的文化。回归分析和随机试验的结果都公布出来，不仅仅是医生，任何有时间用 Google 搜索几个关键词的人都可以看到。医生越来越感到学习的紧迫性，不是因为（较年轻的）同事们告诉他们要这样做，而是因为多学习可以使他们比病人懂得更多。正像买车的人在去展厅前会先上网查看一样，许多病人也会登录 Medline[①]等网站查看自己可能患上什么样的疾病。Medline网站最初是供医生和研究人员使用的。现在，1/3 以上的浏览者是普通老百姓。互联网不仅仅改变着信息传导给医生的机制，也改变着科技的影响力，即病人影响医生的机制。

📚 6.5　数据决策的成功崛起

循证医学的成功就是数据决策的成功，它使决策的制定不仅基于数据或个人经验，而且基于系统的统计研究。正是大数据分析颠覆了传统的观念并发现受体阻滞剂

---

① Medline 是美国国立医学图书馆生产的国际性综合生物医学信息书目数据库，是当前国际上最权威的生物医学文献数据库。

对心脏病人有效，正是大数据分析证明了雌性激素疗法不会延缓女性衰老，也正是大数据分析导致了"10万生命运动"的产生。

6.5.1 数据辅助诊断

迄今为止，医学的数据决策还主要限于治疗问题。几乎可以肯定的是，下一个高峰会出现在诊断环节。

我们称互联网为信息的数据库，它已经对诊断产生了巨大的影响。《新英格兰医学期刊》上发表了一篇文章，讲述纽约一家教学医院的教学情况。"一位患有过敏和免疫疾病的人带着一个得了痢疾的婴儿，罕见的皮疹（'鳄鱼皮'），多种免疫系统异常，包括 T-cell 功能低下，一种与 X 染色体有关的基因遗传方式（多个男性亲人幼年夭折）等。"主治医师和其他住院医生经过长时间讨论后，仍然无法得出一致的正确诊断。最终，教授问这个病人是否做过诊断，她说她确实做过诊断，而且她的症状与一种罕见的名为 IPEX 的疾病完全吻合。当医生们问她怎么得到这个诊断结果时，她回答说："我在 Google 上输入我的显著症状，答案马上就跳出来了。"主治医师惊得目瞪口呆。"从 Google 上搜出了诊断结果？……难道不再需要我们医生了吗？"

6.5.2 你考虑过……了吗

一个名叫"伊沙贝尔"的"诊断-决策支持"软件项目使医生可以在输入病人的症状后就得到一系列最可能的病因。它甚至还可以告诉医生病人的症状是否是由于过度服用药物，涉及药物达 4 000 多种。"伊沙贝尔"数据库涉及 11 000 多种疾病的大量临床发现、实验室结果、病人的病史，以及其本身的症状。"伊沙贝尔"的项目设计人员创立了一套针对所有疾病的分类法，然后通过搜索报刊文章的关键词找出统计上与每个疾病最相关的文章，如此形成一个数据库。这种统计搜索程序显著地提高了给每个疾病/症状匹配编码的效率。而且如果有新的且高相关性的文章出现时，可以不断更新数据库。大数据分析对于相关性的预测并不是一劳永逸的逻辑搜索，它对"伊沙贝尔"的成功至关重要。

"伊沙贝尔"项目的产生来自于一个股票经纪人被误诊的痛苦经历。1999 年，詹森·莫德 3 岁大的女儿伊沙贝尔被伦敦医院住院医生误诊为水痘，并遣送回家。只过了一天，她的器官便开始衰竭，该医院的主治医生约瑟夫·布里托马上意识到她实际上感染了一种潜在致命性食肉病毒。尽管伊沙贝尔最终康复，但是她父亲却非常后怕，他辞去了金融领域的工作。莫德和布里托一起成立了一家公司，开始开发"伊沙贝尔"软件以抗击误诊。

研究表明，误诊占所有医疗事故的 1/3。尸体解剖报告也显示，相当一部分重大疾病是被误诊的。"如果看看已经开出的错误诊断记录，"布里托说，"诊断失误大约是处方失误的 2～3 倍。"最低估计有几百万病人被诊断成错误的疾病在接受治疗。甚至更糟糕的是，2005 年刊登在《美国医学协会杂志》上的一篇社论总结道，过去的几十年间，并未看到误诊率得到了明显的改善。

"伊沙贝尔"项目的雄伟目标是改变诊断科学的停滞现状。莫德简单地解释道："电脑比我们记得更多更好。"世界上有 11 000 多种疾病，而人类的大脑不可能熟练地记住引发每种疾病的所有症状。实际上，"伊沙贝尔"的推广策略类似用 Google 进行诊断，它可以帮助我们从一个庞大的数据库里搜索并提取信息。

误诊最大的原因是武断。医生认为他们已经做出了正确的诊断——正如住院医生认为伊沙贝尔·莫德得了水痘——因此他们不再思考其他的可能性。"伊沙贝尔"就是要提醒医生其他可能。它有一页会向医生提问，"你考虑过……了吗"就是在提醒其他的可能性，这可能会产生深远的影响。

2003 年，一个来自乔治亚州乡下的 4 岁男孩被送入亚特兰大的一家儿童医院。这个男孩已经病了好几个月了，一直高烧不退。血液化验结果表明这个孩子患有白血病，医生决定进行强度较大的化疗，并打算第二天就开始实施。

约翰·博格萨格是这家医院的资深肿瘤专家，他观察到孩子皮肤上有褐色的斑点，这不怎么符合白血病的典型症状。当然，博格萨格仍需进行大量研究来证实，而且很容易信赖血液化验的结果，因为化验结果清楚地表明是白血病。"一旦你开始用这些临床方法的一种，就很难再去测量。"博格萨格说。很巧合的是，博格萨格刚刚看过一篇关于"伊沙贝尔"的文章，并签约成为软件测试者之一。因此，博格萨格没有忙着研究下一个病例，而是坐在电脑前输入了这个男孩的症状。靠近"你考虑过……了吗"上面的地方显示这是一种罕见的白血病，化疗不会起作用。博格萨格以前从没听说过这种病，但是可以很肯定的是，这种病常常会使皮肤出现褐色斑点。

研究人员发现，10%的情况下，"伊沙贝尔"能够帮助医生把他们本来没有考虑的主要诊断考虑进来。"伊沙贝尔"坚持不懈地进行试验。《新英格兰医学期刊》上"伊沙贝尔"的专版每周都有一个诊断难题。简单地剪切、粘贴病人的病史，输入到"伊沙贝尔"中，就可以得到 10～30 个诊断列表。这些列表中75%的情况下涵盖了经过《新英格兰医学期刊》（往往通过尸体解剖）证实为正确的诊断。如果再进一步手动把搜索结果输入到更精细的对话框中，"伊沙贝尔"的正确率就可以提高到 96%。"伊沙贝尔"不会挑选出一种诊断结果。"'伊沙贝尔'不是万能的。"布里托说。"伊沙贝尔"甚至不能判断哪种诊断最有可能正确，或者给诊断结果排序。不过，把可能的病因从 11 000 种降低到 30 种未经排序的疾病已经是重大的进步了。

6.5.3 大数据分析使数据决策崛起

大数据分析将使诊断预测更加准确。目前这些软件所分析的基本上仍是期刊文章。"伊沙贝尔"的数据库有成千上万的相关症状，但是它只不过是每天把医学期刊上的文章堆积起来而已；然后一组配有像 Google 这样的语言引擎辅助的医生，搜索与某个症状相关的已公布的症状，并把结果输入到诊断结果数据库中。

到目前为止，如果你去看病或者住院治疗，你看病的结果决不会对集体治疗知识有帮助——除非在极个别的情况下，医生决定把你的病例写成文章投到期刊或者你的病例恰好是一项特定研究的一部分。从信息的角度来看，我们当中大部分人都白白死掉了。我们的生或者死对后代起不到任何帮助。

医疗记录的迅速数字化意味着医生们可以利用包含在过去治疗经历中丰富的整体信息，这是前所未有的（见图 6-9）。未来几年内，"伊沙贝尔"就能针对你的特定症状、病史及化验结果给出患某种疾病的概率，而不仅仅是给出不加区分的一系列可能的诊断结果。

图 6-9 医疗记录数字化

有了数字化医疗记录，医生们不再需要输入病人的症状并向计算机求助。"伊沙贝尔"可以根据治疗记录自动提取信息并做出预测。实际上，"伊沙贝尔"近期已经与 NextGen 合作研发出一种结构灵活的输入区软件，以抓取最关键的信息。在传统的病历记录中，医生非系统地记下很多事后看来不太相关的信息，而 NextGen 系统地搜集从头至尾的信息。从某种意义上来说，这使医生不再单纯地扮演记录数据的角色。医生得到的数据就比让他自己做病历记录所能得到的信息要丰富得多，因为医生自己记录的往往很简单。

大数据分析这些大量的新数据能够使医生历史上第一次有机会即时判断出流行性疾病。诊断时不应该仅仅根据专家筛选过的数据，还根据使用该医疗保健体系的数百万民众的看病经历，数据分析最终可以更好地决定如何诊断。

大数据分析使数据决策崛起。它让你在回归方程的统计预测和随机试验的指导下进行决策——这是循证医学真正想要的。大多数医生仍然固守成见，认为诊断是一门经验和直觉最为重要的艺术。但对于大数据天才来说，诊断只不过是另一种预测而已。

6.6 大数据帮助改善设计

通常，设计师往往认为创造力与数据格格不入，甚至会阻碍创造力的发展。但实际情况是，数据在确定设计改变是否可以帮助更多的人完成他们的任务或实现更高的转换方面，可谓大有裨益。

数据可以帮助改善现有的设计，但数据并不能为设计者提供一种全新的设计。它可以改善网站，但它不能从无到有地创造出一个全新的网站。换句话说，在提到设计时，数据可能会有助于实现局部最大化，而不是全局最大化。当设计无法正常运作时，数据也会向你发布通知。

不管是游戏、汽车还是建筑物，这些不同领域的设计有一个共同的特点，就是其设计过程在不断变化。从设计研发到最终对这种设计进行测试，这一循环过程会随着大数据的使用而逐渐缩短。从现有的设计中获取数据，并搞清楚问题所在，或弄懂如何大幅度改善的过程也在逐渐加快。低成本的数据采集和计算机资源，在加快设计、测试和重新设计这一过程中发挥了很大的作用。反过来说，不仅人们自己研发的设计能够受到启示，设计程序本身也会如此。

6.6.1 少而精是设计的核心

苹果（Apple）公司的产品设计一向为世人所称道（见图 6-10），其前任高级工程经理迈克尔·洛拍和约翰·格鲁伯曾谈到为什么苹果公司总是能够创造卓越的设计。

图 6-10 苹果早期产品原型的简约设计

第一，苹果认为良好的设计就像一件礼品。苹果不仅专注于产品的设计，还注重产品的包装。"预期的建立会使产品在现身时，为用户带来一种享受。"对于苹果公司来说，每个产品都是一个礼品，礼品内又包裹着层层惊喜：iPad、iPhone 或 MacBook 的包装、外观和触觉，乃至产品内部运行的软件都会给人一种惊喜。

第二，"拥有完美像素的样机至关重要"。苹果的设计师们会对潜在的设计进行模拟，甚至还会对像素进行模拟。这种方法打消了人们对产品外观的疑虑。不像多数样机中使用的拉丁文本"Lorem ipsum"（注：印刷排版业中常用到的一个测试用的虚构词组，其主要目的是为测试文章或文字在不同字形、版型下看起来的效果），苹果的设计师们甚至还在样机上设计出了正式的文本。

第三，苹果的设计师们往往会为一种潜在的新功能研发出 10 种设计方案。之后，团队会从这 10 种方案中选出 3 种，然后再从中选出最终的设计。这就是所谓的 10:3:1 的设计方法。

第四，苹果的设计团队每周都会召开两次不同类型的会议。在头脑风暴会议上，所有人都能不受局限地发挥想象力，他们不会去考虑什么方法可行。生产会议则专注于结构和进度的实用性。除此之外，苹果还采取了一些其他的措施，以保证自己的设计卓尔不群。

众所周知，苹果公司不做市场调查，相反，公司员工只专注于设计他们自己想用的产品。主管设计的高级副总裁乔纳森·伊夫曾说过，苹果大多数的核心产品都是由一个不到 20 人的小型设计团队设计出来的。苹果公司软硬件兼备，这就使得公司能够为用户提供集最佳体验于一身的产品。更重要的是，公司以少而精作为设计的核心，这就保证了公司能够提供精益求精的产品，公司"对完美有一种近乎疯狂的关注"。

苹果产品具有简单、优雅、易于使用等特征。该公司在产品设计上花费的心血并不比产品的功能设置少。乔布斯曾说过，伟大的设计并不仅仅在于产品的唯美主义价值，还关注产品的功能。除了要保证产品的美观外，最基本的还是要使它们易于使用。

6.6.2 与玩家共同设计游戏

大数据在高科技的游戏设计领域中也发挥着至关重要的作用。通过分析，游戏设计者可以对新保留率和商业化机会进行评估，即使是在现有的游戏基础之上，也能为用户提供令人更加满意的游戏体验。通过对游戏费用等指标的分析，游戏设计师们能吸引游戏玩家，提高保留率、每日活跃用户和每月活跃用户数、每个游戏玩家支付的费用以及游戏玩家每次玩游戏花费的时间。Kontagent 公司则为搜集这类数据提供辅助工具。该公司曾与成千上万的游戏工作室合作过，以帮助他们测试和改进他们发明的游戏。游戏公司通过定制的组件来发明游戏。他们采用的是内容管道方法（Content Pipelire），其中的游戏引擎可以导入游戏要素，这些要素包括图形、级别、目标和挑战，以供游戏玩家攻克。这种管道方法意味着，游戏公司会区分不同种类的工作，比如对软件工程师的工作和图形艺术家及级别设计师的工作进行区分。通过设置更多的关卡，游戏设计者更容易对现有的游戏进行拓展，而无须重新编写整个游戏。

相反，设计师和图形艺术家只需创建新级别的脚本、添加新挑战、创造新图形和元素。这也就意味着，不仅游戏设计者可以添加新级别，游戏玩家也可以这么做，或者至少可以设计新图形。

游戏设计者斯科特·休梅克还表明，利用数据驱动来设计游戏，可以减少游戏创造过程中的相关风险。不仅是因为许多游戏很难通关成功，而且，就财务方面而言，通关成功的游戏往往并不成功。正如休梅克曾指出的，好的游戏不仅关乎良好的图形和级别设计，还与游戏的趣味性和吸引力有关。在游戏发行之前，游戏设计师很难对这些因素进行正确的评估，所以游戏设计的推行、测试和调整至关重要。通过将游戏数据和游戏引擎进行区分，很容易对这些游戏元素进行调整，如《吃豆人》游戏中小精灵吃豆的速度。

6.6.3 以人为本的汽车设计理念

福特汽车的首席大数据分析师约翰·金德认为，汽车企业坐拥海量的数据信息，"消费者、大众及福特自身都能受益匪浅。" 2006 年左右，随着金融危机的爆发以及新任首席执行官的就职，福特公司开始更加乐于接受基于数据得出的决策，而不再单纯凭直觉做出决策。公司在数据分析和模拟的基础上提出了更多新的方法。

福特公司的不同职能部门都会配备数据分析小组，如信贷部门的风险分析小组、市场营销分析小组、研发部门的汽车研究分析小组。数据在公司发挥了重大作用，因为数据和数据分析不仅可以解决个别战术问题，而且对公司持续战略的制订来说也是一笔重要的资产。公司强调数据驱动文化的重要性，这种自上而下的度量重点对公司的数据使用和周转产生了巨大的影响。

福特还在硅谷建立了一个实验室，以帮助公司发展科技创新。公司获取的数据主要来自于大约 400 万辆配备有车载传感设备的汽车。通过对这些数据进行分析，工程师能够了解人们驾驶汽车的情况、汽车驾驶环境及车辆响应情况。所有这些数据都能帮助改善车辆的操作性、燃油的经济性和车辆的排气质量。利用这些数据，公司对汽车的设计进行了改良，降低了车内噪声（会影响车载语音识别软件），还能确定扬声器的最佳位置，以便接收语音指示。

设计师还能利用数据分析做出决策，如赛车改良决策和影响消费者购买汽车的决策。举例来说，潘世奇车队设计的赛车不断在比赛中失利。为了弄清失利的原因，工程师为该车队的赛车配备了传感器，这种传感器能搜集到 20 多种不同变量的数据，如轮胎温度和转向等。虽然工程师已对这些数据进行了两年的分析，他们仍然无法弄清楚赛车手在比赛中失利的原因。

而数据分析型公司 Event Horizon 也搜集了同样的数据，但其对数据的处理方式完全不同。该公司没有从原始数字入手，而是通过可视化模拟来重视赛车改装后在比赛中的情况。通过可视化模拟，他们很快就了解到，赛车手转动方向盘和赛车启动之间存在一段滞后时间。赛车手在这段时间内会做出很多微小的调整，所有这些微小的调整加起来就占据了不少时间。

由此可以看出，仅仅拥有真实的数据是远远不够的。就大数据的设计和其他方面而言，能够以正确的方式观察数据才是至关重要的。

6.6.4 寻找最佳音响效果

大数据还能帮助我们设计更好的音乐厅。20 世纪末，哈佛大学的讲师 W. C.萨宾开创了建筑声学这一新领域。

研究之初，萨宾将福格演讲厅（听众认为其声学效果不明显）和附近的桑德斯剧院（声学效果显著）进行了对比。在助手的协助下，萨宾将坐垫之类的物品从桑德斯剧院移到了福格演讲厅，以判断这类物品对音乐厅的声学效果会产生怎样的影响。萨宾和他的助手在夜间开始工作，经过仔细测量后，他们会在早晨到来之前将所有物品放回原位，从而不影响两个音乐厅的日间运作。

经过大量的研究，萨宾对混响时间（或称"回声效应"）做出了这样一个定义：它是声音从其原始水平下降 60 dB 所需的秒数。萨宾发现，声学效果最好的音乐厅的混响时间为 2～2.25 s。混响时间太长的音乐厅会被认为过于"活跃"，而混响时间太短的音乐厅会被认为过于"平淡"。混响时间的长短主要取决于两个因素：房间的容积和总吸收面积，或现有吸收面积。在福格演讲厅中，所听到的说话声大约能延长 5.5 s，萨宾减少了其回音效果并改善了它的声学效果。后来，萨宾还参与了波士顿音乐厅（见图 6-11）的设计。

图 6-11　波士顿音乐厅

继萨宾之后，该领域开始呈现出蓬勃的发展趋势。如今，借助模型，数据分析师不仅对现有音乐厅的声学问题进行评估，还能模拟新音乐厅的设计。同时，还能对具有可重新配置几何形状及材料的音乐厅进行调整，以满足音乐或演讲等不同的用途，这就是其创新所在。

具有讽刺意味的是，许多建于 19 世纪后期的古典音乐厅的音响效果可谓完美，而那些近期建造的音乐厅则达不到这种效果。这主要是因为如今的音乐厅渴望容纳更多的席位，同时还引进了许多新型建材以使建筑师设计出几乎任何形状和大小的音乐厅，而不再受限于木材的强度和硬度。现在建筑师正试图设计新的音乐厅，以期能与波士顿和维也纳音乐殿堂的音响效果匹敌。音质、音乐厅容量和音乐厅的形状可能会出现冲突。而通过利用大数据，建筑师可能会设计出与以前类似的音响效果，同时还能使用现代化的建筑材料来满足当今的座席要求。

6.6.5　建筑数据取代直觉

建筑师还在不断将数据驱动型设计推广至更广泛的领域。正如 LMN 建筑事务所的萨姆·米勒指出的，老建筑的设计周期是设计、记录、构建和重复。只有经过多年的实践，你才能完全领会这一过程，一个拥有 20 多年设计经验的建筑师或许只见证过十几个这样的设计周期。随着数据驱动型架构的实现，建筑师已经可以用一种迭代循环过程来取代上述过程，该迭代循环过程即模型、模拟、分析、综合、优化和重复。就像发动机设计人员可以使用模型来模拟发动机的性能一样，建筑师如今也可以使用模型来模拟建筑物的结构。

据米勒讲，他的设计组如今只需短短几天的时间就可以模拟成百上千种设计，他们还可以找出哪些因素会对设计产生最大的影响。米勒说："直觉在数据驱动型设计程序中发挥的作用在逐渐减少。"而且，建筑物的性能要更加良好。

建筑师并不能保证研究和设计会花费多少时间，但米勒说，数据驱动型方法使这种投资变得更加有意义，因为它保证了公司的竞争优势。通过将数据应用于节能和节水的实践中，大数据也有助于绿色建筑的设计。通过评估基准数据，建筑师如今可以判断出某个特定的建筑物与其他绿色建筑的区别所在。美国环保署（EPA）的在线工具"投资组合经理"就应用了这一方法，它的主要功能是互动能源管理，可以让业主、管理者和投资者对所有建筑物耗费的能源和用水进行跟踪和评估。

Safari 公司还设计了一种基于 Web 的软件，软件利用专业物理知识，能够提供设计分析、知识管理和决策支持。有了这种软件，用户就可以对不同战略设计中的能源、水、碳和经济利益进行测量和优化。

【实验与思考】大数据如何激发创造力

1．实验目的

（1）熟悉大数据改善设计的主要途径和方法。

（2）了解大数据催生崭新应用程序所带来的市场与商机。

（3）了解传统医学与循证医学，理解大数据对循证医学的促进作用。

（4）通过因特网搜索与浏览，了解更多大数据变革公共卫生的典型案例，加深理解大数据在医疗与健康领域的应用前景。

2．工具/准备工作

在开始本实验之前，请认真阅读课程的相关内容。

需要准备一台带有浏览器，能够访问因特网的计算机。

3．实验内容与步骤

（1）在大数据时代，数据是如何激发设计创造力的？

答：_____

_____

_____

（2）"大数据为创业和投资开辟了一些新的领域"，请思考与分析，你能例举出这样的成功案例吗？

答：_____

_____

_____

（3）在课文中例举了哪些大数据促进医疗与健康的典型案例，这些案例带给你哪些启发？

答：_____

_____

_____

（4）请思考并分析：大数据环境下的医疗信息数字化，与传统医学的医院管理信息系统（HMIS）有什么不同？

答：_____

_____

_____

（5）为什么说：在大数据时代，循证医学的成功就是数据决策的成功？请简述之。

答：_____

_____

_____

4．实验总结

_____

_____

_____

5．实验评价（教师）

_____

_____

第 7 章

大数据预测分析 ‹‹‹

【案例导读】葡萄酒的品质

奥利·阿什菲尔特是普林斯顿大学的一位经济学家，他的日常工作就是琢磨数据，利用统计学，他从大量的数据资料中提取出隐藏在数据背后的信息。

奥利非常喜欢喝葡萄酒（见图 7-1），他说："当上好的红葡萄酒有了一定的年份时，就会发生一些非常神奇的事情。"当然，奥利指的不仅仅是葡萄酒的口感，还有隐藏在好葡萄酒和一般葡萄酒背后的力量。

"每次你买到上好的红葡萄酒时，"他说，"其实就是在进行投资，因为这瓶酒以后很有可能会变得更好。而且你想知道的不是它现在值多少钱，而是将来值多少钱。即使你并不打算卖掉它，而

图 7-1　波尔多葡萄酒

是喝掉它。如果你想知道把从当前消费中得到的愉悦推迟，将来能从中得到多少愉悦，那么这将是一个永远也讨论不完的、吸引人的话题。"而这个话题奥利已研究了 25 年。

奥利身材高大，头发花白而浓密，声音友善，总是能成为人群中的主角。他曾花费心思研究的一个问题是，如何通过数字评估波尔多葡萄酒的品质。与品酒专家通常所使用的"品咂并吐掉"的方法不同，奥利用数字指标来判断能拍出高价的酒所应该具有的品质特征。

"其实很简单，"他说，"酒是一种农产品，每年都会受到气候条件的强烈影响。"因此奥利采集了法国波尔多地区的气候数据加以研究，他发现如果收割季节干旱少雨且整个夏季的平均气温较高，该年份就容易生产出品质上乘的葡萄酒。正如彼得·帕塞尔在《纽约时报》中报告的那样，奥利给出的统计方程与数据高度吻合。

当葡萄熟透、汁液高度浓缩时，波尔多葡萄酒是最好的。夏季特别炎热的年份，葡萄很容易熟透，酸度就会降低。炎热少雨的年份，葡萄汁也会高度浓缩。因此，天气越炎热干燥，越容易生产出品质一流的葡萄酒。熟透的葡萄能生产出口感柔润（即低敏度）的葡萄酒，而汁液高度浓缩的葡萄能够生产出醇厚的葡萄酒。

奥利把这个葡萄酒的理论简化为下面的方程式：

葡萄酒的品质 ＝ 12.145 ＋ 0.00117 × 冬天降雨量 ＋ 0.0614 × 葡萄生长期平均

气温 － 0.00386 × 收获季节降雨量

这个式子是对的。把任何年份的气候数据代入上面这个式子，奥利就能够预测出任意一种葡萄酒的平均品质。如果把这个式子变得再稍微复杂一些，他还能更精确地预测出 100 多个酒庄的葡萄酒品质。他承认"这看起来有点太数字化了"，"但这恰恰是法国人把他们的葡萄酒庄园排成著名的 1 855 个等级时所使用的方法"。

然而，当时传统的评酒专家并未接受奥利利用数据预测葡萄酒品质的做法。英国的《葡萄酒》杂志认为，"这条公式显然是很可笑的，我们无法重视它。"纽约葡萄酒商人威廉姆·萨科林认为，从波尔多葡萄酒产业的角度来看，奥利的做法"介于极端和滑稽可笑之间"。因此，奥利常常被业界人士取笑。当奥利在克里斯蒂拍卖行酒品部做关于葡萄酒的演讲时，坐在后排的交易商嘘声一片。

发行过《葡萄爱好者》杂志的罗伯特·帕克大概是世界上最有影响力的以葡萄酒为题材的作家了。他把奥利形容为"一个彻头彻尾的骗子"，尽管奥利是世界上最受敬重的数量经济学家之一，但是他的方法对于帕克来说，"其实是在用尼安德特人的思维（讽刺其思维原始）来看待葡萄酒。这是非常荒谬甚至非常可笑的。"帕克完全否定了数学方程式有助于鉴别出口感真正好的葡萄酒，"如果他邀请我去他家喝酒，我会感到恶心。"

帕克说奥利"就像某些影评一样，根据演员和导演来告诉你电影有多好，实际上却从没看过那部电影"。

帕克的意思是，人们只有亲自去看过了一部影片，才能更精准地评价它，如果要对葡萄酒的品质评判得更准确，也应该亲自去品尝一下。但是有这样一个问题：在好几个月的时间里，人们是无法品尝到葡萄酒的。波尔多和勃艮第的葡萄酒在装瓶之前需要盛放在橡木桶里发酵 18～24 个月（见图 7-2）。像帕克这样的评酒专家需要酒装在桶里 4 个月以后才能第一次品尝，在这个阶段，葡萄酒还只是臭臭的、发酵的葡萄而已。不知道此时这种无法下咽的"酒"是否能够使品尝者得出关于酒的品质的准确信息。例如，巴特菲德拍卖行酒品部的前经理布鲁斯·凯泽曾经说过："发酵初期的葡萄酒变化非常快，没有人，我是说不可能有人，能够通过品尝来准确地评估酒的好坏。至少要放上 10 年，甚至更久。"

图 7-2　葡萄酒窖藏

与之形成鲜明对比的是，奥利从对数字的分析中能够得出气候与酒价之间的关系。他发现冬季降雨量每增加 1 mm，酒价就有可能提高 0.001 17 美元。当然，这只是"有可能"而已。不过，对数据的分析使奥利可以在葡萄酒的未来品质——这是品酒师有机会尝到第一口酒的数月之前，更是在葡萄酒卖出的数年之前。在葡萄酒期货交易活跃的今天，奥利的预测能够给葡萄酒搜集者极大的帮助。

20 世纪 80 年代后期，奥利开始在半年刊的简报《流动资产》上发布他的预测数据。最初，他在《葡萄酒观察家》上给这个简报做小广告，随之有 600 多人开始订阅。

这些订阅者的分布式很广泛的，包括很多百万富翁以及痴迷葡萄酒的人——这是一些可以接受计量方法的葡萄酒搜集爱好者。与每年花 30 美元来订阅罗伯特·帕克的简报《葡萄酒爱好者》的 30 000 人相比，《流动资产》的订阅人数确实少得可怜。

20 世纪 90 年代初期，《纽约时报》在头版头条登出了奥利的最新预测数据，这使得更多人了解了他的思想。奥利公开批判了帕克对 1986 年波尔多葡萄酒的估价。帕克对 1986 年波尔多葡萄酒的评价是"品质一流，甚至非常出色"。但是奥利不这么认为，他认为由于生产期内过低的平均气温以及收获期过多的雨水，这一年葡萄酒的品质注定平平。

当然，奥利对 1989 年波尔多葡萄酒的预测才是这篇文章中真正让人吃惊的地方，尽管当时这些酒在木桶里仅仅放置了 3 个月，还从未被品酒师品尝过，奥利预测这些酒将成为"世纪佳酿"。他保证这些酒的品质将会"令人震惊地一流"。根据他自己的评级，如果 1961 年的波尔多葡萄酒评级为 100 的话，那么 1989 年的葡萄酒将会达到 149。奥利甚至大胆地预测，这些酒"能够卖出过去 35 年中所生产的葡萄酒的最高价"。

看到这篇文章，评酒专家非常生气。帕克把奥利的数量估计描述为"愚蠢可笑"。萨科林说当时的反应是"既愤怒又恐惧。他确实让很多人感到恐慌。"在接下来的几年中，《葡萄酒观察家》拒绝为奥利（以及其他人）的简报做任何广告。

评酒专家们开始辩解，极力指责奥利本人以及他所提出的方法。他们说他的方法是错的，因为这一方法无法准确地预测未来的酒价。例如，《葡萄酒观察家》的品酒经理托马斯·马休斯抱怨说，奥利对价格的预测，"在 27 种酒中只有三次完全准确"。即使奥利的公式"是为了与价格数据相符而特别设计的"，他所预测的价格却"要么高于，要么低于真实的价格"。然而，对于统计学家（以及对此稍加思考的人）来说，预测有时过高，有时过低是件好事，因为这恰好说明估计量是无偏的。因此，帕克不得不常常降低自己最初的评级。

1990 年，奥利更加陷于孤立无援的境地。在宣称 1989 年的葡萄酒将成为"世纪佳酿"之后，数据告诉他 1990 年的葡萄酒将会更好，而且他也照实说了。现在回头再看，我们可以发现当时《流动资产》的预测惊人地准确。1989 年的葡萄酒确实是难得的佳酿，而 1990 年的也确实更好。

怎么可能在连续两年中生产出两种"世纪佳酿"呢？事实上，自 1986 年以来，每年葡萄生长期的气温都高于平均水平。法国的天气连续 20 多年温暖和煦。对于葡萄酒爱好者们而言，这显然是生产柔润的波尔多葡萄酒的最适宜的时期。

传统的评酒专家们现在才开始更多地关注天气因素。尽管他们当中很多人从未公开承认奥利的预测，但他们自己的预测也开始越来越密切地与奥利那个简单的方程式联系在一起。此时奥利依然在维护自己的网站，但他不再制作简报。他说："和过去不同的是，品酒师们不再犯严重的错误了。坦率地说，我有点儿自绝前程，我不再有任何附加值了。"

指责奥利的人仍然把他的思想看作是异端邪说，因为他试图把葡萄酒的世界看得更清楚。他从不使用华丽的辞藻和毫无意义的术语，而是直接说出预测的依据。

整个葡萄酒产业毫不妥协不仅仅是在做表面文章。"葡萄酒经销商及专栏作家只是不希望公众知道奥利所作出的预测。"凯泽说，"这一点从 1986 年的葡萄酒就已经显现出来了。奥利说品酒师们的评级是骗人的，因为那一年的气候对于葡萄的生长来说非常不利，雨水泛滥，气温也不够高。但是当时所有的专栏作家都言辞激烈地坚持认为那一年的酒会是好酒。事实证明奥利是对的，但是正确的观点不一定总是受欢迎的。"

葡萄酒经销商和专栏评论家们都能够从维持自己在葡萄酒品质方面的信息垄断者地位中受益。葡萄酒经销商利用长期高估的最初评级来稳定葡萄酒价格。《葡萄酒观察家》和《葡萄酒爱好者》能否保持葡萄酒品质的仲裁者地位，决定着上百万资金的生死。很多人要谋生，就只能依赖于喝酒的人不相信这个方程式。

也有迹象表明事情正在发生变化。伦敦克里斯蒂拍卖行国际酒品部主席迈克尔·布罗德本特委婉地说："很多人认为奥利是个怪人，我也认为他在很多方面的确很怪。但是我发现，他的思想和工作会在多年后依然留下光辉的痕迹。他所做的努力对于打算买酒的人来说非常有帮助。" （本案例由作者根据相关资料改写）

阅读上文，请思考、分析并简单记录：

（1）通过网络搜索，详细了解法国城市波尔多，了解其地理特点和波尔多葡萄酒，并就此做简单介绍。

答：＿＿＿＿＿＿＿＿＿＿＿＿＿＿＿＿＿＿＿＿＿＿＿＿＿＿＿＿＿＿

＿＿＿＿＿＿＿＿＿＿＿＿＿＿＿＿＿＿＿＿＿＿＿＿＿＿＿＿＿＿＿＿＿＿

＿＿＿＿＿＿＿＿＿＿＿＿＿＿＿＿＿＿＿＿＿＿＿＿＿＿＿＿＿＿＿＿＿＿

（2）对葡萄酒品质的评价，传统方法的主要依据是什么？而奥利的预测方法是什么？

答：＿＿＿＿＿＿＿＿＿＿＿＿＿＿＿＿＿＿＿＿＿＿＿＿＿＿＿＿＿＿

＿＿＿＿＿＿＿＿＿＿＿＿＿＿＿＿＿＿＿＿＿＿＿＿＿＿＿＿＿＿＿＿＿＿

＿＿＿＿＿＿＿＿＿＿＿＿＿＿＿＿＿＿＿＿＿＿＿＿＿＿＿＿＿＿＿＿＿＿

（3）虽然后来的事实肯定了奥利的葡萄酒品质预测方法，但这是否就意味着传统品酒师的职业就没有必要存在了？你认为传统方法和大数据方法的关系应该如何处理？

答：＿＿＿＿＿＿＿＿＿＿＿＿＿＿＿＿＿＿＿＿＿＿＿＿＿＿＿＿＿＿

＿＿＿＿＿＿＿＿＿＿＿＿＿＿＿＿＿＿＿＿＿＿＿＿＿＿＿＿＿＿＿＿＿＿

＿＿＿＿＿＿＿＿＿＿＿＿＿＿＿＿＿＿＿＿＿＿＿＿＿＿＿＿＿＿＿＿＿＿

（4）简单描述你所知道的上一周发生的国际、国内或者身边的大事。

答：＿＿＿＿＿＿＿＿＿＿＿＿＿＿＿＿＿＿＿＿＿＿＿＿＿＿＿＿＿＿

＿＿＿＿＿＿＿＿＿＿＿＿＿＿＿＿＿＿＿＿＿＿＿＿＿＿＿＿＿＿＿＿＿＿

＿＿＿＿＿＿＿＿＿＿＿＿＿＿＿＿＿＿＿＿＿＿＿＿＿＿＿＿＿＿＿＿＿＿

7.1 预测分析

预测分析是一种统计或数据挖掘解决方案，可在结构化和非结构化数据中使用以确定未来结果的算法和技术，可用于预测、优化、预报和模拟等许多用途。大数据时代下，作为其核心，预测分析已在商业和社会中得到广泛应用。随着越来越多的数据被记录和整理，未来预测分析必定会成为所有领域的关键技术。

预测分析和假设情况分析可帮助用户评审和权衡潜在决策的影响力，用来分析历史模式和概率，以预测未来业绩并采取预防措施。其主要作用包括：

1. 决策管理

决策管理是用来优化并自动化业务决策的一种卓有成效的成熟方法。它通过预测分析让组织能够在制定决策以前有所行动，以便预测哪些行动在将来最有可能获得成功，优化成果并解决特定的业务问题。决策管理包括管理自动化决策设计和部署的各个方面，供组织管理其与客户、员工和供应商的交互。从本质上讲，决策管理使优化的决策成为企业业务流程的一部分。由于闭环系统不断将有价值的反馈纳入到决策制定过程中，所以对于希望对变化的环境做出即时反应并最大化每个决策的组织来说，它是非常理想的方法。

当今世界，竞争的最大挑战之一是组织如何在决策制定过程中更好地利用数据。可用于企业以及由企业生成的数据量非常高且以惊人的速度增长。与此同时，基于此数据制定决策的时间段非常短，且有日益缩短的趋势。虽然业务经理可能可以利用大量报告和仪表板来监控业务环境，但是使用此信息来指导业务流程和客户互动的关键步骤通常是手动的，因而不能及时响应变化的环境。希望获得竞争优势的组织们必须寻找更好的方式。

决策管理使用决策流程框架和分析来优化并自动化决策，通常专注于大批量决策并使用基于规则和基于分析模型的应用程序实现决策。对于传统上使用历史数据和静态信息作为业务决策基础的组织来说这是一个突破性的进展。

2. 滚动预测

预测是定期更新对未来绩效的当前观点，以反映新的或变化中的信息的过程，是基于分析当前和历史数据来决定未来趋势的过程。为应对这一需求，许多公司正在逐步采用滚动预测方法。

7×24 小时的业务运营影响造就了一个持续而又瞬息万变的环境，风险、波动和不确定性持续不断。并且，任何经济动荡都具有近乎实时的深远影响。

毫无疑问，对于这种变化感受最深的是 CFO（财务总监）和财务部门。虽然业务战略、产品定位、运营时间和产品线改进的决策可能是在财务部门外部做出的，但制定这些决策的基础是财务团队使用绩效报告和预测提供的关键数据和分析。具有前瞻性的财务团队意识到传统的战略预测不能完成这一任务，他们便迅速采用更加动态的、滚动的和基于驱动因子的方法。在这种环境中，预测变为一个极其重要的管理过程。为了抓住正确的机遇，为了满足投资者的要求，以及在风险出现时对其进行识别，很关键的一点就是深入了解潜在的未来发展，管理不能再依赖于传统的管理工具。在应对过程中，越来越多的企业已经或者正准备从静态预测模型转型到一个利用滚动时间范围的预测模型。

采取滚动预测的公司往往有更高的预测精度，更快的循环时间，更好的业务参与度和更多明智的决策制定。滚动预测可以对业务绩效进行前瞻性预测；为未来计划周期提供一个基线；捕获变化带来的长期影响；与静态年度预测相比，滚动预测能够在觉察到业务决策制定的时间点得到定期更新，并减轻财务团队巨大的行政负担。

3．预测分析与自适应管理

稳定、持续变化的工业时代已经远去，现在是一个不可预测、非持续变化的信息时代。未来还将变得更加无法预测，员工将需要具备更高技能，创新的步伐将进一步加快，价格将会更低，顾客将具有更多发言权。

为了应对这些变化，CFO们需要一个能让各级经理快速做出明智决策的系统。他们必须将年度计划周期替换为更加常规的业务审核，通过滚动预测提供支持，让经理能够看到趋势和模式，在竞争对手之前取得突破，在产品与市场方面做出更明智的决策。具体来说，CFO需要通过持续计划周期进行管理，让滚动预测成为主要的管理工具，每天和每周报告关键指标。同时需要注意使用滚动预测改进短期可见性，并将预测作为管理手段，而不是度量方法。

4．行业应用举例

（1）预测分析帮助制造业高效维护运营并更好地控制成本。

一直以来，制造业面临的挑战是在生产优质商品的同时在每一步流程中优化资源。多年来，制造商已经制定了一系列成熟的方法来控制质量、管理供应链和维护设备。如今，面对持续的成本控制工作，工厂管理人员、维护工程师和质量控制的监督执行人员都希望知道如何在维持质量标准的同时避免昂贵的非计划停机时间或设备故障，以及如何控制维护、修理和降低业务的人力和库存成本。此外，财务和客户服务部门的管理人员，以及最终的高管级别的管理人员，与生产流程能否很好地交付成品息息相关。

（2）犯罪预测与预防，预测分析利用先进的分析技术营造安全的公共环境。

为确保公共安全，执法人员一直主要依靠个人直觉和可用信息来完成任务。为了能够更加智慧地工作，许多警务组织正在充分合理地利用他们获得和存储的结构化信息（如犯罪和罪犯数据）和非结构化信息（在沟通和监督过程中取得的影音资料）。通过汇总、分析这些庞大的数据，得出的信息不仅有助于了解过去发生的情况，还能够帮助预测将来可能发生的事件。

利用历史犯罪事件、档案资料、地图和类型学以及诱发因素（如天气）和触发事件（如假期或发薪日）等数据，警务人员将可以：确定暴力犯罪频繁发生的区域；将地区性或全国性流氓团伙活动与本地事件进行匹配；剖析犯罪行为以发现相似点，将犯罪行为与有犯罪记录的罪犯挂钩；找出最可能诱发暴力犯罪的条件，预测将来可能发生这些犯罪活动的时间和地点；确定重新犯罪的可能性。

（3）预测分析帮助电信运营商更深入地了解客户。

受技术和法规要求的推动，以及基于互联网的通信服务提供商和模式的新型生态系统的出现，电信提供商要想获得新的价值来源，需要对业务模式做出根本性的转变，并且必须有能力将战略资产和客户关系与旨在抓住新市场机遇的创新相结合。预测和管理变革的能力将是未来电信服务提供商的关键能力。

7.2 数据情感和情感数据

情感和行为是交互的。周围的事物影响着你，决定了你的情感。如果你的客户取消了订单，你会感到失望。反过来说，你的情感也会影响行为。你现在心情愉快，因此决定再给修理工一次机会来修好你的车。

情感有时并不在预测分析所考虑的范畴内。因为情感是变幻不定的因素，无法像事实或数据那样被轻易记录在表格中。情感主观且转瞬即逝。诚然，情感是人的一种重要的状态，但情感的微妙使得大部分科学都无法对其展开研究。现在有一些神经科学家在做实验，他们在学生的头部安上各种电线和传感器来观测情感变化，但许多数据科学家觉得这些实验没有太多意义，因此，情感并不是预测分析科学的重要应用领域。

7.2.1 从博客观察集体情感

2009 年，伊利诺伊大学的两位科学家试图将两个看似并不相关的科研领域联系起来，以求发现集体情感和集体行为之间的内在关系。他们不仅要观测个体的情感，还要观测集体情感，即人类作为整体所共有的情感。从事这项宏大研究的就是当时还在攻读博士学位的埃里克·吉尔伯特以及他的导师卡里·卡拉哈里奥斯。他们希望能实现重大科研突破，因为人们从来不知该如何解读人类整体情感。

此外，埃里克和卡里还想从真实世界人类的自发行为中去观测集体情感，而不仅仅是在实验室里做实验。那么，应该从哪些方面去观测这些集体情感？脑电波和传感器显然不合适。一种可能性是，我们的文章和对话会反映我们的情感。但报纸杂志上的文章主题可能太狭隘，在情感上也缺乏连贯性。为此，他们将目光集中在另一个公共资源上——博客。

博客记载了博主的各种情感。互联网上兴起的博客浪潮将此前私密、内省的日记写作变成了公开的情感披露。很多人在博客上自由表达自己的情感，没有预先的议程设置，也没有后续的编辑限制。每天互联网上大约会增添 86.4 万篇新的博客，作者在博客中袒露着各类情感，或疾呼，或痛楚，或狂喜，或惊奇，或愤怒，在互联网上自愿吐露自己的心声。从某种意义上说，博客的情感也代表着普罗大众的情感，因此，我们可以从博客上读到人类的整体情感。

7.2.2 预测分析博客中的情绪

在设计如何记录博客中的情绪时，两位科学家选择了恐惧和焦虑两种情绪。在所有情绪中，焦虑对人们的行为有很重要的影响。心理学研究指出：恐惧会让人规避风险，而镇静则能让人自如行事。恐惧会让人以保守姿态采取后撤行为，不敢轻易涉险。

要想记录这些情感，第一步就是要发现博客中的焦虑情绪。要想研发出能探测到焦虑情绪的预测分析系统，首先要有充分的博客样本，这些样本中已经被证明是否含有焦虑情绪。这将为预测模型的研发提供所需的数据，帮助区分哪些博客中蕴含着焦虑情绪，哪些博客中蕴含着镇静情绪。

埃里克和卡里决定从博客网站 LiveJournal[①]入手，在这家网站上，作者发表博文之后，

---

① LiveJournal 是一个综合型 SNS 交友网站，有论坛、博客等功能，由 Brad Fitzpatrick 始建于 1999 年 4 月 15 日，其最初目的是为了与同学保持联系，之后发展为大型网络社区平台，是网友聚集的好地方，支持多国语言，而

可从 132 项"情绪"选项中选择文章的对应标签（见图 7-3），这些情绪包括愤怒、忙碌、醉酒、轻佻、饥渴以及劳累等。如果每次作者都能输入情绪标签，那么他就能获得若干情绪图标，这是代表某种情绪的有趣的表情符号。例如，"害怕"的表情符号就是惊恐的表情和睁大双眼。有了这些情绪标签后，内容各异的博客就与作者的情感构建了联系。语言是模糊和间接的情感表达方式，而我们通常都无法直接看到作者的主观内在情感。

图 7-3　情绪图标

两位研究者以从 2004 年开始的 60 万篇博客为研究对象，从中选择那些被作者打上"焦虑""担忧""紧张"和"害怕"标签的文章，大约有 1.3 万篇，有这些标签的文章被认定是在表达焦虑情绪。这些文章被当作样本，并在此基础上建立了预测模型，由此来预测某博客是否在表达焦虑情绪。

大部分在 LiveJournal 上发表的博客都没有对应的情绪标签，其他网站发表的博客也大都没有情绪标签，因此需要研发出预测模型来探知人类博客中的情感。大部分博客都不会直接谈论情感，因此只能通过博主所写的内容来分析推导出其主观情感。预测模型就是要发挥这样的分析作用。与其他预测模型一样，博客情绪预测模型的主要功能也是对那些此前没有经过分析的文章给出焦虑情绪分数。

这次，预测模型应对的是复杂多变的人类语言，为此，焦虑情绪预测模型的预测流程相对要简单和直接一些，即看文章里是否出现某些关键词，然后加以运算。这些预测模型并不是要完全理解博客的内容。例如，预测模型的某项参考指标是看博客内容里表达焦虑的词汇，如"紧张""害怕""面试""医院"等，以及文章里面是否缺乏那些非焦虑博客中常见的词汇，如"太好了""真棒""爱"等。

尽管焦虑情绪预测模型并不能做到尽善尽美，但至少这样的模型可大致分析出集体情感。它每天只能发现 28%～32% 的焦虑情绪文章，但假设某天表达焦虑情绪的博客忽然比前一天翻了一倍，那么这一变化就不会被忽略。对那些被打上了焦虑情绪标签的博客，其识别是相对精确的，将非焦虑文章错认为焦虑文章的差错率仅在 3%～6% 之间。

埃里克和卡里根据当天蕴含焦虑情绪的博客数量的变化得出了焦虑指数，该指数大致上衡量了当天大众的焦虑程度。通过这种方法，人类整体情绪被视为一项可观测的指标，这两位研究者研发的系统通过解读大众的焦虑而得以反映集体情绪。有时，我们会相对镇静和放松；有时，我们则变得很焦虑。

LiveJournal 网站作为大众的焦虑指数数据来源是合适的。卡里和埃里克说，这家博客网站"是公认的公共空间，人们在上面记录自己的个人思想和日常生活"。这家网站并不针对某些特定群体，而是向"从家庭主妇到高中学生"等各类人群开放。

在英语国家最为流行，美国拥有其最多用户。

继埃里克和卡里的研究后，很多后续研究都显示了人类集体情绪是如何波动的。例如，印第安纳大学的研究人员研发了一套相似的通过考察关键词观测情绪的系统，通过"镇静-焦虑"（与焦虑指数相似，但增加了镇静指数。例如，指数为正表示镇静，指数为负则表示焦虑）以及"幸福-痛苦"指数来描绘公众情绪。图7-4所示就是根据某社交网站上的内容所画出的2008年10～12月期间大众情绪波动图。该图显示，我们会在狂喜与绝望之间摇摆，这些剧烈波动的曲线表明，我们是高度情绪化的。这段时间包括了美国总统大选和感恩节等重要日子，当选举日投票结束后，我们开始变得镇静，而感恩节当天，我们的幸福指数骤然飙升。

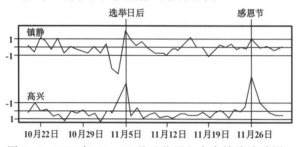

图7-4　2008年10～12月（美国）大众情绪波动图

但这种只针对几个重点日子的研究显然是不够的。尽管埃里克和卡里的焦虑指数很有创新性，但这并不能证明该指数的价值，也无法获得研究界广泛的认可。如果焦虑指数无法印证其价值，那么它可能会随着时间的推移而被湮没，为此，埃里克和卡里进行了进一步研究，力图要证明这个衡量我们主观情绪的指数与现实世界的实践存在客观联系。否则，我们就无法真正证明该系统成功把握了人类的集体情绪，该研究项目的价值也仅仅是"形成了一堆数字而已"。

7.2.3　影响情绪的重要因素——金钱

埃里克和卡里将希望押在了情绪的重要影响因素上——金钱。显然，金钱足以影响我们的情绪。钱是衡量人过得如何的重要标准，因此，为何不观察我们的情感与财务状况之间的紧密关系呢？1972年的一个经典心理学实验表明，哪怕我们在公用电话亭发现有一块钱余额可用，我们的心理也会产生莫大的满足感，进而使得幸福感陡增。无论如何，金钱与情感之间肯定存在某种联系，这将给埃里克和卡里的研究提供充分的证明。

股市是验证焦虑指数的理想场所（见图7-5）。只有真正看到人们采取了集体行动，我们才能验证集体情绪指标确实有效，经济活动将是观测社会整体乐观和悲观情绪起伏的重要标准。除了科学意义上的验证之外，这项预测还带来了充满诱惑

图7-5　股市是验证焦虑指数的理想场所

的应用前景：股市预测。如果集体情感能够影响到后续的股票走势，那么通过剖析博

客中的大众情绪将有助于预测股价，这种新型的预测模型有可能带来巨额的财富。

埃里克和卡里继续深入研究。埃里克选择了 2008 年几个月内的美国标准·普尔股指[①]（美国股市的晴雨表）的每日收盘值，看看在这短短几个月中，股指的无序涨跌是否与相同时期内焦虑指数的涨跌走势吻合。

证明焦虑指数的效力很难。刚开始时，两位研究者认为，只要一个月就能获得肯定结论，但他们无数次的尝试都以失败而告终。为此，他们与大学其他学科的专家讨论，包括数学、统计学和经济学的同事。他们也跟华尔街的金融工程师们讨论。但是，在他们正在摸索前行的科学领域，没有人能为他们指点迷津。卡里说："我们在黑暗中摸索了很长时间，当时并没有任何公认的研究方法。"经过一年半的尝试和挫折后，埃里克和卡里还是得不出结论。他们没有获取确凿的证据来证明其猜想。

这样的实验要耗费许多资源，埃里克和卡里也开始对研究项目的可行性提出了质疑。此时，他们必须思考何时放弃项目并将损失控制在一定范围内。即便整体理论成立，大众情绪确实能影响到股市，那么焦虑指数是否能精确跟踪大众情绪的波动呢？

但新的希望又开始出现。当他们重新观察这些数据时，忽然又想到了新的方法。

7.3 数据具有内在预测性

大部分数据的堆积都不是为了预测，但预测分析系统能从这些庞大的数据中学到预测未来的能力，正如你可以从自己的经历中汲取经验教训那样。

数据最激动人心的不是其数量，而是其增长速度。我们会敬畏数据的庞大数量，因为有一点永远不会变，那就是：今天的数据必然比昨天多。规模是相对的，而不是绝对的。数据规模并不重要，重要的是膨胀速度。

世上万物均有关联，只不过有些是间接关系，这在数据中也有反映。例如：

- 你的购买行为与你的消费历史、在线习惯、支付方式以及社会交往人群相关。数据能从这些因素中预测出消费者的行为。
- 你的身体健康状况与生命选择和环境有关，因此数据能通过小区以及家庭规模等信息来预测你的健康状态。
- 你对工作的满意程度与你的工资水平、表现评定以及升职情况相关，而数据则能反映这些现实。
- 经济行为与人类情感相关，因此正如下文所述，数据也将反映这种关系。

数据科学家通过预测分析系统不断地从数据堆中找到规律。如果将数据整合在一起，尽管你不知道自己将从这些数据里发现什么，但至少能通过观测解读数据语言来发现某些内在联系。数据效应就是这么简单。

预测常常是从小处入手。预测分析是从预测变量开始的，这是对个人单一值的评测。近期性就是一个常见的变量，表示某人最近一次购物、最近一次犯罪或最近一次

---

① 标准·普尔 500 指数是由标准·普尔公司 1957 年开始编制的。最初由 425 种工业股票、15 种铁路股票和 60 种公用事业股票组成。从 1976 年 7 月 1 日开始，其成份股改由 400 种工业股票、20 种运输业股票、40 种公用事业股票和 40 种金融业股票组成。与道·琼斯工业平均股票指数相比，标准·普尔 500 指数具有采样面广、代表性强、精确度高、连续性好等特点，被普遍认为是一种理想的股票指数期货合约的标的。

发病到现在的时间，近期值越接近现在，观察对象再次采取行动的概率就越高。许多模型的应用都是从近期表现最积极的人群开始的，无论是试图建立联系、开展犯罪调查还是进行医疗诊断。

与此相似，频率——描述某人做出相同行为的次数也是常见且富有成效的指标。如果有人此前经常做某事，那么他再次做这件事的概率就会很高。实际上，预测就是根据人的过去行为来预见其未来行为。因此，预测分析模型不仅要靠那些枯燥的基本人口数据，如住址、性别等，而且也要涵盖近期性、频率、购买行为、经济行为以及电话和上网等产品使用习惯之类的行为预测变量。这些行为通常是最有价值的，因为我们要预测的就是未来是否还会出现这些行为，这就是通过行为来预测行为的过程。正如哲学家萨特所言："人的自我由其行为决定。"

预测分析系统会综合考虑数十项甚至数百项预测变量。把个人的全部已知数据都输入系统，然后等着系统运转，系统内综合考量这些因素的核心学习技术正是科学的魔力所在。

7.4　情感的因果关系

埃里克·吉尔伯特和卡里·卡拉哈里奥斯想要证明的是博客与大众情感是否存在联系，而不是探究这两者之间是否存在因果关系。"显然，我们不是在寻找因果关系。"他们在发表的某篇研究文章中写道。他们不需要去建立因果关系，他们想要证明的仅仅是焦虑指数每日波动与经济活动日常起落之间存在某种联系。如果这种联系存在，那就足以证明，焦虑指数能够反映现实而不是纯粹的主观臆想。为了寻求这种抽象联系，埃里克和卡里打破了常规。

7.4.1　焦虑指数与标普 500 指数

在普通的研究项目中，如果要证明两个事物之间存在联系，那么首先要假定两者之间存在某种确定的关系。某位批评人士说，埃里克和卡里的研究缺乏"可接受的研究方法"，很难证明这种联系是真实的。当研究领域从个体的心理活动转向人类集体的情感变化时，摆在我们面前的是各种可能存在的因果关系。是艺术反映了现实，还是现实反映了艺术？博客反映了世界现象，还是推动了世界现象？人类的整体情感如何强化升级？情感是否会像涟漪那样在人群间传递？在谈到集体心理时，弗洛伊德曾说："组建团队最为明显也是最为重要的后果就是每个成员的'情感升华与强化'。"2008 年，哈佛大学和其他一些研究机构的研究证明了这个观点，因为幸福感可以像"传染病"那样在社交网站上蔓延。那么，博客中所表现出来的焦虑是否会影响到股市呢？

埃里克和卡里的研究没有预先设定任何假设。尽管集体心理和情绪具有不可捉摸的复杂性，但这两位研究人员也接受了宽泛的假设，即焦虑象征着经济无活力。如果投资者某天感到焦虑，那么他所采取的策略就是利用套现来抵御市场波动，当投资者重新变得冷静自信时，他就会愿意承担风险而选择买入。买入越多，股价越高，标普 500 指数也就越高。

但从某种意义上说，情绪与股价之间的关系变幻莫测，令人着迷。大千世界中的芸芸众生认为，情绪和行动之间、人与人之间以及表达情感者和最终行动者之间存在着因果关系。数据显示，这些因果关系会相互作用，我们可通过预测技术来发现数据中隐藏的规律。

埃里克和卡里做了无数的尝试，但需要验证的内容实在是太复杂。如果说公众的焦虑情绪指数确实能预测股价，那么它能提前多久预测到呢？公众的焦虑情绪需要多少天才会对经济产生影响？大家应该在晚一天还是晚一个月来看待焦虑对股价的影响呢？影响到底会表现在哪里呢，是市场总的运行趋势还是股市绝对值或交易量呢？最初的发现让这两位研究者欲罢不能，但他们又无法得出清晰的结论。实验的结果并不足以支持他们得出结论。

直到某天他们将数据视图化之后，其研究才出现转机。通过图表，肉眼立刻发现了其中存在的预测模型（见图7-6）。

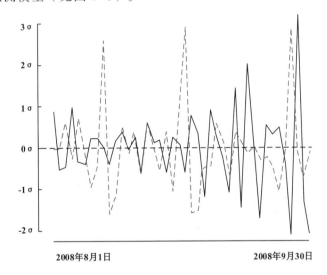

图 7-6　焦虑指数与标普 500 指数的走势对照

注：焦虑指数（虚线）和标普 500 指数走势（实线）交错产生了诸多的菱形空间。焦虑指数大概落后两天。

这两条线呈犬牙状交错，由此产生了诸多的菱形方格。这些菱形方格之所以会出现，是因为当一条线上升时，另一条线会下降，两者仿佛互成镜像。这种对立构成了两者关系可预测性的重要依据，原因有二：

（1）用虚线表示的焦虑指数与标普 500 指数呈反相关关系。"焦虑程度越高，对市场的负面影响越大。"

（2）在此图像中，用虚线表示的焦虑指数是以两天为单位的，因此其走势是在对应的标普 500 指数走势的两天之前，由此可预见市场的走势。这是可预测的。

通过移动这些重复部分的时间轴，再通过调整设置，埃里克和卡里可用视图化的方式查看其他时间段是否存在相似的菱形方格，这些方格中就有可能蕴含着预测模型。如图7-6所示，上面的菱形方格并不完全规范，但两条线所呈现的反相关关系依然存在，这就为预测提供了基础。

调整这些菱形方格的关键是对情感形成正确解读。尤其需要指出的是，情感强度都是相对的。正是情感强度的变化让我们发现了其中的规律。焦虑指数并不是指焦虑水平的绝对值，而是从第一天到第二天的整体焦虑变化程度。当博主们的焦虑情绪增多时，该指数就会上涨；当博主们的焦虑情绪减少时，该指数就会下跌。焦虑指数是从含焦虑情绪和不含焦虑情绪的博客中获取的。

计算焦虑指数指的是"引发焦虑"的运算，但这种运算相对简单，即选定同一批文章，观测其在第一天中表现出的焦虑情绪和在第二天中表现出的焦虑情绪。

7.4.2 验证情感和被验证的情感

尽管直观图形让人们进一步理解了这种假设关系，但它并不能证明这种假设是成立的。接下来，埃里克和卡里要"正式测试焦虑、恐惧和担忧……与股市之间的关系"。他们计算了 2008 年 174 个交易日的焦虑指数并查看了这段时间 LiveJournal 网站上超过 2 000 万篇博客，然后将每日的博客所表现出的情绪与当天的标普 500 指数进行对照。然后，他们用诺贝尔经济学奖获得者克莱夫·格兰杰研发的模型进行预测关系统计测试。

结果证明，这一假设是正确的。其研究表明，通过公众情绪可预测股市走势（见图 7-7）。埃里克和卡里极其兴奋，立刻将此发现写成了论文，提交给某大会："焦虑情绪的增加……预示着标普 500 指数的下降。"

图 7-7　情感与股市行情

统计测试发现，焦虑指数"具有与股市相关的新型预测信息"。这说明，焦虑指数具有创新性、独创性和预测性，该指数更能预测股价的走势而不是去分析股市变动的原因。此外，该指数还能帮助人们通过近期市场活动来预测未来市场走势，由此也进一步证明了该指数的创新性。

这不是预测标普 500 指数的具体涨跌，而是预测其变动的速率（是加速上涨还是加速下跌）。对此，研究人员指出，焦虑可让股价减缓上涨，却可让其加速下跌。这种加速关系体现在图 7-6 菱形方格的实线上。

这个发现具有开创性的意义，因为人们第一次确立了大众情绪与经济之间的关系。事实上，其创新意义远超于此，这是在集体情感状态与可测量行动之间建立了科学关系，是历史上人们首次从随机自发的人类行为中总结出可测量的大众情感指标，它使这一领域的研究跨出了实验室的门槛而走入了现实世界。

情绪是会下金蛋的鹅，大众情绪的波动影响着股市的走势，但股市却无法影响大众情绪。在这里，并不存在"鸡生蛋、蛋生鸡"的繁复关系。当埃里克和卡里试着通过股市表现来判断大众情绪时，他们发现，这种反向的对应关系并不成立。他们完全找不着规律。或许经济活动只是影响大众情绪的诸多因素之一，而大众情绪却能在很大程度上决定经济活动。它们之间只存在单向关系。

7.4.3 情绪指标影响金融市场

埃里克和卡里发现，最关心他们研究成果的并不是学术圈的同行，而是那些正在对冲基金[①]工作或准备创立对冲基金的人。股市交易员对此发现垂涎三尺，有些人甚至开始在他们的研究基础上构建和拓展交易系统。

越来越多的人意识到，必须掌握博客等互联网文本中所隐含的情绪和动机，对于投资决策者而言，这与传统的经济指标几乎同样重要（见图7-8）。小型新锐投资公司 AlphaGenius 的首席执行官兰迪·萨夫曾在 2012 年旧金山文本分析世界大会上表示："我们将'情绪'视为一种资产，与外国市场、债券和黄金市场类似。"他说，自己的公司"每天都在关注数以千计的某社交网站 T 发言和互联网评论，来

图 7-8　情绪影响股市

发现某证券品种是否出现了买入或卖出信号。如果这些信号显示某证券价格波动超过了合理区间，那么我们就会马上交易"。另一家对冲基金公司"德温特资本市场"则公开了所有依据公众情绪进行投资的举措，荷兰公司 SNTMNT 则为所有人提供了基于某社交网站 T 上的公众情绪来进行交易的 API（应用程序界面）。"现在，许多聪明人士开始悄悄利用新闻和某社交网站 T 上表露出的情绪做交易。"金融交易和预测分析专家本恩·吉本特在给我的一封电邮中这样写道。

实际上，现实生活中并没有公开的充分证据表明，通过情绪就能精准预测市场并大发其财。焦虑指数的预测性在 2008 年得到了验证，但 2008 年正是金融危机深化、经济状况恶化的特殊年份。因此，在其他年份，博客上可能不会出现那么多关于经济的、表现出某种情绪的文章。关于对冲基金通过把握大众情绪取得成功的故事，我们虽然常有耳闻，但这些故事往往都语焉不详。

在埃里克和卡里之后，许多研究都宣称能精准预测市场走势，但这些论断都有待科学验证和观察。而且，这一模式也不见得会持续下去。正如某投资公司在谈到风险时经常说的，"过去的投资表现并不是对未来收益的担保"，因此我们从来不能完全保证历史模式必然会重现。

金融界似乎一直都在绞尽脑汁地寻找赚钱良方，因此任何包含预测性信息的创新源泉都不会逃过其法眼。"情绪数据"的非凡之处决定了其应用价值空间。只有当指

---

　　① 对冲基金：采用对冲交易手段的基金，也称避险基金或套期保值基金。是指金融期货和金融期权等金融衍生工具与金融工具结合后以营利为目的的金融基金。它是投资基金的一种形式，意为"风险对冲过的基金"。

标具有预测性，并且不在既有的数据来源内时，它才能改善预测效果。这样的优势足以带来上百万美元的收益。

焦虑指数预示着不可遏制的潮流：性质不同的各类数据，其数量在不断膨胀，而各组织机构正努力创新，从中汲取精华。正如其他数据来源一样，要想充分利用其预测功能，那么情绪指标也必须配合其他来源的数据使用。预测分析就仿佛是一个面缸，所有的原材料都必须经过充分"搅拌"后才能改善决策。要想实现这一目标，我们必须应对最核心的科学挑战：将各种数据流有序地结合起来，以此改善决策。

【实验与思考】大数据准备度自我评分表

1．实验目的

（1）熟悉大数据预测分析的基本概念和主要内容。

（2）通过 DELTTA 模式下的《企业大数据准备度自我评分表》，了解企业开展大数据应用与分析所需要做的准备工作。

2．工具/准备工作

在开始本实验之前，请认真阅读课程的相关内容。

需要准备一台带有浏览器，能够访问因特网的计算机。

3．实验内容与步骤

所谓 DELTTA 模式，即通过数据（Data）、企业（Enterprise）、领导团队（Leadership）、目标（Target）、技术（Technology）、分析（Analysis）这样一些元素分析，来判断组织在内部建立数据分析的能力。

《大数据准备度自我评分表》可用于判断企业（组织、机构）是否做好了实施大数据计划的准备。它根据 DELTTA 模式，每个因子有 5 个问题，每个问题的回答都分成 5 个等级，即非常不同意、有些不同意、普通、有些同意和非常同意。

除非有什么原因需要特别看重某些问题或领域，否则直接计算每项因子的平均得分，以求出该因子的得分。也可以再把各因子的得分再结合起来，求出准备度的总得分。

用于评估大数据准备度的问题集适用于全公司或特定事业单位，应该由熟悉全公司或该部门如何面对大数据的人来回答这些问题。

请记录（或假设）你所服务的企业的基本情况：

企业名称：_____

主要业务：_____

企业规模：☐ 大型企业　　☐ 中型企业　　☐ 小型企业

请在表 7-1 中为你所在的企业开展大数据应用进行自我评分，并从中体会开展大数据应用与分析需要做的必要准备。

表7-1 大数据准备度自我评分表

评价指标		分析测评结果					备 注
		非常同意	有些同意	普通	有些不同意	非常不同意	
资 料							
1	我们能取得极庞大的未结构化或快速变动的数据供分析之用						
2	我们会把来自多个内部来源的数据，结合到数据仓库或数据超市，以利取用						
3	我们会整合内外部数据，借以对事业环境做有价值的分析						
4	我们对于所分析的数据会维持一致的定义与标准						
5	使用者、决策者，以及产品开发人员，都信任我们数据的品质						
企 业							
6	我们会运用结合了大数据与传统数据分析的手法实现组织目标						
7	我们组织的管理团队可确保事业单位与部门携手合作，为组织决定大数据及数据分析的有限顺序						
8	我们会安排一个让数据科学家与数据分析专家能够在组织内学习与分享能力的环境						
9	我们的大数据及数据分析活动与基础架构，将有充足资金及其他资源的支持，用于打造我们需要的技能						
10	我们会与网络同伴、顾客及事业生态系统中的其他成员合作，共享大数据内容与应用						
领导团队							
11	我们的高层主管会定期思考大数据与数据分析可能为公司带来的机会						
12	我们的高层主管会要求事业单位与部门领导者，在决策与事业流程中运用大数据与数据分析						
13	我们的高层主管会利用大数据与数据分析引导策略性与战略性决策						
14	组织中基层管理者会利用大数据与数据分析引导决策						
15	我们的高层管理者会指导与审核建置大数据资产（数据、人才、软硬件）的优先次序及建置过程						

评 价 指 标	分析测评结果					备 注
	非常同意	有些同意	普通	有些不同意	非常不同意	
目　　标						
16　我们的大数据活动会优先用来掌握有助于与竞争对手差化、潜在价值高的机会						
17　我们认为,运用大数据发展新产品与新服务业是一种创新程序						
18　我们会评估流程、策略与市场,以找出在公司内部运用大数据与数据分析的机会						
19　我们经常实施数据驱动的实验,以搜集事业中哪些部分运作得顺利,哪些部分运作得不顺利的数据						
20　我们会在数据分析与数据的辅助下评价现有决策,以评估为结构化的新数据是否能提供更好的模式						
技　　术						
21　我们已探索并行运算方法（如Hadoop）,或已用它来处理大数据						
22　我们善于在说明事业议题或决策时使用数据可视化手段						
23　我们已探索过以云端服务处理数据或进行数据分析,或是已实际这么做						
24　我们已探索过用开源软件处理大数据与数据分析,或是已实际这么做						
25　我们已探索过用于处理未结构化数据（或文字、视频或图片）的工具,或是已实际采用						
数据分析人员与数据科学家						
26　我们有足够的数据科学家与数据分析专家等人才,帮助实现数据分析的目标						
27　我们的数据科学家与数据分析专家,在关键决策与数据驱动的创新上提供的意见,收到高层管理者的信任						
28　我们的数据科学家与数据分析专家,能了解大数据与数据分析要应用在哪些事业范畴与程序上						
29　我们的数据科学家、量化分析师与数据管理专家,能有效以团队合作方式发展大数据与数据分析计划						
30　公司内部对员工设有培养数据科学与数据分析技能的课程(无论是内部课程或与外面的组织合作开设)						
合　　计						

说明:“非常同意”5分,“有些同意”4分,“普通”3分,余类推。全表满分为150分,你的测评总分为_____分。

4. 实验总结

_____

_____

_____

_____

5. 实验评价（教师）

_____

_____

第8章

支撑大数据的技术 ‹‹‹

【案例导读】亚马逊，数据在云端

　　市场上有两种并行趋势。首先，数据量在不断增长。现在越来越多的数据以照片、推文、点"赞"以及电子邮件的形式出现；这些数据又有与之相联系的其他数据；机器生成的数据则以状态更新及其他信息的形式存在，而其他信息包括源自服务器、汽车、飞机、移动电话等设备的信息。结果，处理所有这些数据的复杂性也随之升高。更多的数据意味着它们需要进行整合、理解以及提炼，也意味着数据安全及数据隐私方面存在更高的风险。在过去，公司将内部数据（如销售数据）和外部数据（如品牌情绪或市场研究数字）区别对待，现在则希望将这些数据进行整合，以利用由此产生的洞察分析。

　　其次，企业正将计算和处理的环节转移到云中。这就意味着不必购买硬件和软件，只需将之安装到自己的数据中心，然后对基础设施进行维护，企业就可以在网上获得想要的功能。软营模式（Software as a Service，SaaS）公司 Salesforce.com 开创了在网上以"无软件"模式为客户关系管理（CRM）应用程序交付的先例。这家公司随后建立了一个服务生态系统，以补充其核心的 CRM 解决方案。

　　与此同时，亚马逊也为必要的基础设施铺平了道路——使用亚马逊 Web 服务（AWS）在云中计算和存储。亚马逊在 2003 年推出了 AWS，希望从 Amazon.com 商店运行所需的基础设施上获利。然后，亚马逊继续增加其按需基础设施服务，让开发商迅速带来新的服务器、存储器及数据库。亚马逊也引进了特定的大数据服务，其中包括 Amazon MapReduce（一项开源 Hadoop-MapReduce 服务的亚马逊云版本）以及 Amazon RedShift（一项数据仓库按需解决方案）。亚马逊预计该方案每年每太字节（TB）的成本仅为 1 000 美元——不到公司一般内部部署数据仓库花费的 1/10，换言之，通常公司每年每太字节的成本超过 1 万美元。同时，亚马逊公司提供的在线备份服务 Amazon Glacier 提供低成本数字归档服务，该服务每月每千兆字节的费用仅为 0.01 美元，约合每年每太字节 120 美元。

　　和其他供应商相比，亚马逊有两大优势。第一，它具有非常著名的消费者品牌；第二，它也从支持网站 Amazon.com 而获得的规模经济以及其基础设施服务的其他广泛客户中受益。虽然其他一些著名公司也提供云基础设施，包括谷歌及其谷歌云平台，还有微软及其 Windows Azure，但亚马逊已为此铺平了道路，并以 AWS 占据了有利位置。

　　所有这些云服务胜过传统服务的优势在于，顾客只为使用的东西消费。这尤其对创业公司有利，它们可以避免高昂的先期投入，而这通常涉及购买、部署、管理服务器和存储基础设施。

AWS 让世人见证了其惊人的增长速度。这项服务在 2012 年为公司财政收入增添了约 150 亿美元。截至 2012 年 6 月，亚马逊简单存储服务 Simple Storage Service (S3) 的存储量超过 1 万亿太字节，每秒新增存储量超过 4 万。而在 2006 年年末，当时的存储量还仅为 290 亿太字节，到 2010 年年末为 2 620 亿太字节。像 Netflix、Dropbox 这样的公司就在 AWS 上经营业务。之后亚马逊继续拓展其按需基础设施服务，增加了 IP 路由选择、电子邮件发送以及大量与大数据相关的服务。亚马逊也和一个合作伙伴的生态系统合作，为他们提供基础设施产品。因此，任何新出现的基础设施创业公司想要构建公共云产品，要做的很可能就是：想办法与亚马逊合作，或者期待公司创造出有竞争力的产品。

阅读上文，请思考、分析并简单记录：

（1）亚马逊既是非常著名的消费者品牌，又是云计算基础设施服务供应商，你了解其中的关系吗？

答：_____

_____

（2）亚马逊提供的主要的云计算服务是什么？

答：_____

_____

（3）还有哪些著名的国际化企业在向社会提供云计算服务？

答：_____

_____

（4）简单描述你所知道的上一周发生的国际、国内或者身边的大事。

答：_____

_____

_____

8.1 大数据在云端

所谓基础设施，是指在 IT 环境中，为具体应用提供计算、存储、互联、管理等基础功能的软硬件系统。在信息技术发展的早期，IT 基础设施往往由一系列昂贵的、经过特殊设计的软硬件设备组成，存储容量非常有限，系统之间也没有高效的数据交换通道，应用软件直接运行在硬件平台上。在这种环境中，用户不容易、也没有必要去区分哪部分属于基础设施，哪部分是应用软件。然而，随着对新应用的需求不断涌现，IT 基础设施发生了翻天覆地的变化。

8.1.1　云计算概述

摩尔定律在过去的几十年书写了奇迹，并且奇迹还在延续。在这奇迹的背后，是越来越廉价、越来越高效的计算能力。有了强大的计算能力，人类可以处理更为庞大的数据，而这又带来对存储的需求。再之后，就需要把并行计算的理论搬上台面，更大限度地挖掘 IT 基础设施的潜力。于是，网络也蓬勃发展起来。由于硬件已经变得前所未有的复杂，专门管理硬件资源、为上层应用提供运行环境的系统软件也顺应历史潮流，迅速发展壮大。

基于大规模数据的系列应用正在悄然推动着 IT 基础设施的发展，尤其是大数据对海量、高速存储的需求。为了对大规模数据进行有效的计算，必须最大限度地利用计算和网络资源。计算虚拟化和网络虚拟化要对分布式、异构的计算、存储、网络资源进行有效的管理。

所谓"云计算"（Cloud Computing，见图 8-1），是一种基于互联网的计算方式，通过这种方式，共享的软硬件资源和信息可以按需求提供给计算机和其他设备。云计算为我们提供了跨地域、高可靠、按需付费、所见即所得、快速部署等能力，这些都是长期以来 IT 行业所追寻的。随着云计算的发展，大数据正成为云计算面临的一个重大考验。

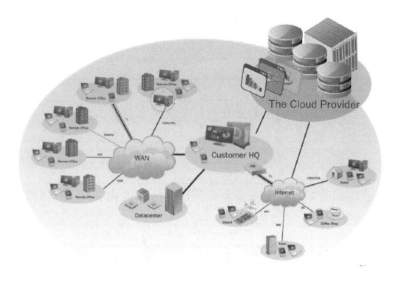

图 8-1　云计算

云是网络、互联网的一种比喻说法。过去在图中往往用云来表示电信网，后来也用来表示互联网和底层基础设施的抽象。云计算是继 20 世纪 80 年代大型计算机到客户端-服务器的大转变之后的又一种巨变。用户不再需要了解"云"中基础设施的细节，不必具有相应的专业知识，也无需直接进行控制。云计算描述了一种基于互联网的新的 IT 服务增加、使用和交付模式，通常涉及通过互联网来提供动态易扩展，而且经常是虚拟化的资源，它意味着计算能力也可作为一种商品通过互联网进行流通。

百度的定义是：云计算是基于互联网相关服务的增加、使用和交付模式，通常涉及通过互联网来提供动态易扩展且经常虚拟化的资源。

美国国家标准与技术研究院（NIST）的定义是：云计算是一种按使用量付费的模式，这种模式提供可用的、便捷的、按需的网络访问，进入可配置的计算资源共享池（资源包括网络、服务器、存储、应用软件、服务），这些资源能够被快速提供，只需投入很少的管理工作，或与服务供应商进行很少的交互。

云计算是分布式计算（Distributed Computing）、并行计算（Parallel Computing）、效用计算（Utility Computing）、网络存储（Network Storage Technologies）、虚拟化（Virtualization）、负载均衡（Load Balance）等传统计算机和网络技术发展融合的产物。

8.1.2 云计算的服务形式

云计算按照服务的组织、交付方式的不同，有公有云、私有云、混合云之分。公有云向所有人提供服务，典型的公有云提供商是亚马逊，人们可以用相对低廉的价格方便地使用亚马逊 EC2 的虚拟主机服务。私有云往往只针对特定客户群提供服务，比如一个企业内部 IT 可以在自己的数据中心搭建私有云，并向企业内部提供服务。目前也有部分企业整合了内部私有云和公有云，统一交付云服务，这就是混合云。

云计算包括以下几个层次的服务：基础设施即服务（IaaS），平台即服务（PaaS）和软件即服务（SaaS）。这里，分层体系架构意义上的"层次"IaaS、PaaS 和 SaaS 分别在基础设施层、软件开放运行平台层和应用软件层实现。

IaaS（Infrastructure as a Service）：基础设施级服务。消费者通过因特网可以从完善的计算机基础设施获得服务。

IaaS 通过网络向用户提供计算机（物理机和虚拟机）、存储空间、网络连接、负载均衡和防火墙等基本计算资源；用户在此基础上部署和运行各种软件，包括操作系统和应用程序。例如，通过亚马逊的AWS，用户可以按需定制所要的虚拟主机和块存储等，在线配置和管理这些资源。

PaaS（Platform as a Service）：平台级服务。PaaS 实际上是指将软件研发的平台作为一种服务，以 SaaS 的模式提交给用户。因此，PaaS 也是 SaaS 模式的一种应用。但是，PaaS 的出现可以加快 SaaS 的发展，尤其是加快 SaaS 应用的开发速度。

平台通常包括操作系统、编程语言的运行环境、数据库和 Web 服务器，用户在此平台上部署和运行自己的应用。用户不能管理和控制底层的基础设施，只能控制自己部署的应用。目前常见的 PaaS 提供商有 CloudFoundry、谷歌的 GAE 等。

SaaS（Software as a Service）：软件级服务。它是一种通过因特网提供软件的模式，用户无需购买软件，而是向提供商租用基于 Web 的软件，来管理企业经营活动，例如邮件服务、数据处理服务、财务管理服务等。

8.1.3 云计算与大数据

信息技术的发展主要解决的是云计算中结构化数据的存储、处理与应用。结构化数据的特征是"逻辑性强"，每个"因"都有"果"。然而，现实社会中大量数据事实上没有"显现"的因果关系，如一个时刻的交通堵塞、天气状态、人的心理状态等，它的特征是随时、海量与弹性的，如一个突变天气分析会包含有几百个 PB 数据。而一个社会事件如乔布斯去世瞬间所产生在互联网上的数据（微博、纪念、文章、视频等）也是突然爆发出来的。

传统的计算机设计与软件都是以解决结构化数据为主，对"非结构"要求一种新的计算架构。互联网时代，尤其是社交网络、电子商务与移动通信把人类社会带入一个以"PB"为单位的结构与非结构数据信息的新时代，它就是"大数据"（Big Data）时代。

云计算和大数据在很大程度上是相辅相成的，最大的不同在于：云计算是你在做的事情，而大数据是你所拥有的东西。以云计算为基础的信息存储、分享和挖掘手段为知识生产提供了工具，而通过对大数据进行分析和预测会使决策更加精准，两者相得益彰。从另一个角度讲，云计算是一种 IT 理念、技术架构和标准，而云计算也不可避免地会产生大量的数据。所以说，大数据技术与云计算的发展密切相关，大型的云计算应用不可或缺的就是数据中心的建设（见图 8-2），大数据技术是云计算技术的延伸。

图 8-2　位于美国爱荷华州的谷歌数据中心（占地 1 万平方米）

大数据为云计算大规模与分布式的计算能力提供了应用的空间，解决了传统计算机无法解决的问题。国内有很多电商企业，用小型机和 Oracle 公司对抗了好几年，并请了全国最牛的 Oracle 专家不停地优化其 Oracle 和小型机，初期发展可能很快，但是后来由于数据量激增，业务开始受到严重影响，一个典型的例子就是某网上商城之前发生的大规模访问请求宕机事件，因此他们开始逐渐放弃了 Oracle 或者 MS-SQL，并逐渐转向 MySQL x86 的分布式架构。目前的基本计算单元常常是普通的 x86 服务器，它们组成了一个大的云，而未来的云计算单元里可能有独立的存储单元、计算单元、协调单元，总体的效率会更高。

海量的数据需要足够的存储来容纳它，快速、低廉价格、绿色的数据中心部署成为关键。Google 等公司都纷纷建设新一代的数据中心，大部分都采用更高效、节能、订制化的云服务器，用于大数据存储、挖掘和云计算业务。

数据中心正在成为新时代知识经济的基础设施。从海量数据中提取有价值的信息，数据分析使数据变得更有意义，并将影响政府、金融、零售、娱乐、媒体等各个领域，带来革命性的变化。

8.1.4　云基础设施

大数据解决方案的构架离不开云计算的支撑。支撑大数据及云计算的底层原则是一样的，即规模化、自动化、资源配置、自愈性，这些都是底层的技术原则。也可以说，大数据是构建在云计算基础架构之上的应用形式，因此它很难独立于云计算架构而存在。云计算下的海量存储、计算虚拟化、网络虚拟化、云安全及云平台就像支撑大数据这座大楼的钢筋水泥。只有好的云基础架构支持，大数据才能立起来，站得更高。

虚拟化（Virttualization）是云计算所有要素中最基本，也是最核心的组成部分。和云计算在最近几年才出现不同，虚拟化技术的发展其实已经走过了半个多世纪（1956）。在虚拟化技术的发展初期，IBM 是主力军，它把虚拟化技术用在了大型机领域。1964 年，IBM 设计了名为 CP-40 的新型操作系统，实现了虚拟内存和虚拟机。到 1965 年，IBM 推出了 System/360 Model 67（见图 8-3）和 TSS 分时共享系统（Time Sharing System），允许很多远程用户共享同一高性能计算设备的使用时间。1972 年，IBM 发布了用于创建灵活大型主机的虚拟机技术，实现了根据动态需求快速而有效地使用各种资源的效果。作为对大型机进行逻辑分区以形成若干独立虚拟机的一种方式，这些分区允许大型机进行"多任务处理"——同时运行多个应用程序和进程。由于当时大型机是十分昂贵的资源，虚拟化技术起到了提高投资利用率的作用。

图 8-3　IBM System/360

利用虚拟化技术，允许在一台主机上运行多个操作系统，让用户尽可能地充分利用昂贵的大型机资源。其后，虚拟化技术从大型机延伸到 UNIX 小型机领域，HP、Sun（已被 Oracle 收购）及 IBM 都将虚拟化技术应用到其小型机中。

1998 年，VMware 公司成立，这是在 x86 虚拟化技术发展史上很重要的一个里程碑。VMware 发布的第一款虚拟化产品 VMware Virtual Platform，通过运行在 Windows NT 上的 VMware 来启动 Windows 95，开启了虚拟化在 x86 服务器上的应用。

相比于大型机和小型机，x86 服务器和虚拟化技术并不是兼容得很好。但是 VMware 针对 x86 平台研发的虚拟化技术不仅克服了虚拟化技术层面的种种挑战，其提供的 VMware Infrastructure 更是极大地方便了虚拟机的创建和管理。VMware 对虚拟化技术的研究，开创了虚拟化技术的 x86 时代，在很长一段时间内，服务器虚拟化市场都是 VMware 一枝独秀。

虚拟化技术中最核心的部分分别是计算虚拟化、存储虚拟化和网络虚拟化。

8.2　计算虚拟化

计算虚拟化，又称平台虚拟化或服务器虚拟化，它的核心思想是使在一个物理计算机上同时运行多个操作系统成为可能。在虚拟化世界中，我们通常把提供虚拟化能力的物理计算机称为宿主机（Host machine），而把在虚拟化环境中运行的计算机称为客户机（Guest machine）。宿主机和客户机虽然运行在同样的硬件上，但是它们在逻辑上却是完全隔离的。

这些虚拟计算机（以及物理计算机）在逻辑上是完全隔离的，拥有各自独立的软、硬件环境。讨论计算虚拟化，所涉及的计算机仅包含构成一个最小计算单位所需的部件，其中包括处理器（CPU）和内存，不包含任何可选的外接设备（如主板、硬盘、网卡、显卡、声卡等）。

计算虚拟化是大数据处理不可缺少的支撑技术，其作用体现在提高设备利用率、提高系统可靠性、解决计算单元管理问题等方面。将大数据应用运行在虚拟化平台上，可以充分享受虚拟化带来的管理红利。例如，虚拟化可以支持对虚拟机的快照（Snapshot）操作，从而使得备份和恢复变得更加简单、透明和高效。此外，虚拟机还可以根据需要动态迁移到其他物理机上，这一特性可以让大数据应用享受高可靠性和容错性。

虚拟机（Virtual Machine，VM）是对物理计算机功能的一种软件模拟（部分或完全的），其中的虚拟设备在硬件细节上可以独立于物理设备。虚拟机的实现目标通常是可以在其中不经修改地运行那些原本为物理计算机设计的程序。通常情况下，多台虚拟机可以共存于一台物理机上，以期获得更高的资源使用率以及降低整体的费用。虚拟机之间是互相独立、完全隔离的。

虚拟机管理器（Virtual Machine Monitor，VMM）又称虚拟机管理程序，通常又称为 Hypervisor，是在宿主机上提供虚拟机创建和运行管理的软件系统或固件。Hypervisor 可以归纳为两个类型：原生的 Hypervisor 和托管的 Hypervisor。前者直接运行在硬件上去管理硬件和虚拟机，常见的有 XenServer、KVM、VMware ESX/ESXi 和微软的 Hyper-V。后者则运行在常规的操作系统上，作为第二层的管理软件存在，而客户机相对硬件来说则是在第三层运行，常见的有 VMware Workstation 和 Virtual Box。

8.3　网络虚拟化

网络虚拟化，简单来讲是指把逻辑网络从底层的物理网络分离开来，包括网卡的虚拟化、网络的虚拟接入技术、覆盖网络交换，以及软件定义的网络等。这个概念产生已久，VLAN、VPN、VPLS 等都可以归为网络虚拟化的技术。近年来，云计算的浪潮席卷 IT 界。几乎所有的 IT 基础构架都在朝着云的方向发展。在云计算的发展中，虚拟化技术一直是重要的推动因素。作为基础构架，服务器和存储的虚拟化已经发展得有声有色，而同作为基础构架的网络却还是一直沿用老的套路。在这种环境下，网络确实期待一次变革，使之更加符合云计算和互联网发展的需求。

在云计算的大环境下，网络虚拟化的定义没有变，但是其包含的内容却大大增加（如动态性、多租户模式等）。网络虚拟化涉及的技术范围相当宽泛，包括网卡的虚拟化、虚拟交换技术、网络虚拟接入技术、覆盖网络交换，以及软件定义的网络，等等。

相对于普通应用，大数据的分析与处理对网络有着更高的要求，涉及从带宽到延时，从吞吐率到负载均衡，以及可靠性、服务质量控制等方方面面。同时随着越来越多的大数据应用部署到云计算平台中，对虚拟网络的管理需求就越来越高。首先，网络接入设备虚拟化的发展，在保证多租户服务模式的前提下，还能同时兼顾高性能与低延时、低 CPU 占用率。其次，接入层的虚拟化保证了虚拟机在整个网络中的可见性，使得基于虚拟机粒度（或大数据应用粒度）的服务质量控制成为可能。覆盖网络的虚拟化，一方面使得大数据应用能够得到有效的网络隔离，更好地保证了数据通信的安全；另一方面也使得应用的动态迁移更加便捷，保证了应用的性能和可靠性。软件定义的网络更是从全局的视角来重新管理和规划网络资源，使得整体的网络资源利用率得到优化利用。总之，网络虚拟化技术通过对性能、可靠性和资源优化利用的贡献，间接提高了大数据系统的可靠性和运行效率。

8.4 大数据存储

关于大数据，最容易想到的便是其数据量之庞大，如何高效地保存和管理这些海量数据是存储面临的首要问题。此外，大数据还有诸如种类结构不一、数据源杂多、增长速度快、存取形式和应用需求多样化等特点。

存储虚拟化最通俗的理解就是对一个或者多个存储硬件资源进行抽象，提供统一的、更有效率的全面存储服务。从用户的角度来说，存储虚拟化就像一个存储的大池子，用户看不到，也不需要看到后面的磁盘、磁带，也不必关心数据是通过哪条路径存储到硬件上的。

存储虚拟化有两大分类：块虚拟化（Block virtualizatlon）和文件虚拟化（File virtualization）。块虚拟化就是将不同结构的物理存储抽象成统一的逻辑存储。这种抽象和隔离可以让存储系统的管理员为终端用户提供更灵活的服务。文件虚拟化则是帮助用户在一个多结点的分布式存储环境中，再也不用关心文件的具体物理存储位置。

8.4.1 传统存储系统

计算机的外部存储系统如果从 1956 年 IBM 造出第一块硬盘算起，发展至今已经有半个多世纪了。在这半个多世纪里，存储介质和存储系统都取得了很大的发展和进步。当时，IBM 为 RAMAC 305 系统造出的第一块硬盘只有 5 MB 的容量，而成本却高达 50 000 美元，平均每 MB 存储需要 10 000 美元。而现在的硬盘容量可高达几个 TB，成本则降至差不多 8 美分/GB。

目前传统存储系统主要的 3 种架构，包括 DAS、NAS 和 SAN。

（1）DAS（Direct-Attached Storage，直连式存储）

顾名思义，这是一种通过总线适配器直接将硬盘等存储介质连接到主机上的存储方式，在存储设备和主机之间通常没有任何网络设备的参与。可以说 DAS 是最原始、最基本的存储架构方式，在个人电脑、服务器上也最为常见。DAS 的优势在于架构简单、成本低廉、读写效率高等；缺点是容量有限、难于共享，从而容易形成"信息孤岛"。

（2）NAS（Network-Attached Storage，网络存储系统）

NAS 是一种提供文件级别访问接口的网络存储系统，通常采用 NFS、SMB/CIFS 等网络文件共享协议进行文件存取。NAS 支持多客户端同时访问，为服务器提供了大容量的集中式存储，从而也方便了服务器间的数据共享。

（3）SAN（Storage Area Network，存储区域网络）

通过光纤交换机等高速网络设备在服务器和磁盘阵列等存储设备间搭设专门的存储网络，从而提供高性能的存储系统。

SAN 与 NAS 的基本区别，在于其提供块（Block）级别的访问接口，一般并不同时提供一个文件系统。通常情况下，服务器需要通过 SCSI 等访问协议将 SAN 存储映射为本地磁盘、在其上创建文件系统后进行使用。目前主流的企业级 NAS 或 SAN 存储产品一般都可以提供 TB 级的存储容量，高端的存储产品也可以提供高达几个 PB 的存储容量。

8.4.2 大数据时代的新挑战

相对于传统的存储系统，大数据存储一般与上层的应用系统结合得更紧密。很多新兴的大数据存储都是专门为特定的大数据应用设计和开发的，比如专门用来存放大量图片或者小文件的在线存储，或者支持实时事务的高性能存储等。因此，不同的应用场景，其底层大数据存储的特点也不尽相同（见图 8-4）。

图 8-4　存储系统

结合当前主流的大数据存储系统，可以总结出如下一些基本特点：

（1）大容量及高可扩展性

大数据的主要来源包括社交网站、个人信息、科学研究数据、在线事务、系统日志以及传感和监控数据等。各种应用系统源源不断地产生着大量数据，尤其是社交类网站的兴起，更加快了数据增长的速度。大数据一般可达到几个 PB 甚至 EB 级的信息量，传统的 NAS 或 SAN 存储一般很难达到这个级别的存储容量。因此，除了巨大的存储容量外，大数据存储还必须拥有一定的可扩容能力。扩容包括 Scale-up 和 Scale-out 两种方式。鉴于前者扩容能力有限且成本一般较高，因此能够提供 Scale-out 能力的大数据存储已经成为主流趋势。

（2）高可用性

对于大数据应用和服务来说，数据是其价值所在。因此，存储系统的可用性至关重要。平均无故障时间（MTTF）和平均维修时间（MTTR）是衡量存储系统可用性的两个主要指标。传统存储系统一般采用 RAID、数据通道冗余等方式保证数据的高可用性和高可靠性。除了这些传统的技术手段外，大数据存储还会采用其他一些技术。比如，分布式存储系统中多采用简单明了的多副本来实现数据冗余；针对 RAID 导致的数据冗余率过高或者大容量磁盘的修复时间过长等问题，近年来学术界和工业界研究或采用了其他的编码方式。

（3）高性能

在考量大数据存储性能时，吞吐率、延时和 IOPS 是其中几个较为重要的指标。对于一些实时事务分析系统，存储的响应速度至关重要；而在其他一些大数据应用场景中，每秒处理的事务数则可能是最重要的影响因素。大数据存储系统的设计往往需要在大容量、高可扩展性、高可用性和高性能等特性间做出一个权衡。

（4）安全性

大数据具有巨大的潜在商业价值，这也是大数据分析和数据挖掘兴起的重要原因之一。因此，数据安全对于企业来说至关重要。数据的安全性体现在存储如何保证数据完整性和持久化等方面。在云计算、云存储行业风生水起的大背景下，如何在多租户环境中保护好用户隐私和数据安全成了大数据存储面临的一个亟待解决的新挑战。

（5）自管理和自修复

随着数据量的增加和数据结构的多样化，大数据存储的系统架构也变得更加复杂，管理和维护便成了一大难题。这个问题在分布式存储中尤其突出，因此，能够实现自我管理、监测及自我修复将成为大数据存储系统的重要特性之一。

（6）成本

大数据存储系统的成本包括存储成本、使用成本和维护成本等。如何有效降低单位存储给企业带来的成本问题，在大数据背景下显得极为重要。如果大数据存储的成本降不下来，动辄几个 TB 或者 PB 的数据量将会让很多中小型企业在大数据掘金浪潮中望洋兴叹。

（7）访问接口的多样化

同一份数据可能会被多个部门、用户或者应用来访问、处理和分析。不同的应用系统由于业务不同可能会采用不同的数据访问方式。因此，大数据存储系统需要提供多种接口来支持不同的应用系统。

8.4.3 分布式存储

大数据导致了数据量的爆发式增长，传统的集中式存储（如 NAS 或 SAN）在容量和性能上都无法较好地满足大数据的需求。因此，具有优秀的可扩展能力的分布式存储成为大数据存储的主流架构方式。分布式存储多采用普通的硬件设备作为基础设施，因此，单位容量的存储成本也得到大大降低。另外，分布式存储在性能、维护性和容灾性等方面也具有不同程度的优势。

分布式存储系统需要解决的关键技术问题包括诸如可扩展性、数据冗余、数据一致性、全局命名空间、缓存等，从架构上来讲，大体上可以将分布式存储分为 C/S（Client Server）架构和 P2P（Peer-to-Peer）架构两种。当然，也有一些分布式存储中会同时存在这两种架构方式。

分布式存储面临的另外一个共同问题，就是如何组织和管理成员结点，以及如何建立数据与结点之间的映射关系。成员结点的动态增加或者离开，在分布式系统中基本上可以算是一种常态。

Eric Brewer 于 2000 年提出的分布式系统设计的 CAP 理论指出，一个分布式系统不可能同时保证一致性（Consistency）、可用性（Availability）和分区容忍性（Partition tolerance）这 3 个要素。因此，任何一个分布式存储系统也只能根据其具体的业务特征和具体需求，最大地优化其中的两个要素。当然，除了一致性、可用性和分区容忍性这 3 个维度，一个分布式存储系统往往会根据具体业务的不同，在特性设计上有不同的取舍，比如，是否需要缓存模块、是否支持通用的文件系统接口等。

8.4.4　云存储

云存储是由第三方运营商提供的在线存储系统，比如面向个人用户的在线网盘和而向企业的文件、块或对象存储系统等。云存储的运营商负责数据中心的部署、运营和维护等工作，将数据存储包装成为服务的形式提供给客户。云存储作为云计算的延伸和重要组件之一，提供了"按需分配、按量计费"的数据存储服务。因此，云存储的用户不需要搭建自己的数据中心和基础架构，也不需要关心底层存储系统的管理和维护等工作，并可以根据其业务需求动态地扩大或减小其对存储容量的需求。

云存储通过运营商来集中、统一地部署和管理存储系统，降低了数据存储的成本，从而也降低了大数据行业的准入门槛，为中小型企业进军大数据行业提供了可能性。比如，著名的在线文件存储服务提供商 Dropbox，就是基于 AWS（Amazon Web Services）提供的在线存储系统 S3 创立起来的。在云存储兴起之前，创办类似于 Dropbox 这样的初创公司几乎不太可能。

云存储背后使用的存储系统其实多是采用分布式架构，而云存储因其更多新的应用场景，在设计上也遇到了新的问题和需求。比如，云存储在管理系统和访问接口上大都需要解决如何支持多租户的访问方式，而多租户环境下就无可避免地要解决诸如安全、性能隔离等一系列问题。另外，云存储和云计算一样，都需要解决的一个共同难题就是关于信任（Trust）的问题——如何从技术上保证企业的业务数据放在第三方存储服务提供商平台上的隐私和安全，的确是一个必须解决的技术挑战。

将存储作为服务的形式提供给用户，云存储在访问接口上一般都会秉承简洁易用的特性。比如，亚马逊的 S3 存储通过标准的 HTTP 协议、简单的 REST 接口进行存取数据，用户分别通过 Get、Put、Delete 等 HTTP 方法进行数据块的获取、存放和删除等操作。出于操作简便方面的考虑，亚马逊 S3 服务并不提供修改或者重命名等操作；同时，亚马逊 S3 服务也并不提供复杂的数据目录结构，而仅仅提供非常简单的层级关系；用户可以创建一个自己的数据桶（bucket），而所有的数据则直接存储在这个 bucket 中。另外，云存储还需要解决用户分享的问题。亚马逊 S3 存储中的数据直接通过唯一的 URL 进行访问和标识，因此，只要其他用户经过授权便可以通过数据的 URL 进行访问。

存储虚拟化是云存储的一个重要的技术基础，是通过抽象和封装底层存储系统的物理特性，将多个互相隔离的存储系统统一化为一个抽象的资源池的技术。通过存储虚拟化技术，云存储可以实现很多新的特性。比如，用户数据在逻辑上的隔离、存储空间的精简配置等。

📚 8.5 开源技术的商业支援

在大数据生态系统中，基础设施主要负责数据存储以及处理公司掌握的海量数据。应用程序则是指人类和计算机系统通过使用这些程序，从数据中获知关键信息。人们使用应用程序使数据可视化，并由此做出更好的决策；而计算机则使用应用系统将广告投放到合适的人群，或者监测信用卡欺诈行为。

在大数据的演变中，开源软件起到了很大的作用。如今，Linux 已经成为主流操作系统，并与低成本的服务器硬件系统相结合。有了 Linux，企业就能在低成本硬件上使用开源操作系统，以低成本获得许多相同的功能。MySQL 开源数据库、Apache 开源网络服务器以及 PHP 开源脚本语言（最初为创建网站开发）搭配起来的实用性也推动了 Linux 的普及。

随着越来越多的企业将 Linux 大规模地用于商业用途，他们期望获得企业级的商业支持和保障。在众多的供应商中，红帽子 Linux（Red Hat）脱颖而出，成为 Linux 商业支持及服务的市场领导者。甲骨文公司（Oracle）也购并了最初属于瑞典 MySQL AB 公司的开源 MySQL 关系数据库项目。

IBM、甲骨文以及其他公司都在将他们所拥有的大型关系型数据库商业化。关系型数据库使数据存储在自定义表中，再通过一个密码进行访问。例如，一个雇员可以通过一个雇员编号认定，然后该编号就会与包含该雇员信息的其他字段相联系——她的名字、地址、雇用日期及职位等。本来这样的结构化数据库还是可以适用的，直到公司不得不解决大量的非结构化数据。比如谷歌必须处理海量网页以及这些网页链接之间的关系，而社交网站 F 必须应付社交图谱数据。社交图谱是其社交网站上人与人之间关系的数字表示——社交图谱上每个点末端连接所有非结构化数据，如照片、信息、个人档案等。因此，这些公司也想利用低成本商用硬件。

于是，像谷歌、雅虎以及其他这样的公司开发出各自的解决方案，以存储和处理大量的数据。正如 UNIX 的开源版本和甲骨文的数据库以 Linux 和 MySQL 这样的形式应运而生一样，大数据世界里有许多类似的事物在不断涌现。

Apache Hadoop 是一个开源分布式计算平台，通过 Hadoop 分布式文件系统 HDFS（Hadoop Distributed File System）存储大量数据，再通过名为 MapReduce 的编程模型将这些数据的操作分成小片段。Apache Hadoop 源自谷歌的原始创建技术，随后，开发了一系列围绕 Hadoop 的开源技术。Apache Hive 提供数据仓库功能，包括数据抽取、转换、装载（ETL），即将数据从各种来源中抽取出来，再实行转换以满足操作需要（包括确保数据质量），然后装载到目标数据库。Apache HBase 则提供处于 Hadoop 顶部的海量结构化表的实时读写访问功能，它仿照了谷歌的 BigTable。同时，Apache Cassandra 通过复制数据来提供容错数据存储功能。

在过去，这些功能通常只能从商业软件供应商处依靠专门的硬件获取。开源大数据技术正在使数据存储和处理能力——这些本来只有像谷歌或其他商用运营商之类的公司才具备的能力，在商用硬件上也得到了应用。这样就降低了使用大数据的先期投入，并且具备了使大数据接触到更多潜在用户的潜力。

开源软件在开始使用时是免费的，这使其对大多数人颇具吸引力，从而使一些商用运营商采用免费增值的商业模式参与到竞争当中。产品在个人使用或有限数据的前提下是免费的，但顾客需要在之后为部分或大量数据的使用付费。久而久之，采用开源技术的这些企业往往需要商业支援，一如当初使用 Linux 碰到的情形。像 Cloudera、HortonWorks 及 MapR 这样的公司在为 Hadoop 解决这种需要的同时，类似 DataStax 的公司也在为非关系型数据库（cassandra）做着同样的事情，LucidWorks 之于 Apache Lucerne 也是如此（后者是一种开源搜索解决方案，用于索引并搜索大量网页或文件）。

8.6　大数据的技术架构

要容纳数据本身，IT 基础架构必须能够以经济的方式存储比以往更大量、类型更多的数据。此外，还必须能适应数据变化的速度。由于数量如此大的数据难以在当今的网络连接条件下快速移动，因此，大数据基础架构必须分布计算能力，以便能在接近用户的位置进行数据分析，减少跨越网络所引起的延迟。企业逐渐认识到必须在数据驻留的位置进行分析、分布这类计算能力，以便为分析工具提供实时响应带来的挑战。考虑到数据速度和数据量，移动数据进行处理是不现实的，相反，计算和分析工具可能会移到数据附近。而且，云计算模式对大数据的成功至关重要。云模型在从大数据中提取商业价值的同时也能为企业提供一种灵活的选择，以实现大数据分析所需的效率、可扩展性、数据便携性和经济性。

仅仅存储和提供数据还不够，必须以新的方式合成、分析和关联数据，才能提供商业价值。部分大数据方法要求处理未经建模的数据，因此，可以对毫不相干的数据源进行不同类型数据的比较和模式匹配。这使得大数据分析能以新视角挖掘企业传统数据，并带来传统上未曾分析过的数据洞察力。

基于上述考虑构建的适合大数据的 4 层堆栈式技术架构，如图 8-5 所示。

（1）基础层：第一层作为整个大数据技术

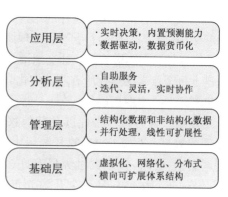

图 8-5　4 层堆栈式大数据技术架构

架构基础的最底层，也是基础层。要实现大数据规模的应用，企业需要一个高度自动化的、可横向扩展的存储和计算平台。这个基础设施需要从以前的存储孤岛发展为具有共享能力的高容量存储池。容量、性能和吞吐量必须可以线性扩展。

云模型鼓励访问数据并提供弹性资源池来应对大规模问题，解决了如何存储大量数据，以及如何积聚所需的计算资源来操作数据的问题。在云中，数据跨多个结点调配和分布，使得数据更接近需要它的用户，从而缩短响应时间和提高生产率。

（2）管理层：能支持在多源数据上做深层次的分析，大数据技术架构中需要一个管理平台，使结构化和非结构化数据管理融为一体，具备实时传送和查询、计算功能。本层既包括数据的存储和管理，也涉及数据的计算。并行化和分布式是大数据管理平台所必须考虑的要素。

（3）分析层：大数据应用需要大数据分析。分析层提供基于统计学的数据挖掘和机器学习算法，用于分析和解释数据集，帮助企业获得对数据价值深入的领悟。可扩展性强、使用灵活的大数据分析平台更可成为数据科学家的利器，起到事半功倍的效果。

（4）应用层：大数据的价值体现在帮助企业进行决策和为终端用户提供服务的应用。不同的新型商业需求驱动了大数据的应用。另一方面，大数据应用为企业提供的竞争优势使得企业更加重视大数据的价值。新型大数据应用对大数据技术不断提出新的要求，大数据技术也因此在不断的发展变化中日趋成熟。

8.7 Hadoop 基础

所谓 Hadoop，是以开源形式发布的一种对大规模数据进行分布式处理的技术。特别是处理大数据时代的非结构化数据时，Hadoop 在性能和成本方面都具有优势，而且通过横向扩展进行扩容也相对容易，因此备受关注。Hadoop 是最受欢迎的在因特网上对搜索关键字进行内容分类的工具，但它也可以解决许多要求极大伸缩性的问题。

8.7.1 分布式系统概述

分布式系统（Distributed System，见图 8-6）是建立在网络之上的软件系统。作为软件系统，分布式系统具有高度的内聚性和透明性，因此网络和分布式系统之间的区别更多的在于高层软件（特别是操作系统），而不是硬件。

内聚性是指每一个数据库分布结点高度自治，有本地的数据库管理系统。透明性是指每一个数据库分布结点对用户的应用来说都是透明的，看不出是本地还是远程。在分布式数据库系统中，用户感觉不到数据是分布

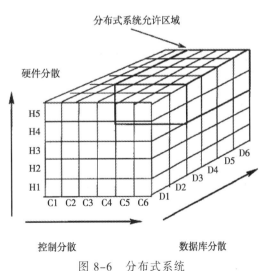

图 8-6 分布式系统

的，即用户不须知道关系是否分割、有无副本、数据存于哪个站点以及事务在哪个站点上执行等。

在一个分布式系统中，一组独立的计算机展现给用户的是一个统一的整体，就好像是一个系统似的。系统拥有多种通用的物理和逻辑资源，可以动态的分配任务，分散的物理和逻辑资源通过计算机网络实现信息交换。系统中存在一个以全局方式管理计算机资源的分布式操作系统。通常，对用户来说，分布式系统只有一个模型或范型。在操作系统之上有一层软件中间件（Middleware）负责实现这个模型。一个著名的分布式系统的例子是万维网（World Wide Web），在万维网中，所有的一切看起来就好像是一个文档（Web 页面）一样。

在计算机网络中，这种统一性、模型以及其中的软件都不存在。用户看到的是实际的机器，计算机网络并没有使这些机器看起来是统一的。如果这些机器有不同的硬件或者不同的操作系统，那么，这些差异对于用户来说都是完全可见的。如果一个用户希望在一台远程机器上运行一个程序，那么，他必须登录到远程机器上，然后在那台机器上运行该程序。

分布式系统和计算机网络系统的共同点是：多数分布式系统是建立在计算机网络之上的，所以分布式系统与计算机网络在物理结构上是基本相同的。分布式操作系统的设计思想和网络操作系统是不同的，这决定了它们在结构、工作方式和功能上也不同。

网络操作系统要求网络用户在使用网络资源时首先必须了解网络资源，网络用户必须知道网络中各个计算机的功能与配置、软件资源、网络文件结构等情况，在网络中如果用户要读一个共享文件时，用户必须知道这个文件放在哪一台计算机的哪一个目录下。

分布式操作系统是以全局方式管理系统资源的，它可以为用户任意调度网络资源，并且调度过程是"透明"的。当用户提交一个作业时，分布式操作系统能够根据需要在系统中选择最合适的处理器，将用户的作业提交到该处理程序，在处理器完成作业后，将结果传给用户。在这个过程中，用户并不会意识到有多个处理器的存在，这个系统就像是一个处理器一样。

8.7.2　Hadoop 的由来

Hadoop 的基础是美国 Google 公司于 2004 年发表的一篇关于大规模数据分布式处理的题为"MapReduce：大集群上的简单数据处理"的论文。

Hadoop 由 Apache Software Foundation 公司于 2005 年秋天作为 Lucene 的子项目 Nutch 的一部分正式引入。它受到最先由 Google Lab 开发的 Map/Reduce 和 Google File System（GFS）的启发。2006 年 3 月份，Map/Reduce 和 Nutch Distributed File System（NDFS）分别被纳入称为 Hadoop 的项目中。

MapReduce 指的是一种分布式处理的方法，而 Hadoop 则是将 MapReduce 通过开源方式进行实现的框架（Framework）的名称。造成这个局面的原因在于，Google 在论文中公开的仅限于处理方法，而并没有公开程序本身。也就是说，提到 MapReduce，指的只是一种处理方法，而对其实现的形式并非只有 Hadoop 一种。反过来说，提到 Hadoop，则指的是一种基于 Apache 授权协议，以开源形式发布的软件程序。

　　Hadoop 原本是由三大部分组成的，即用于分布式存储大容量文件的 HDFS（Hadoop Distributed File System）分布式文件系统，用于对大量数据进行高效分布式处理的 Hadoop MapReduce 框架，以及超大型数据表 HBase。这些部分与 Google 的基础技术相对应（见图 8-7）。

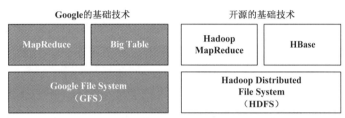

图 8-7　Google 与开源基础技术的对应关系

　　从数据处理的角度来看，Hadoop MapReduce 是其中最重要的部分。Hadoop MapReduce 并非用于配备高性能 CPU 和磁盘的计算机，而是一种工作在由多台通用型计算机组成的集群上的，对大规模数据进行分布式处理的框架。

　　在 Hadoop 中，是将应用程序细分为在集群中任意结点上都可执行的成百上千个工作负载，并分配给多个结点来执行。然后，通过对各节点瞬间返回的信息进行重组，得出最终的回答。虽然存在其他功能类似的程序，但 Hadoop 依靠其处理的高速性脱颖而出。

　　对 Hadoop 的运用，最早是雅虎、社交网站 F、社交网站 T、AOL、Netflix 等网络公司先开始试水的。然而现在，其应用领域已经突破了行业的界限，如摩根大通、美国银行、VISA 等在内的金融公司，以及诺基亚、三星、GE 等制造业公司，沃尔玛、迪士尼等零售业公司，甚至是中国移动等通信业公司。

　　与此同时，最早由 HDFS、Hadoop MapReduce、HBase 这 3 个组件所组成的软件架构，现在也衍生出了多个子项目，其范围也随之逐步扩大。

8.7.3　Hadoop 的优势

　　Hadoop 的一大优势是，过去由于成本、处理时间的限制而不得不放弃的对大量非结构化数据的处理，现在则成为可能。也就是说，由于 Hadoop 集群的规模可以很容易地扩展到 PB 甚至是 EB 级别，因此，企业里的数据分析师和市场营销人员过去只能依赖抽样数据进行分析，而现在则可以将分析对象扩展到全部数据的范围。而且，由于处理速度比过去有了飞跃性的提升，现在我们可以进行若干次重复的分析，也可以用不同的查询进行测试，从而有可能获得过去无法获得的更有价值的信息。

　　Hadoop 是一个能够对大量数据进行分布式处理的软件框架。但是 Hadoop 是以一种可靠、高效、可伸缩的方式进行处理的。Hadoop 是可靠的，因为它假设计算元素和存储会失败，因此它维护多个工作数据副本，确保能够针对失败的结点重新分布处理。Hadoop 是高效的，因为它以并行的方式工作，通过并行处理加快处理速度。Hadoop 还是可伸缩的，能够处理 PB 级数据。此外，Hadoop 依赖于社区服务器，因此它的成本比较低，任何人都可以使用。

Hadoop 是一个能够让用户轻松架构和使用的分布式计算平台。用户可以轻松地在 Hadoop 上开发和运行处理海量数据的应用程序。它主要有以下几个优点：

（1）高可靠性。Hadoop 按位存储和处理数据的能力值得人们信赖。

（2）高扩展性。Hadoop 是在可用的计算机集簇间分配数据并完成计算任务的，这些集簇可以方便地扩展到数以千计的节点中。

（3）高效性。Hadoop 能够在结点之间动态地移动数据，并保证各个结点的动态平衡，因此处理速度非常快。

（4）高容错性。Hadoop 能够自动保存数据的多个副本，并且能够自动将失败的任务重新分配。

Hadoop 带有用 Java 语言编写的框架，因此运行在 Linux 平台上是非常理想的。Hadoop 上的应用程序也可以使用其他语言编写，比如 C++。

8.7.4　Hadoop 的发行版本

Hadoop 软件目前依然在不断引入先进的功能，处于持续开发的过程中。因此，如果想要享受其先进性所带来的新功能和性能提升等好处，在公司内部就需要具备相应的技术实力。对于拥有众多先进技术人员的一部分大型系统集成公司和惯于使用开源软件的互联网公司来说，应该可以满足这样的条件。

相对地，对于一般企业来说，要运用 Hadoop 这样的开源软件，还存在比较高的门槛。企业对于软件的要求，不仅在于其高性能，还包括可靠性、稳定性、安全性等因素。然而，Hadoop 是可以免费获取的软件，一般公司在搭建集群环境时，需要自行对上述因素做出担保，难度确实很大。

于是，为了解决这个问题，Hadoop 也推出了发行版本。所谓发行版本（Distribution），和同为开源软件的 Linux 的情况类似，是一种为改善开源社区所开发的软件的易用性而提供的一种软件包服务，其中通常包括安装工具，以及捆绑事先验证过的一些周边软件。

8.8　大数据数据处理基础

在传统的数据存储、处理平台中，需要将数据从 CRM、ERP 等系统中，通过 ELT（Extract / Load / Transform，抽取/加载/转换）工具提取出来，并转换为容易使用的形式，再导入像数据仓库[①]和 RDBMS[②]等专用于分析的数据库中。这样的工作通常会按照计划，以每天或者每周这样的周期进行。

---

① 数据仓库（Data Warehouse，DW）是决策支持系统（DSS）和联机分析应用数据源的结构化数据环境。在信息技术与数据智能大环境下，数据仓库在软硬件领域、因特网和企业内部网解决方案以及数据库方面提供了许多经济高效的计算资源，可以保存极大量的数据供分析使用，且允许使用多种数据访问技术。数据仓库主要由数据抽取工具、数据仓库数据库、元数据、数据集市、数据仓库管理、信息发布系统和访问工具组成。

② RDBMS（Relational Database Management System，关系数据库管理系统）是将数据组织为相关的行和列的系统，而管理关系数据库的计算机软件就是关系数据库管理系统，常用的数据库软件有 Oracle、SQL Server 等。它通过数据、关系和对数据的约束三者组成的数据模型来存放和管理数据。

然后，为了让经营策划等部门中的商务分析师能够通过数据仓库用其中经正则化处理的数据输出固定格式的报表，并让管理层能够对业绩进行管理和对目标完成情况进行查询，就需要提供一个"管理指标板"，将多张数据表和图表整合显示在一个画面上。

当管理的数据超过一定规模时，要完成这一系列工作，除了数据仓库之外，一般还需要使用如 SAP 的 Business Objects、IBM 的 Cognos、Oracle 的 Oracle BI 等商业智能工具。但是，用这些现有的平台很难处理具备 3V 特征的大数据，即便能够处理，在性能方面也很难期望能有良好的表现。

8.8.1 Hadoop 与 NoSQL

作为支撑大数据的基础技术，能和 Hadoop 一样受到越来越多关注的，就是 NoSQL 数据库了。在大数据处理的基础平台中，需要由 Hadoop 和 NoSQL 数据库来担任核心角色。Hadoop 已经催生了多个子项目，其中包括基于 Hadoop 的数据仓库 Hive 和数据挖掘库 Mahout 等，通过运用这些工具，仅仅在 Hadoop 的环境中就可以完成数据分析的所有工作。

然而，对于大多数企业来说，要抛弃已经习惯的现有平台，从零开始搭建一个新的平台进行数据分析，显然是不现实的。因此，有些数据仓库厂商提出这样一种方案，用 Hadoop 将数据处理成现有数据仓库能够进行存储的形式（即用作前处理），在装载数据之后再使用传统的商业智能工具进行分析。

Hadoop 和 NoSQL 数据库，是在现有关系型数据库和 SQL 等数据处理技术很难有效处理非结构化数据这一背景下，由 Google、Amazon、社交网站 F 等企业因自身迫切的需求而开发的。因此，作为一般企业不必非要推翻和替换现有的技术，在销售数据和客户数据等结构化数据的存储和处理上，使用传统的关系型数据库和数据仓库即可。

由于 Hadoop 和 NoSQL 数据库是开源的，因此和商用软件相比，其软件授权费用十分低廉，但另一方面，想招募到精通这些技术的人才却可能需要付出很高的成本。

8.8.2 NoSQL 与 RDBMS 的主要区别

传统的关系型数据库管理系统（RDBMS）是通过 SQL 这种标准语言对数据库进行操作的。而相对地，NoSQL 数据库并不使用 SQL 语言。因此，有时人们会将其误认为是对使用 SQL 的现有 RDBMS 的否定，并将要取代 RDBMS，而实际上却并非如此。NoSQL 数据库是对 RDBMS 所不擅长的部分进行的补充，因此应该理解为"Not only SQL"的意思。

NoSQL 数据库和传统上使用的 RDBMS 之间的主要区别如表 8-1 所示。

表 8-1　RDBMS 与 NoSQL 数据库的区别

区　别	RDBMS	NoSQL
数据类型	结构化数据	主要是非结构化数据
数据库结构	需要事先定义，是固定的	不需要事先定义，并可以灵活改变
数据一致性	通过 ACIO 特性保持严密的一致性	存在临时的不保持严密一致性的状态（结果匹配性）

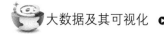

续表

区 别	RDBMS	NoSQL
扩展性	基本是向上扩展。由于需要保持数据的一致性，因此性能下降明显	通过横向扩展可以在不降低性能的前提下应对大量访问，实现线性扩展
服务器	以在一台服务器上工作为前提	以分布、协作式工作为前提
故障容忍性	为了提高故障容忍性需要很高的成本	有很多无单一故障点的解决方案，成本低
查询语言	SQL	支持多种非 SQL 语言
数据量	（和 NoSQL 相比相对）较小规模数据	（和 RDSMS 相比相对）较大规模数据

1．数据模型与数据库结构

在 RDBMS 中，数据被归纳为表（Table）的形式，并通过定义数据之间的关系，来描述严格的数据模型。这种方式需要在理解要输入数据的含义的基础上，事先对字段结构做出定义。一旦定义好数据库其结构就相对固定，很难再进行修改。

在 NoSQL 数据库中，数据是通过键及其对应的值的组合，或者是键值对和追加键（Column Family）来描述的，因此结构非常简单，也无法定义数据之间的关系。其数据库结构无需在一开始就固定下来，且随时都可以进行灵活的修改。

2．数据一致性

在 RDBMS 中，由于存在 ACID（Atomicity = 原子性，Consistency = 一致性，Isolation = 隔离性，Durability = 持久性）原则，因此可以保持严密的数据一致性。

而 NoSQL 数据库并不是遵循 ACID 这种严格的原则，而是采用结果上的一致性（Eventual consistency），即可能存在临时的、无法保持严密一致性的状态。到底是用 RDBMS 还是 NoSQL 数据库，需要根据用途进行选择，而数据一致性这一点尤为重要。

例如，像银行账户的转入/转出处理，如果不能保证交易处理立即在数据库中得到体现，并严密保持数据一致性的话，就会引发很大的问题。相对地，想一想 Twitter 上增加一个粉丝的情况，粉丝数量从 1050 人变成 1051 人，但这个变化即便没有即时反映出来，基本上也不会引发什么大问题。前者这样的情况，适合用 RDBMS；而后者这样的情况，则适合用 NoSQL 数据库。

3．扩展性

RDBMS 由于重视 ACID 原则和数据的结构，因此在数据量增加时，基本上是采取购买更大的服务器这样向上扩展的方法来进行扩容，而从架构方面来看，是很难进行横向扩展的。

此外，由于数据的一致性需要严密的保证，对性能的影响也十分显著，如果为了提升性能而进行非正则化处理，则又会降低数据库的维护性和操作性。

虽然通过像 Oracle 的 RAC（Real Application Clusters，真正应用集群）这样能够从多台服务器同时操作数据库的架构，也可以对 RDBMS 实现横向扩展，但从现实情况来看，这样的扩展最多到几倍的程度就已经达到极限了。除此之外还有一种方法，将数据库的内容由多台应用程序服务器进行分布式缓存，并将缓存配置在 RDBMS 的前面。但在大规模环境下，会发生数据同步延迟、维护复杂等问题，并不是一个非常实用的方法。NoSQL 数据库则具备很容易进行横向扩展的特性，对性能造成的影响也很小。而且，由于它在设计上就是以在一般通用型硬件构成的集群上工作为前提的，因此在成本方面也具有优势。

4．容错性

RDBMS 可以通过复制将数据在多台服务器上保留副本，从而提高容错性。然而，在发生数据不匹配的情况时，以及想要增加副本时，在维护上的负荷和成本都会提高。

NoSQL 由于本来就支持分布式环境，大多数 NoSQL 数据库都没有单一故障点，对故障的应对成本比较低。

可见，NoSQL 数据库具备这些特征：数据结构简单、不需要数据库结构定义（或者可以灵活变更）、不对数据一致性进行严格保证、通过横向扩展可实现很高的扩展性等。简而言之，就是一种以牺牲一定的数据一致性为代价，追求灵活性、扩展性的数据库。

NoSQL 数据库的诞生，是缘于现有 RDBMS 存在一些问题，如不能处理非结构化数据、难以进行横向扩展、扩展性存在极限等。也就是说，即便 RDBMS 非常适用于企业的一般业务，但要作为以非结构化数据为中心的大数据处理的基础，则并不是一个合适的选择。例如，在实际进行分析之前，很难确定在如此多样的非结构化数据中，到底哪些才是有用的，因此，事先对数据库结构进行定义是不现实的。而且，RDBMS 的设计对数据的完整性非常重视，在一个事务处理过程中，如果发生任何故障，都可以很容易地进行回滚。然而，在大规模分布式环境下，数据更新的同步处理所造成的进程间通信延迟则成为一个瓶颈。

随着主要的 RDBMS 系统 Oracle 推出其 NoSQL 数据库产品作为现有 Oracle 数据库产品的补充，"现有 RDBMS 并不是大数据基础的最佳选择"这一观点也在一定程度上得到了印证（见图 8-8）。

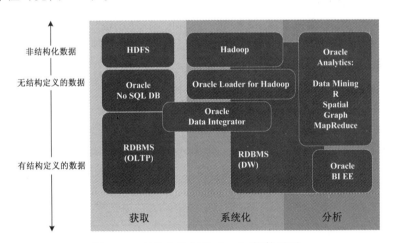

图 8-8　支持大数据的 Oracle 软件系列

8.8.3　NewSQL

所谓 NewSQL，是指这样一类系统，它们既保留了 SQL 查询的方便性，又能提供高性能和高可扩展性，而且还能保留传统的事务操作的 ACID 特性。这类系统既能达到 NoSQL

系统的吞吐率，又不需要在应用层进行事务的一致性处理。此外，它们还保持了高层次结构化查询语言 SQL 的优势。这类系统目前主要包括 Clustrix、NimbusDB 及 VoltDB 等。

因此 NewSQL 被认为是针对 New OLTP 系统的 NoSQL 或者是 OldSQL 系统的一种替代方案。NewSQL 既可以提供传统的 SQL 系统的事务保证，又能提供 NoSQL 系统的可扩展性。如果 New OLTP 将来有一个很大的市场的话，那么将会有越来越多不同架构的 NewSQL 数据库系统出现。

NewSQL 系统涉及很多新颖的架构设计，例如，可以将整个数据库都在主内存中运行，从而消除掉数据库传统的缓存管理（Buffer）；可以在一个服务器上面只运行一个线程，从而除掉轻量的加锁阻塞（Latching）（尽管某些加锁操作仍然需要，并且影响性能）；还可以使用额外的服务器进行复制和失败恢复的工作，从而取代昂贵的事务恢复操作。

NewSQL 是一类新型的关系数据库管理系统，对于 OLTP 应用来说，它们可以提供和 NoSQL 系统一样的扩展性和性能，另外还能保证传统的单结点数据库一样的 ACID 事务保证。

用 NewSQL 系统处理某些应用非常合适，这些应用一般都具有大量的下述类型的事务，即短事务、点查询、Repetitive（用不同的输入参数执行相同的查询）。另外，大部分 NewSQL 系统通过改进原始的 System R 的设计来达到高性能和扩展性，比如取消重量级的恢复策略，改进并发控制算法等。

【实验与思考】了解大数据的基础设施

1．实验目的
（1）了解大数据基础设施的基本概念。
（2）了解虚拟化的重要思想，了解计算虚拟化、存储虚拟化和网络虚拟化的具体内容。
（3）了解云计算的基本思想和主要内容，了解云计算与大数据的关系。

2．工具/准备工作
在开始本实验之前，请认真阅读课程的相关内容。
需要准备一台带有浏览器，能够访问因特网的计算机。

3．实验内容与步骤
（1）结合查阅相关文献资料，为"云计算"给出一个权威性的定义。
答：_____

_____

_____

这个定义的来源是：_____
（2）简述云计算的 3 种服务形式。
答：

IaaS：_____

_____

_____

PaaS：_____

_____

_____

SaaS：_____

_____

（3）请结合课文和相关文献资料，简述什么是虚拟化技术。

答：_____

_____

_____

（4）PaaS（平台即服务）是云计算中最为重要的一个类型，请简述 PaaS 的 3 个主要特点。

答：

平台及服务：_____

_____

_____

平台及服务：_____

_____

_____

平台级服务：_____

_____

_____

（5）请结合课文和相关文献资料，简述什么是"云存储"。

答：_____

_____

_____

（6）请结合课文和相关文献资料，简述网络虚拟化对大数据处理的意义。

答：_____

_____

_____

4．实验总结

_____

_____

_____

5．实验评价（教师）

_____

_____

第 9 章

数据引导可视化 ‹‹‹

【案例导读】拿破仑东征莫斯科及撤退

Charles Joseph Minard（1781—1870），法国工程师，他一生的大部分时间都贡献给了水坝、运河和桥梁的工程建造和教育事业。直到 1851 年退休，才转入了他钟爱的个人事业：数据信息图形的绘制，那时他已 70 高龄。在他生命的最后 20 年，Minard 创造了可视化历史的一个传奇。今天，他被誉为可视化黄金时代的大师。

Minard 的最大成就是这幅出版于 1869 年的流地图（flow map）作品：拿破仑 1812 远征图（见图 9-1）。这幅图被后世学者称为"有史以来最好的统计图表"。

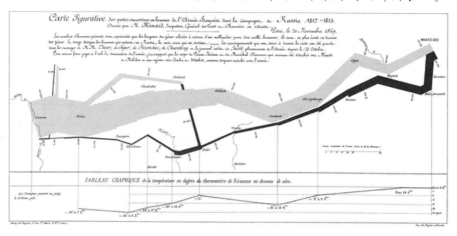

图 9-1　描述了拿破仑东征莫斯科及撤退情况的 Minard 地图

图 9-1 描述了拿破仑的军队从波兰和俄罗斯交界处东征莫斯科以及之后的撤退。其经典之处在于在一张简单的二维图上，表现了丰富的信息，包括法军部队的规模；地理坐标；法军前进和撤退的方向；法军抵达某处的时间以及撤退路上的温度。这张图对于 1812 年的战争提供了全面的强烈的视觉表现，比如，撤退路上在别列津河的重大损失，严寒对法军损失的影响等，这种视觉的表现力即使历史学家的文字也难以比拟。

大多数看到这幅地图的人都不需要询问就可以看出地图中线条的粗细代表军队中的士兵数，灰色表示进军而黑色表示撤退，我们可以清楚地看到，44 万士兵跟随拿破仑出征，但是最终只有 1 万人幸存下来。军队横渡 Berezina 河时河面的冰层还不够结实，导致士兵数量急剧减少。我们可以从这幅地图中获得关于这次东征的大量信息，即使不再看这幅地图，它的重要特点也将在很长一段时间后仍停留在我们的脑海里。伟大的历史事件催生了伟大的作品。

阅读上文，请思考、分析并简单记录：

（1）请仔细阅读图 9-1，分析地图所表示的内涵。并结合网络资料搜索阅读，进一步了解拿破仑东征莫斯科及其惨败的原因。请谈谈你对这场战争的认识，谈谈你对这幅地图的认识。

答：_____

_____

（2）在可视化图形领域，高龄的法国工程师 Minard 却有了丰富的建树，你觉得，是什么造就了他的成就？

答：_____

_____

（3）通过网络搜索和学习，了解什么是"工程素质"，并请记录如下：

答：_____

_____

（4）简单记述你所知道的上一周发生的国际、国内或者身边的大事。

答：_____

_____

9.1 可视化对认知的帮助

可视化不仅是一种工具，它更多的是一种媒介：探索、展示和表达数据含义的一种方法。可以把可视化看作是连续的、从统计图形延伸到数字艺术的一个连续谱图。由于统计学、设计和美学的综合运用，才产生了许多优秀的数据可视化作品。

9.1.1 七个基本任务

在数据可视化过程中，用户通常执行的 7 个基本任务是：

（1）概览任务。用户能够获得整个集合的概览。概览策略包括每个数据类型的缩小视图，这种视图允许用户查看整个集合，加上邻接的细节视图。概览可能包含可移动的视图域框，用户用它来控制细节视图的内容。另一种流行的方法是鱼眼策略，即变形放大一个或更多的显示区域，或针对可使用的上下文使用不同的表示等级。

（2）缩放任务。用户能够放大感兴趣的条目。用户通常对集合中的某个部分感兴趣，平滑的缩放有助于用户保持他们的位置感和上下文。用户能够通过移动缩放条控件或通过调整视图域框的大小在一个维度上缩放。缩放在针对小显示器的应用程序中特别重要。

（3）过滤任务。用户能够滤掉不感兴趣的条目。当用户控制显示的内容时，能够通过去除不想要的条目而快速集中他们的兴趣。通过滑块或按钮能快速执行显示更新，允许用户跨显示器动态突出显示感兴趣的条目。

（4）按需细化任务。用户能够选择一个条目或一个组来获得细节。通常的方法是仅在条目上单击，然后在单独或弹出的窗口中查看细节。按需细化窗口可能包含到更多信息的链接。

（5）关联任务。用户能够关联集合内的条目或组。与文本显示相比，视觉显示的吸引力在于利用人类处理视觉信息的感知能力。在视觉显示之内，有机会按接近性、包容性、连线或颜色编码来显示关系。突出显示技术能够用于引起对某些条目的注意。指向视觉显示能够允许快速选择，且反馈是明显的。

（6）历史任务。用户能够保存动作历史以支持撤销、回放和逐步细化。信息探索本来就是一个有很多步骤的过程，所以保存动作的历史并允许用户追溯其步骤是重要的。

（7）提取任务。一旦用户获得了他们想要的条目或条目集合，他们能够提取该集合并保存它、通过电子邮件发送它或把它插入统计或呈现的软件包中。他们可能还想发布那些数据，以便其他人用可视化工具的简化版本来查看。

9.1.2　新的数据研究方法

我们今天使用的许多传统图表，如折线图、条形图和饼图等都是苏格兰工程师、经济学家威廉姆·普莱菲尔发明的。他在 1786 年出版的《商业和政治图解》一书中，用 44 个图表，记录了 1700—1782 年期间英国贸易和债务，展示出这段时期的商业事件。这些手工绘制在纸上的图表是对当时通行表格的重大改进。直到 20 世纪 70 年代，人们还在通过手绘图看数据。

技术的进步让数据的量和可用性得到了极大的改善，这反过来给了人们以新的可视化素材，以及新的工作和研究领域。没有数据，就没有可视化。世界银行以易于下载的方式提供了有关美国的全国性数据，可帮助用户了解整个世界的发展状况。利用这些数据研究历年来各国人口的平均寿命，图 9-2（交互图）是调整过的多重时序图，显示出大多数地区的平均寿命总体在增加，其中的大回落表示某些地区发生了战争和冲突。

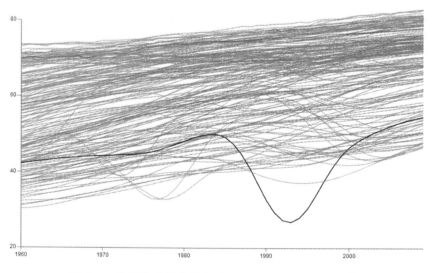

图 9-2　世界各地平均寿命（http://www.datafl.ws/24w）

从太空这一个更广阔的视角来看 NASA（美国国家航空航天局）使用卫星数据监视地球上的活动。例如，由 NASA 绘制的"永恒的海洋"（见图 9-3），使用类似的数据和模型来评估洋流，大量的数据使这一神奇成为可能。

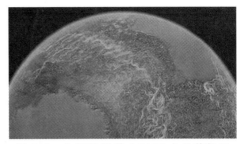

图 9-3 永恒的海洋（NASA 戈达德航天飞行中心绘制，http://www.datafl.ws/2bc）

9.1.3 信息图形和展示

研究数据时，你会形成自己的见解，因此没有必要向自己解释这些数据的有趣之处。但当观众不仅仅是自己时，就必须提供数据的背景信息。通常这并不是要为图表配上详尽的长篇大论的文章或论文，而是精心配上标签、标题和文字，让读者为即将见到的东西做好准备。可视化本身——形状、颜色和大小，代表了数据，而文字则可以让图形更易读懂。排版、背景信息和合理的布局也可以为原始统计数据增加一层信息。

通俗地说，可视化设计的目的是"让数据说话"。作为一种媒介，可视化已经发展成为一种很好的故事讲述方式。马修·迈特在"图解博士是什么"的图表中运用这一点达到了很好的效果（见图 9-4）。制作这一图表是为了对研究生进行指导，当然它也适用于所有正在学习，并且想要在自己领域中获得进步的人。这些图并不华丽，它显示出不需要过多花哨的功能也可以吸引人们的目光。这同样也适用于数据。有价值的数据使图表值得一看，它传递了数据的故事。

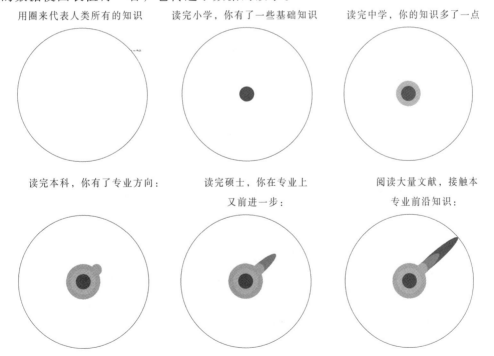

图 9-4 "图解博士是什么"图表

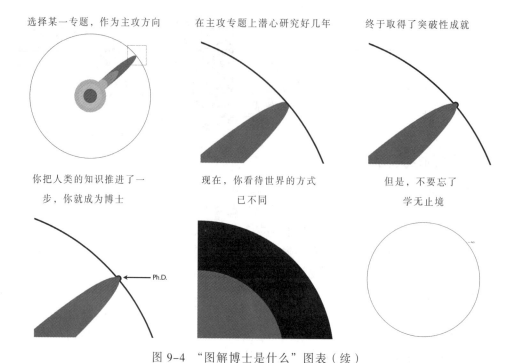

选择某一专题，作为主攻方向　　在主攻专题上潜心研究好几年　　终于取得了突破性成就

你把人类的知识推进了一　　现在，你看待世界的方式　　但是，不要忘了
步，你就成为博士　　　　　　已不同　　　　　　　　　学无止境

Ph.D.

图 9-4　"图解博士是什么"图表（续）

9.1.4　走进数据艺术的世界

2012 年，在距离伦敦奥运会开幕还有几个月时，艺术家格约拉和穆罕穆德·阿克坦在"形态"（Forms）图中将原本就很美的竞技运动演绎成衍生动画（见图 9-5）。小视频中播放一位运动员，如体操运动员或跳水运动员的腾空和翻转动作，大视频里同时生成由颗粒、枝条和长杆组成的图形，相应地移动。移动伴随有声音，让计算机生成的图形看起来更加真实。数据艺术由那些分析和信息图形常有的数字特征组成，让人们去体验那些让人感觉冰冷而陌生的数据。

图 9-5　"形态"图（穆罕默德·阿克坦和格约拉）

虽然这些作品是用于艺术展或装饰墙壁的，但很容易看出它们对一些人的用处。例如，运动员和教练可能对完美的动作感兴趣，而视觉跟踪可以帮助他们更容易看到运动模式。"形态"可能不如动作捕捉软件回放动作那样直观，但机制是类似的。

这让人们再次开始思考"数据艺术是什么"，或者是更重要的问题——可视化是什么。可视化是一种应用广泛的媒介。在某一范围内有不同类型的可视化，但它们并没有明确清晰的界限（也没有必要）。可视化作品既可以是艺术的，同时又是真实的。

在费尔兰达·维埃加斯和马丁瓦滕伯格的另一幅作品"风图"（Wind Map）中，他们将可视化用作工具和表达方式，绘制了美国大部分地区风的流动模式（见图 9-6）。数据来自美国国家数字预测数据库的预报，每小时更新一次。可以通过缩放和平移数据库进行研究，还可以把鼠标指针停在某处了解该地的风速和方向。地图上风的流动越集中、越快，预报的风速就越大。

图 9-6　风图（2016-2-23，http://www.hint.fm/wind）

维埃加斯和瓦滕伯格将其风图看作是艺术品，其目的是赋予环境生命感，使它看上去很美。这些数据既是个性化的，又很容易与读者建立起关联，用传统的图表很难做到这些。也就是说，高质量的数据艺术和其他可视化一样，仍是由数据引导设计的。

可见，可视化的定义在不同的人眼中是不一样的。作为一个整体，可视化的广度每天都在变化。可视化的目的不同，目标读者可能就会迥然不同。但无论如何，可视化作为一种媒介，用处很大。

9.2　可视化设计组件

所谓可视化数据，其实就是根据数值，用标尺、颜色、位置等各种视觉隐喻的组合来表现数据。深色和浅色的含义不同，二维空间中右上方的点和左下方的点含义也不同。

可视化是从原始数据到条形图、折线图和散点图的飞跃。人们很容易会以为这个过程很方便，因为软件可以帮忙插入数据，用户立刻就能得到反馈。其实在这中间还需要一些步骤和选择，例如用什么图形编码数据？什么颜色对用户的寓意和用途是最合适的？可以让计算机帮用户做出所有的选择以节省时间，但是至少，如果清楚可视化的原理以及整合、修饰数据的方式，用户就知道如何指挥计算机，而不是让计算机替用户做决定。对于可视化，如果知道如何解释数据，以及图形元素是如何协作的，得到的结果通常比软件做得更好。

基于数据的可视化组件可以分为 4 种：视觉隐喻、坐标系、标尺以及背景信息。不论在图的什么位置，可视化都是基于数据和这 4 种组件创建的。有时它们是显式的，而有时它们则会组成一个无形的框架。这些组件协同工作，对一个组件的选择会影响到其他组件。

9.2.1　视觉隐喻

可视化最基本的形式就是简单地把数据映射成彩色图形。它的工作原理就是大脑倾向于寻找模式，你可以在图形和它所代表的数字间来回切换。必须确定数据的本质并没有在这反复切换中丢失，如果不能映射回数据，可视化图表就只是一堆无用的图形。所谓视觉隐喻，就是在可视化数据时，用形状、大小和颜色来编码数据。必须根据目的来选择合适的视觉隐喻，并正确使用它，而这又取决于用户对形状、大小和颜色的理解（见图 9-7）。

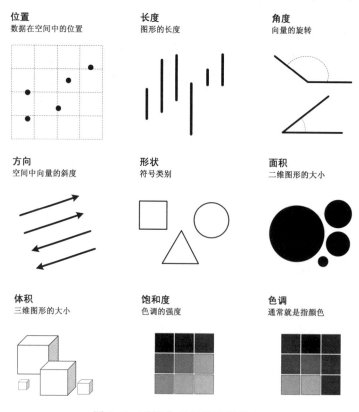

图 9-7　可视化可用的视觉隐喻

AT&T 贝尔实验室的一项研究表明，人们理解视觉隐喻（不包括形状）的精确程度，从最精确到最不精确的排序清单是：

位置→长度→角度→方向→面积→体积→饱和度→色相

很多可视化建议和最新的研究都源于这份清单。不管数据是什么，最好的办法是知道人们能否很好地理解视觉隐喻，领会图表所传达的信息。

（1）位置。用位置做视觉隐喻时，要比较给定空间或坐标系中数值的位置。如图 9-8 所示，观察散点图时，是通过一个数据点的 x 坐标和 y 坐标以及和其他点的相对位置来判断的。

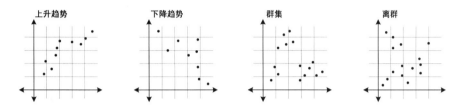

图 9-8 散点图

只用位置做视觉隐喻的一个优势就是，它往往比其他视觉隐喻占用的空间更少。因为你可以在一个 XY 坐标平面里画出所有的数据，每一个点都代表一个数据。与其他用尺寸大小来比较数值的视觉隐喻不同，坐标系中所有的点大小相同。然而，绘制大量数据之后，一眼就可以看出趋势、群集和离群值。

这个优势同时也是劣势。观察散点图中的大量数据点，很难分辨出每一个点分别表示什么。即便是在交互图中，仍然需要鼠标指针悬停在一个点上以得到更多信息，而点重叠时会更不方便。

（2）长度。长度通常用于条形图中，条形越长，绝对数值越大。不同方向上，如水平方向、垂直方向或者圆的不同角度上都是如此。

长度是从图形一端到另一端的距离，因此要用长度比较数值，就必须能看到线条的两端。否则得到的最大值、最小值及其间的所有数值都是有偏差的。

图 9-9 给出了一个简单的例子，它是一家主流新闻媒体在电视上展示的一幅税率调整前后的条形图。左图中两个数值看上去有巨大的差异。因为数值坐标轴从 34% 开始，导致右边条形长度几乎是左边条形长度的 5 倍。而右图中坐标轴从 0 开始，数值差异看上去就没有那么夸张。当然，可以随时注意坐标轴，印证所看到的（也本应如此），但这无疑破坏了用长度表示数值的本意，而且如果图表在电视上一闪而过的话，大部分人是不会注意到这个错误的。

（3）角度。角度的取值范围从 0° 到 360°，构成一个圆。有 90° 直角、大于 90° 的钝角和小于 90° 的锐角，直线是 180°。

0° ～360° 之间的任何一个角度，都隐含着一个能和它组成完整圆形的对应角，这两个角被称作共扼。这就是通常用角度来表示整体中部分的原因。尽管圆环图常被当作是饼图的"近亲"，但圆环图的视觉隐喻是弧长，因为可以表示角度的圆心被切除了。

（4）方向。方向和角度类似。角度是相交于一个点的两个向量，而方向则是坐标系中一个向量的方向，可以看到上下左右及其他所有方向（见图 9-10）。在这个图中可以看到增长、下降和波动。

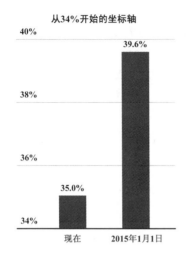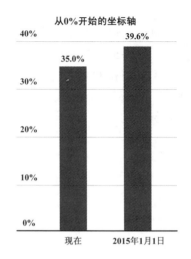

图 9-9　错误的条形图和正确的条形图

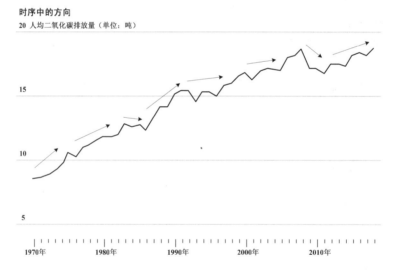

图 9-10　斜率和时序

　　对变化大小的感知在很大程度上取决于标尺。例如，可以放大比例让一个很小的变化看上去很大，同样也可以缩小比例让一个巨大的变化看上去很小。一个经验法则是缩放可视化图表，使波动方向基本都保持在 45° 左右。如果变化很小但却很重要，就应该放大比例以突出差异。相反，如果变化微小且不重要，那就不需要放大比例使之变得显著。

　　（5）形状。形状和符号通常被用在地图中，以区分不同的对象和分类。地图上的任意一个位置可以直接映射到现实世界，所以用图标来表示现实世界中的事物是合理的。比如，可以用一些树表示森林，用一些房子表示住宅区。

在图表中，形状已经不像以前那样频繁地用于显示变化。例如，在图 9-11 中可以看到，三角形和正方形都可以用在散点图中。不过，不同的形状比一个个点能提供的信息更多。

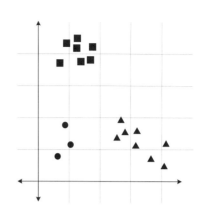

图 9-11　散点图中的不同形状

（6）面积和体积。大的物体代表大的数值。长度、面积和体积分别可以用在二维和三维空间中，表示数值的大小。二维空间通常用圆形和矩形，三维空间一般用立方体或球体。也可以更为详细地标出图标和图示的大小。

一定要注意所使用的是几维空间。最常见的错误就是只使用一维（如高度）来度量二维、三维的物体，却保持了所有维度的比例。这会导致图形过大或者过小，无法正确比较数值。

假设用正方形这个有宽和高两个维度的形状来表示数据。数值越大，正方形的面积就越大。如果一个数值比另一个大 50%，就希望正方形的面积也大 50%。然而一些软件的默认行为是把正方形的边长增加 50%，而不是面积，这会得到一个非常大的正方形，面积增加了 125%，而不是 50%。三维物体也有同样的问题，而且会更加明显。把一个立方体的长宽高各增加 50%，立方体的体积将会增加大约 238%。

（7）颜色。颜色视觉隐喻分两类，色相（hue）和饱和度。两者可以分开使用，也可以结合起来用。色相就是通常所说的颜色，如红色、绿色、蓝色等。不同的颜色通常用来表示分类数据，每个颜色代表一个分组。饱和度是一个颜色中色相的量。假如选择红色，高饱和度的红就非常浓，随着饱和度的降低，红色会越来越淡。同时使用色相和饱和度，可以用多种颜色表示不同的分类，每个分类有多个等级。

对颜色的谨慎选择能给数据增添背景信息。因为不依赖于大小和位置，可以一次性编码大量的数据。不过，要时刻考虑到色盲人群，确保所有人都可以解读图表。有将近 8%的男性和 0.5%的女性是红绿色盲，如果只用这两种颜色编码数据，这部分读者会很难理解这个可视化图表。可以通过组合使用多种视觉隐喻，使所有人都可以分辨出来。

9.2.2　坐标系

编码数据时，总得把物体放到一定的位置。有一个结构化的空间，还有指定图形和颜色画在哪里的规则，这就是坐标系，它赋予 XY 坐标或经纬度以意义。有几种不同的坐标系，图 9-12 所示的 3 种坐标系几乎可以覆盖所有的需求，它们分别为直角坐标系（也称为笛卡儿坐标系）、极坐标系和地理坐标系。

（1）直角坐标系。这是最常用的坐标系（对应如条形图或散点图）。通常可以认为坐标就是被标记为（x, y）的 XY 值对。坐标的两条线垂直相交，取值范围从负到正，组成了坐标轴。交点是原点，坐标值指示到原点的距离。举例来说，（0, 0）点就位于两线交点，（1, 2）点在水平方向上距离原点一个单位，在垂直方向上距离原点 2 个单位。

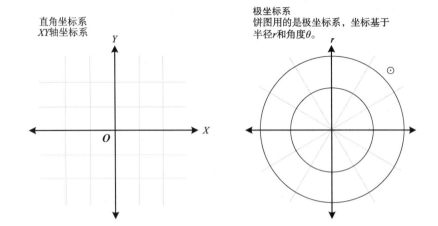

直角坐标系
XY轴坐标系

极坐标系
饼图用的是极坐标系，坐标基于半径r和角度θ。

地理坐标系
经度和纬度用来标识世界各地的位置。因为地球是圆的，所以有多种不同的投影方法来显示二位地理数据。

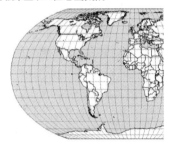

图 9-12　常用坐标系

　　直角坐标系还可以向多维空间扩展。例如，三维空间可以用（x, y, z）来替代（x, y）。可以用直角坐标系来画几何图形，以使在空间中画图变得更为容易。

　　（2）极坐标系。极坐标系（对应如圆饼图）由一个圆形网格构成，最右边的点是零度，角度越大，逆时针旋转越多。距离圆心越远，半径越大。

　　将自己置于最外层的圆上，增大角度，逆时针旋转到垂直线（或者直角坐标系的Y轴），就得到了 90°，也就是直角。再继续旋转 1/4，到达 180°。继续旋转直到返回起点，就完成了一次 360° 的旋转。沿着内圈旋转，半径会小很多。

　　极坐标系没有直角坐标系用得多，但在角度和方向很重要时它会更有用。

　　（3）地理坐标系。位置数据的最大好处就在于它与现实世界的联系，它能给相对于你的位置的数据点带来即时的环境信息和关联信息。用地理坐标系可以映射位置数据。位置数据的形式有许多种，但通常都是用纬度和经度来描述，分别相对于赤道和子午线的角度，有时还包含高度。纬度线是东西向的，标识地球上的南北位置。经度线是南北向的，标识东西位置。高度可被视为第三个维度。相对于直角坐标系，纬度就好比水平轴，经度就好比垂直轴。也就是说，相当于使用了平面投影。

　　绘制地表地图最关键的地方是要在二维平面上（如计算机屏幕）显示球形物体的

表面。有多种不同的实现方法，被称为投影。当你把一个三维物体投射到二维平面上时，会丢失一些信息，与此同时，其他信息则被保留下来（见图 9-13）。

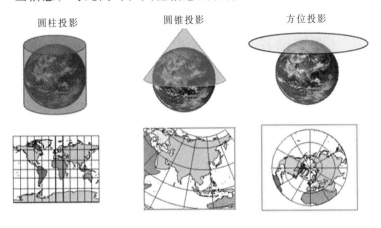

图 9-13　地图投影

9.2.3　标尺

坐标系指定了可视化的维度，而标尺则指定了在每一个维度里数据映射到哪里。标尺有很多种，也可以用数学函数来定义自己的标尺，但是基本上不会偏离图 9-14 中所展示的标尺，即数字标尺、分类标尺和时间标尺。标尺和坐标系一起决定了图形的位置以及投影的方式。

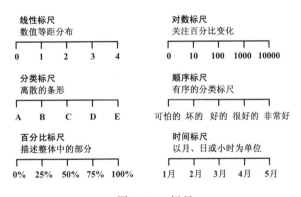

图 9-14　标尺

（1）数字标尺。线性标尺上的间距处处相等，无论处于坐标轴的什么位置。因此，在标尺的低端测量两点间的距离，和在标尺高端测量的结果是一样的。然而，对数标尺是随着数值的增加而压缩的。对数标尺不像线性标尺那样被广泛使用。对于不常和数据打交道的人来说，它不够直观，也不好理解。但如果关心的是百分比变化而不是原始计数，或者数值的范围很广，对数标尺还是很有用的。

百分比标尺通常也是线性的，用来表示整体中的部分时，最大值是 100%（所有部分总和是 100%）。

（2）分类标尺。数据并不总是以数字形式呈现的。它们也可以是分类的，比如人们居住的城市，或政府官员所属党派。分类标尺为不同的分类提供视觉分隔，通常和数字标尺一起使用。拿条形图来说，你可以在水平轴上使用分类标尺（如 A、B、C、D、E），在垂直轴上用数字标尺，这样就可以显示不同分组的数量和大小了。分类间的间隔是随意的，和数值没有关系。通常会为了增加可读性而进行调整，顺序和数据背景信息相关。当然，也可以相对随意，但对于分类的顺序标尺来说，顺序就很重要了。比如，将电影的分类排名数据按从糟糕的到非常好的这种顺序显示，能帮助观众更轻松地判断和比较影片的质量。

（3）时间标尺。时间是连续变量，可以把时间数据画到线性标尺上，也可以将其分成月份或者星期这样的分类，作为离散变量处理。当然，它也可以是周期性的，总有下一个正午、下一个星期六和下一个一月份。和读者沟通数据时，时间标尺带来了更多的好处，因为和地理地图一样，时间是日常生活的一部分。随着日出和日落，在时钟和日历里，我们每时每刻都在感受和体验着时间。

9.2.4　背景信息

背景信息（帮助更好地理解数据相关的 5W 信息，即何人、何事、何时、何地、为何）可以使数据更清晰，并且能正确引导读者。至少，几个月后回过头来再看时，它可以提醒人们这张图在说什么。

有时背景信息是直接画出来的，有时它们则隐含在媒介中。至少可以很容易地用一个描述性标题来让读者知道他们将要看到的是什么。想象一幅呈上升趋势的汽油价格时序图，可以把它称为"油价"，这样显得清楚明确，也可以称它为"上升的油价"，来表达出图片的信息；还可以在标题底下加上引导性文字，描述价格的浮动。

所选择的视觉隐喻、坐标系和标尺都可以隐性地提供背景信息。明亮、活泼的对比色和深的、中性的混合色表达的内容是不一样的。同样，地理坐标系让你置身于现实世界的空间中，直角坐标系的 XY 坐标轴只停留在虚拟空间，对数标尺更关注百分比变化而不是绝对数值。这就是为什么注意软件默认设置很重要的原因。

现有的软件越来越灵活，但是软件无法理解数据的背景信息。软件可以帮用户你初步画出可视化图形，但还要由用户来研究和做出正确的选择，让计算机输出可视化图形。其中，部分来自用户对几何图形及颜色的理解，更多则来自练习，以及从观察大量数据和评估不熟悉数据的读者的理解中获得的经验。常识往往也很有帮助。

9.2.5　整合可视化组件

单独看这些可视化组件没那么神奇，它们只是漂浮在虚无空间里的一些几何图形而已。如果把它们放在一起，就得到了值得期待的完整的可视化图形。例如，在一个直角坐标系里，水平轴上用分类标尺，垂直轴上用线性标尺，长度做视觉隐喻，这时得到了条形图。在地理坐标系中使用位置信息，则会得到地图中的一个个点。

在极坐标系中，半径用百分比标尺，旋转角度用时间标尺，面积做视觉隐喻，可以画出极区图（即南丁格尔玫瑰图）。

本质上，可视化是一个抽象的过程，是把数据映射到了几何图形和颜色上。从技术角度看，这很容易做到。你可以很轻松地用纸笔画出各种形状并涂上颜色。难点在于，你要知道什么形状和颜色是最合适的、画在哪里以及画多大。

要完成从数据到可视化的飞跃，必须知道自己拥有哪些原材料。对于可视化来说，视觉隐喻、坐标系、标尺和背景信息都是拥有的原材料。视觉隐喻是人们看到的主要部分，坐标系和标尺可使其结构化，创造出空间感，背景信息则赋予了数据以生命，使其更贴切，更容易被理解，从而更有价值。

知道每一部分是如何发挥作用的，尽情发挥，并观察别人看图时得到了什么信息：不要忘了最重要的东西，没有数据，一切都是空谈。同样，如果数据很空洞，得到的可视化图表也会是空洞的。即使数据提供了多维度的信息，而且粒度足够小，使你能观察到细节，那也必须知道应该观察些什么。

数据量越大，可视化的选择就越多，然而很多选择可能是不合适的。为了过滤掉那些不好的选择，找到最合适的方法，得到有价值的可视化图表，就必须了解自己的数据。

9.3 分类数据的可视化

数据分析中常常需要把人群、地点和其他事物进行分类，分类可以带来结构化。图 9-15 显示了一些可视化分类数据的选择。

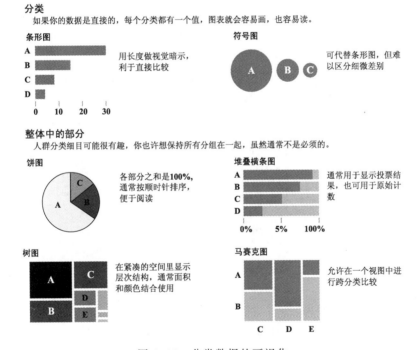

图 9-15 分类数据的可视化

条形图是显示分类数据最常用的方法。每个矩形代表一个分类，矩形越长，数值越大。当然，数值大可能表示更好，也可能表示更差，这取决于数据集以及制作者视角。条形图在视觉上等同于一个列表。每一条都代表一个值，可以用不同的矩形来区分，也可以使用不同的标尺和图形表示同样的数据。

9.3.1　整体中的部分

把分类放在一起时，各部分的总和等于整体，例如统计每个地区的人数就得到了全国总人数。把分类看成独立的单元将有助于看到整体分布情况或单一种群的蔓延情况。

在圆饼图中，完整的圆表示整体，每个扇区都是其中的一部分。所有扇区的总和等于 100%。在这里，角度是视觉隐喻。

用户需要决定是否使用圆饼图。分类很多时，圆饼图很快会乱成一团，因为一个圆里只有这么点空间，所以小数值往往就成了细细的一条线。

9.3.2　子分类

子分类通常比主分类更有启示性。随着研究的深入，能看到更多内容和更多变化。显示子分类使数据浏览更容易，因为阅读者可以将视线直接跳到他所最关注的地方。

图 9-16 显示了在调查中自称是未成年人的父母或监护人的人所占的比例。这张图看起来像是堆叠横条图中的横条。横条越宽表示给出这个答案的人越多，可以看到大多数

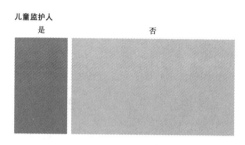

图 9-16　只有一个变量的马赛克图

人都给出了否定的回答，一些人给出了肯定的回答（还有一些人则拒绝回答）。

如果想知道回答是与否的人所受教育的程度的对比情况呢？可以引入另一个维度：它的几何结构是一样的，即面积越大，百分比越高。比如，可以看到身为父母的人大学本科毕业率略低于未当父母的人（见图 9-17）。

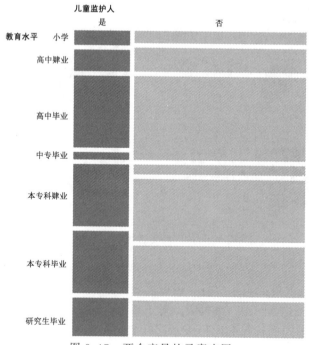

图 9-17　两个变量的马赛克图

还可以继续引入第三个变量。学历和教育的定位是一样的，但可以看看他们使用电子邮件的情况。注意图 9-18 中每一个子分类的垂直分割。可以继续增加变量，但图表却越来越难以读懂，所以需要谨慎。

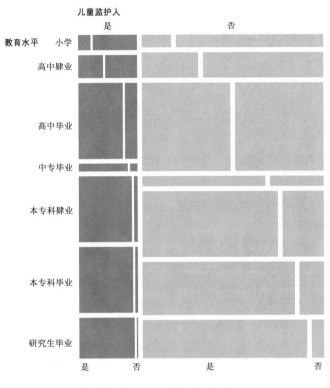

图 9-18　3 个变量的马赛克图

9.3.3　数据的结构和模式

对于分类数据，通常能立刻看到最小值和最大值，这能让你了解到数据集的范围。通过快速排序，也可以很方便地查找到数据集的范围。之后，看看各部分的分布情况，大部分数值是很高？很低？还是居中？最后，再看看结构和模式，如果一些分类有着同样或差异很大的值，就要问问为什么，以及是什么让这些分类相似或不同的。

9.4　时序数据的可视化

可视化时序数据时，目标是看到什么已经成为过去，什么发生了变化，以及什么保持不变，相差程度又是多少（见图 9-19）。与去年相比，增加了还是减少了？造成这些增加、减少或不变的原因可能是什么？有没有重复出现的模式，是好还是坏？预期内的还是出乎意料的？

和分类数据一样，条形图一直以来都是观察数据最直观的方式，只是坐标轴上不再用分类，而是用时间。通常，时间段之间的变化幅度比每个点的数值更有趣。

时序图

有很多方法可以观察到随着时间推移生成的模式，可以用长度、方向和位置等视觉暗示。

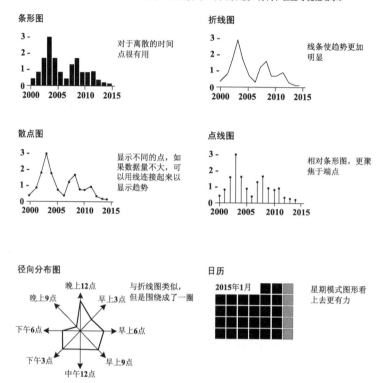

图 9-19　时序数据的可视化

9.4.1　周期

一天中的时间，一周中的每一天以及一年中的每个月都在周而复始，对齐这些时间段通常会有好处。然而，如果条形图看起来像是一个连续的整体，会更容易区分变化，因为可以看到坡度，或者点之间的变化率。当用连续的线时，会更容易看到坡度。折线图以相同的标尺显示了与条形图一样的数据，但通过方向这一视觉隐喻直接展现出了变化。

同样，也可以用散点图，数据和坐标轴一样，但视觉隐喻不同。与条形图一样，散点图的重点在每个数值上，趋势不是那么明显（见图 9-20）。

如果用线把稀疏的点连起来（见图 9-21），图的焦点就又变了。如果你更关心整体趋势，而不是具体的月度变化，那么就可以对这些点使用 LOESS 曲线法①，而不是连接每个点（见图 9-22）。

当然，图表形式的选择取决于数据，虽然开始时可能看起来有很多选择，但通过实践能知道使用何种图表最合适，相似的数据集也可能有很多不同的选择。

---

① LOESS 曲线法，即局部加权散点图，这是威廉–克利夫兰发明的统计方法，适合数据子集不同点的多项式函数，拟合后形成了平滑的线。这种方法用来绘制平滑曲线，结合了线性回归的简单性和非线性模型的灵活性。

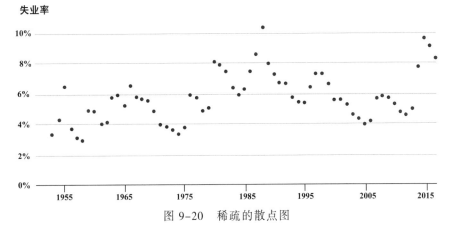

图 9-20 稀疏的散点图

图 9-21 用线连接的稀疏散点图

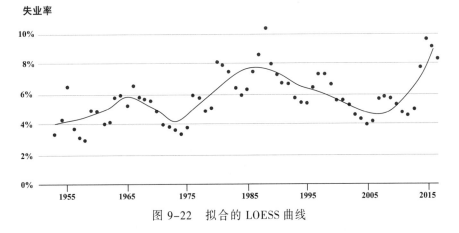

图 9-22 拟合的 LOESS 曲线

9.4.2 循环

影响到经济以及失业率的因素很多，所以在各个显著增加的间隔中并没有表现出什么规律。例如，数据没有显示出失业率每十年上升 10%。然而，很多事情仍是有规律性地重复着。

来自机场的航班数据也显示了类似的循环现象，通常星期六的航班最少，星期五的航班最多。切换到极坐标轴，如图 9-23 中的星状图（也称雷达图、径向分布图或蛛网图）。从顶部的数据开始，顺时针看。一个点越接近中心，其数值就越低，离中心越远，数值则越大。

因为数据在重复，所以比较每周同一天的数据就有了意义。比如，比较每个星期一的情况。要弄清那些异常值的日期，最直接的方法是回到数据中查看最小值。

总体来说，我们要寻找随时间推移发生的变化。更具体地说是要注意变化的本

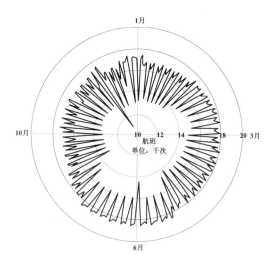

图 9-23　时序数据的星状图

质。变化很大还是很小？如果很小，那些变化还重要吗？想想产生变化的可能原因，即使是突发的短暂波动，也要看看是否有意义。变化本身是有趣的，但更重要的是，要知道变化有什么意义。

9.5　空间数据的可视化

空间数据很容易理解，因为任何时刻都知道自己在哪儿——知道自己住在哪儿，去过哪儿以及想去哪儿。

空间数据存在自然的层次结构，可以并需要以不同的粒度进行探索研究。在遥远的太空中，地球看起来就像个小蓝点，什么也看不到；但随着画面的放大，就可以看见陆地和大片的水域了，那是大陆和大洋。继续放大，还可以看见各个国家及其海域，然后就是省、州、县、区、市、镇，一直到街区和房屋。从概要视图到细节视图的放大倍数被称为缩放系数。当缩放系数在 5～30 之间时，相互协调的概要视图和细节视图是有效的；然而，对于较大的缩放系数，就需要一个额外的中间视图。

全球数据通常按国家分类，而国家的数据则按州、省或地区分类。然而，如果对各个街区或相邻区域的差异有疑问，那么这种高层级的集合就没有太多用处。因此，研究路线取决于拥有的数据或者能够得到的数据。

为了维护个人隐私，防止个人住址泄露，通常要在发布数据前聚合空间数据。有时不可能在更高粒度级别进行估计，这个工作量太大。例如，在具体国家之外很少能见到全球的数据，因为很难在每个国家都获取到这么详细的大样本数据。

如果估算同样的东西，为什么不合并研究呢？方法不同，很难获取可比较的结果。而在其他时候，合并数据也是有意义的，因为人们想要比较不同的区域。例如，如果使用开放数据，通常能看到对国家、省市和县的估算。虽然不是很详细，但仍然可以从聚合数据中得到信息。

等值区域图是在某个空间背景信息中可视化区域数据时最常用的方法。这种方法使用颜色作为视觉隐喻，不同区域根据数据填色。数值大的区域通常用饱和度高的颜色，数值小的区域则用饱和度低的颜色。

有时空间数据确实包含具体的地点，但大多会对整体更感兴趣。在大城市里也有许许多多的位置点，在绘制完整的地图时，这些点会重叠在一起，很难分辨出在密集的地区到底有多少数据。

空间数据和分类数据很像，只是其中包含了地理要素。首先，应该了解数据的范围，然后寻找区域模式。某个国家、某个大洲的某个区域是否聚集了较高或较低的值？关于一个人满为患的地区，单独的数值只能告诉一小部分信息，所以想想模式隐含的意义，再参考其他数据集以证实自己的直觉判断。

9.6 让可视化设计更清晰

在研究阶段，要从各种不同的角度观察数据，浏览它的方方面面。之所以要了解图表，是因为在研究了大量快速生成的图表后会了解更多的信息。因此，要用图形方式向人们展示研究结果，就必须确保受众也能很容易地理解图表，应该设计更清晰的、简单易读的图表。有时数据集是复杂的，可视化也会变得复杂。不过，只要能比电子表格提供的有用见解更多，它就是有意义的。无论是定制分析工具还是数据艺术，制作图表都是为了帮助人们理解抽象的数据，尽量不要让读者对数据感到困惑。

9.6.1 建立视觉层次

第一次看可视化图表时，会快速地扫一眼，试图找到有趣的东西。而实际上，在看任何东西时，人的眼睛总是趋向于识别那些引人注目的东西，如明亮的颜色、较大的物体，以及处于身高曲线长尾端的人。高速公路上用橙色锥筒和黄色警示标识提醒人们注意事故多发地或施工处，因为在单调的深色公路背景中，这两种颜色非常引人注目。与此相反，人山人海中躲得很隐蔽的某个人就很难找到。

可以利用这些特点来可视化数据。用醒目的颜色突出显示数据，淡化其他视觉元素，把它们当作背景。用线条和箭头引导视线移向兴趣点。这样就可以建立起一个视觉层次，帮助读者快速关注到数据图形的重要部分，而把周围的东西都当作背景信息。

举例来说，图 9-24 是显示 NBA 球员使用率和场均得分的散点图。数据点、拟合线、网格和标签都用同样的颜色，线条粗细也一样，没有呈现出一个清晰的视觉焦点。这是一张扁平图，所有的视觉元素都在同一个层次上。

很容易通过一些细微的改变做出改进。例如，使网格线变细以突出数据，而网格线粗细交替，很容易定位每个数据点在坐标系中的位置；减少网格线的宽度使其成为背景，用颜色和宽度把图表的焦点转移到拟合线上。进一步调整，减少网格和数值标签，减少网格线，图表的可读性大大增强（见图 9-25）。

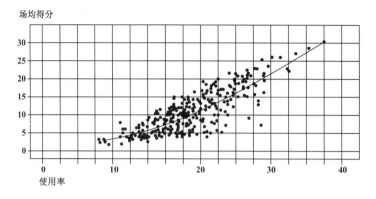

图 9-24　所有视觉元素都在同一个层次上

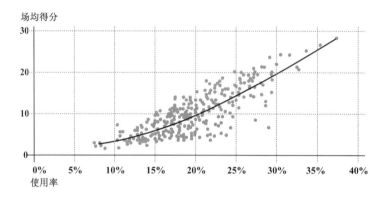

图 9-25　调整后的图 9-24

即使绘制图表只是为了研究或对数据进行概览，而不是为了察看具体的数据点或者数据中的故事，如趋势线，但仍然可以通过视觉层次将图表结构化。若呈现大量的数据会造成视觉惊吓，按类别细分则有助于读者浏览图表。

有时，视觉层次可以用来体现研究数据的过程。假设在研究阶段生成了大量的图表，可以用几张图来展示全景，在其中标注出具体的细节（另有图表单独表示）。

最重要的是，有视觉层次的图表容易读懂，能把读者引向关注焦点。相反，扁平图则缺少流动感，读者难以理解，更难进行细致研究。这不是我们想要的结果。

9.6.2　增强图表的可读性

用视觉线索编码数据，就需要解码形状和颜色以得出见解，或理解图形所表达的内容，如图 9-26 所示。如果没有清楚地描述数据，没有画出可读性强的数据图，颜色和形状就失去了其价值。图形和相关数据间的联系若被切断，结果也只是一个几何图而已。

必须维护好视觉隐喻和数据之间的纽带，因为是数据连接着图形和现实世界。图形的可读性很关键，可以对数据进行比较，思考数据的背景信息及其所表达的内容，并组织好形状、颜色及其周围的空间，使图表更加清楚。

图 9-26　视觉隐喻和数据所表达内容的联系

例如，在图 9-27 中，尼古拉斯·加西亚·贝尔蒙特基于来自美国国家气象局的数据，用圆圈显示了 1 200 个气象站的一种模式，将美国部分地区的风场制作成可视化动态图。交互的动画展示了过去 72 个小时中风的动向。线条代表风向，圆圈半径代表风速，颜色代表气温。每个标志都是一个气象站，可以点击图中的任何位置以了解更多的细节。

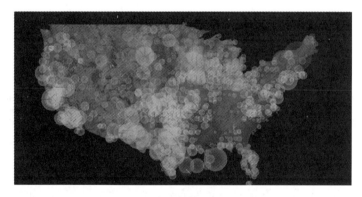

图 9-27　美国部分地区的风场图

9.6.3　允许数据点之间进行比较

允许数据点之间进行比较是数据可视化的主要目标。在表格中，只能逐个对数据进行认识，把数据放到视觉环境中就可以看出一个数值和其他数值的关联有多大，所有数据点是彼此相关的。可视化作为更好地理解数据的一种方式，如果不能满足这个基本需求，也就失去了价值。即便只想表明这些数值都是相等的，允许进行比较并得出结论仍然很关键。

传统的图表，如条形图、折线图，它们都设计得让数据点的比较尽可能直接和明显。把数据抽象成基本的几何图形，可以比较长度、方向和位置。如图 9-28 所示，通过一些微妙的变化就可以让图表更难读或易读。例如用面积做视觉隐喻，用面积来表示数值，实际上，图形的大小取决于人们怎样用图形来诠释数据。

然而，与位置或长度相比，分辨出二维图形间的细微差异会更困难。当然，这并不是说不能用面积做视觉隐喻。相反，当数值间存在指数级差异时面积就大有用武之地。如果细微的差别很重要，就得用其他的视觉隐喻，如位置或长度。

另一方面，气泡图把大数据和小数据放在同一个空间里，不能像条形图一样直观、精确地比较数值。但就这个例子而言，条形图也不能很好地进行比较。

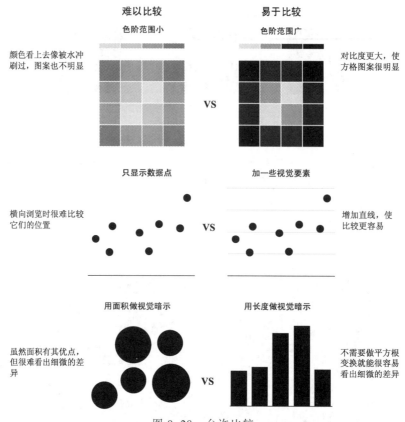

图 9-28　允许比较

　　引入颜色作为视觉隐喻还有一些其他需要考虑的因素。例如，如果用相同饱和度的红色和绿色，对色盲人群来说这两种颜色是一样的。颜色选项也会根据所用的色阶和表达的内容而改变。

9.6.4　描述背景信息

　　背景信息能帮助读者更好地理解可视化数据。它能提供一种直观的印象，并且增强抽象的几何图形及颜色与现实世界的联系。可以通过图表周围的文字引人背景信息，例如在报告或者新闻报道中；也可以用视觉隐喻和设计元素把背景信息融入可视化图表中。

　　通常，视觉隐喻的选择会随着对图表的期望而变化。不能达到预期效果的图表只会困扰读者——当然，这是从设计角度来看的，而非数据的角度。意外显示出的趋势、模式和离群值总是受欢迎的。

　　背景信息同样可以影响到几何图形的选择。例如，美国劳工统计局每个月会发布关于失业和就业的人数估计。图 9-29 显示了从 2013 年 2 月到 2015 年 2 月间的失业人数情况。在这段时间里，每个月的失业人数高于就业人数。条形越长，表明那个月的失业人数越多。

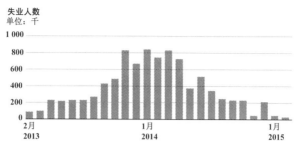

图 9-29 常见的数据可视化

图 9-30 中全是正数值,这本身是合情合理的,但要考虑这个图通常出现在什么样的场合。人们期望看到正数方向表示就业,负数方向表示失业。然而,图 9-30 的坐标系中用负数方向表示失业,负的失业数也就是新增就业机会数。所以,像图 9-30 那样用负值来表示失业更直观。那些否定的事情,用下降来表示减少更合理。而另一方面,当目标就是减轻体重时,体重的降低标在坐标轴的正向一侧效果会更好。

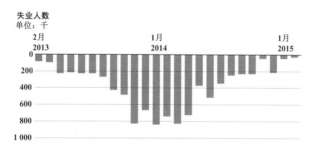

图 9-30 背景信息中的数据可视化

背景信息对于图表的理解十分重要。再来看个例子,图 9-31 是一幅来自实时航班追踪网站 FlightAware 的地图。从航班信息页中,可以知道这是 2012 年 4 月 19 日的 N48DL 次航班,从路易斯安那州的斯莱德尔飞往佛罗里达州的萨拉索塔,飞行时间为 4 小时 23 分钟。

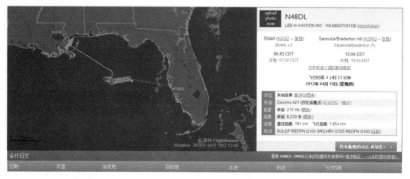

图 9-31 从美国路易安纳州斯莱德尔飞往佛罗里达州萨拉索塔的航班

除了看起来像个简陋的航班跟踪系统外,这张地图并没有什么值得注意的地方。但是,实际情况是这是一架小型飞机的航线,这架小飞机在墨西哥湾上空盘旋了 2 个多小时后,最终坠入大海,飞行员失踪——此时此刻,这张地图突然就有了别的意义。

要考虑拥有什么数据，能得到什么数据，数据来源是什么，如何获取以及所有变量的意义是什么，然后用这些额外的信息来指导视觉探索。如果把可视化当作分析工具，必须尽可能多地了解数据。即使可视化数据的目的仅是为了将其用于报告中，探索研究也可以获得意外的认识，这有助于制作出更好的图表。

【实验与思考】绘制泰坦尼克事件镶嵌图

1．实验目的

（1）熟悉大数据可视化的基本概念和主要内容。

（2）熟悉大数据分析、处理和可视化应用的主要方法。

（3）通过绘制泰坦尼克事件镶嵌图，尝试了解大数据可视化的设计与表现技术。

2．工具/准备工作

在开始本实验之前，请认真阅读课程的相关内容。

需要准备一台带有浏览器，能够访问因特网的计算机。

3．实验内容与步骤

1．概念理解

（1）请结合查阅相关文献资料，简述数据可视化的七个数据类型是什么。

答：_____

_____

_____

（2）请结合查阅相关文献资料，简述数据可视化的七项基本任务是什么。

答：_____

_____

_____

2．泰坦尼克号"镶嵌图"

泰坦尼克号（RMSTitanic）是当时世界上最大的超级豪华巨轮，被称为是"永不沉没的客轮"和"梦幻客轮"。它与姐妹船奥林匹克号（RMSOlympic）和不列颠尼克号（HMHSBritannic）一道为英国白星航运公司的乘客们提供快速且舒适的跨大西洋旅行，是同级三艘超级邮船中的第二艘。泰坦尼克号共耗资 7 500 万英镑，吨位46 328 吨，长 882.9 英尺（1 英尺=0.3048 米），宽 92.5 英尺，从龙骨到 4 个大烟囱的顶端有 175 英尺，高度相当于 11 层楼。

1912 年 4 月 10 日，泰坦尼克号从英国南安普敦出发，途经法国瑟堡-奥克特维尔以及爱尔兰的昆士敦，计划中的目的地为美国的纽约，开始了这艘"梦幻客轮"的处女航。4 月 14 日晚 11 点 40 分，泰坦尼克号在北大西洋撞上冰山，两小时四十分钟后，4 月 15 日凌晨 2 点 20 分沉没，由于缺少足够的救生艇，1 731 人葬生海底，造成了当时在和平时期最严重的一次航海事故，也是迄今为止最为人所知的一次海难。

这里，我们通过泰坦尼克号的例子来解释镶嵌图的概念。泰坦尼克号乘员 2 201人中有 1 731 名旅客及工作人员丧生。表 9-1 显示的原始数据包含 4 个属性：性别、是否存活、舱位等级以及成人/儿童。

表 9-1 泰坦尼克号事件的原始数据

存 活	年 纪	性 别	舱 位			
			头 等 舱	二 等 舱	三 等 舱	工 作 人 员
否	成人	男	118	154	387	670
是			57	14	75	192
否	儿童		0	0	35	0
是			5	11	13	0
否	成人	女	4	13	89	3
是			140	80	76	20
否	儿童		0	0	17	0
是			1	13	14	0

如果没有仔细分析，很难从这个表中读出有用信息。我们可以通过以下方法生成一个对应的镶嵌图：首先生成一个矩形，令它的面积表示船上的总人数，如图 9-32（a）所示。然后根据舱位等级将这个矩形分成 4 个稍小的矩形，它们的面积表示各舱位的人员数，如图 9-32（b）所示。下一步再根据各舱位内的人员性别对这 4 个矩形进行细分，如图 9-32（c）所示，从中可立即看出一些信息，如头等舱、二等舱和三等舱中的男女比例。最后，我们根据存活与否（存活表示为绿色，死亡表示为黑色）或成人/儿童对已有矩形进行再次细分，得到图 9-32（d）所示。

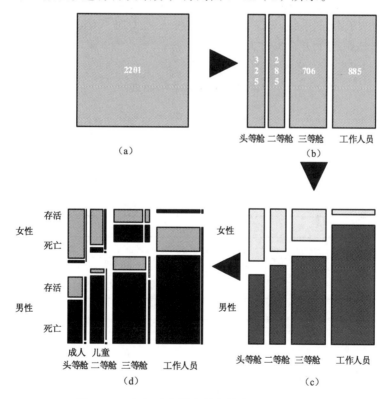

图 9-32 泰坦尼克号事件的镶嵌图生成过程

这个镶嵌图提供了对泰坦尼克号事件的最直观的描述，同时也显现了很多新的信息，如"乘坐三等舱的女性""头等舱女性的存活率""女童较之于男童的存活率"等。

（1）通过网络搜索，了解并记录你感兴趣的更多关于泰坦尼克号事件的各个方面的信息，如人文和技术信息等。

答：_____

_____

（2）仔细观察图9-32，你还会产生哪些问题？得到哪些信息？

答：_____

_____

（3）你认为，在事件描述中，表格和图形方式分别有哪些特点，它们彼此有什么关联？

答：_____

_____

（4）为表9-1所示的泰坦尼克号事件生成一个镶嵌图（及其生成过程），注意使用不同步骤（例如，是否存活→性别→舱位等级→成年人/儿童）。

镶嵌图可以在纸上手绘，如果是使用软件工具（如 Visio）则需要打印。请将你绘制的镶嵌图粘贴在下方，并注意折叠。

（镶嵌图作品粘贴线）

请列出你从泰坦尼克事件镶嵌图作品的描述中提取出的信息。

答：_____

_____

4．实验总结

_____

_____

_____

5．实验评价（教师）

_____

第 10 章

Tableau 可视化初步 《《《

【案例导读】 大数据变革公共卫生

2009 年出现了一种新的流感病毒甲型 H1N1，这种流感结合了导致禽流感和猪流感的病毒的特点，在短短几周之内迅速传播开来。全球的公共卫生机构都担心一场致命的流行病即将来袭。有的评论家甚至警告说，可能会爆发大规模流感，类似于 1918 年在西班牙爆发的影响了 5 亿人口并夺走了数千万人性命的大规模流感。更糟糕的是，我们还没有研发出对抗这种新型流感病毒的疫苗。公共卫生专家能做的只是减慢它传播的速度。但要做到这一点，必须先知道这种流感出现在哪里。

美国，和所有其他国家一样，都要求医生在发现新型流感病例时告知疾病控制与预防中心。但由于人们可能患病多日才会去医院，同时这个信息传达回疾控中心也需要时间，因此，通告新流感病例时往往会有一两周的延迟，而且，疾控中心每周只进行一次数据汇总。然而，对于一种飞速传播的疾病，信息滞后两周的后果将是致命的。这种滞后导致公共卫生机构在疫情爆发的关键时期反而无所适从。

在甲型 H1N1 流感爆发的几周前，互联网巨头谷歌公司的工程师们在《自然》杂志上发表了一篇引人注目的论文。它令公共卫生官员们和计算机科学家们感到震惊。文中解释了谷歌为什么能够预测冬季流感的传播：不仅是全美范围的传播，而且可以具体到特定的地区和州。谷歌通过观察人们在网上的搜索记录来完成这个预测，而这种方法以前一直是被忽略的。谷歌保存了多年来所有的搜索记录，而且每天都会收到来自全球超过 30 亿条的搜索指令，如此庞大的数据资源足以支撑和帮助它完成这项工作。

谷歌公司把 5 000 万条美国人最频繁检索的词条和美国疾控中心在 2003 年至 2008 年间季节性流感传播时期的数据进行了比较。他们希望通过分析人们的搜索记录来判断这些人是否患上了流感，其他公司也曾试图确定这些相关的词条，但是他们缺乏像谷歌公司一样庞大的数据资源、处理能力和统计技术。

虽然谷歌公司的员工猜测，特定的检索词条是为了在网络上得到关于流感的信息，如"哪些是治疗咳嗽和发热的药物"，但是找出这些词条并不是重点，他们也不知道哪些词条更重要。更关键的是，他们建立的系统并不依赖于这样的语义理解。他们设立的这个系统唯一关注的就是特定检索词条的使用频率与流感在时间和空间上的传播之间的联系。谷歌公司为了测试这些检索词条，总共处理了 4.5 亿个不同的数学模型。在将得出的预测与 2007 年、2008 年美国疾控中心记录的实际流感病例进行对比后，谷歌公司发现，他们的软件发现了 45 条检索词条的组合，将它们用于一个特定的数学模型后，他们的预测与官方数据的相关性高达 97%。和疾控中心一样，他们也能判断出流感是从哪里传播出来的，而且判断非常及时，不会像疾控中心一样要在流感爆发一两周之后才可以做到。

所以，2009 年甲型 H1N1 流感爆发时，与习惯性滞后的官方数据相比，谷歌成为一个更有效、更及时的指示标。公共卫生机构的官员获得了非常有价值的数据信息。惊人的是，谷歌公司的方法甚至不需要分发口腔试纸和联系医生——它是建立在大数据基础之上的。这是当今社会所独有的一种新型能力；以一种前所未有的方式，通过对海量数据进行分析，获得有巨大价值的产品和服务，或深刻的洞见。基于这样的技术理念和数据储备，下一次流感来袭时，世界将会拥有一种更好的预测工具，以预防流感的传播。

阅读上文，请思考、分析并简单记录：

（1）谷歌预测流感主要采用的是什么方法？

答：_____

_____

（2）谷歌预测流感爆发的方法与传统的医学手段有什么不同？

答：_____

_____

（3）在现代医学发展中，你认为大数据还会有哪些用武之地？

答：_____

_____

（4）请简单描述你所知道的上一周内发生的国际、国内或者身边的大事。

答：_____

_____

_____

10.1 Tableau 概述

大数据时代的到来使人类第一次有机会和条件，在非常多的领域和非常深入的层次获得和使用全面数据、完整数据和系统数据，深入探索现实世界的规律，获取过去不可能获取的知识，得到过去无法企及的商机。Tableau Software 正是一家做大数据的公司，更确切地说是大数据处理的最后一环：数据可视化。

Tableau 成立于 2003 年，来自斯坦福的三位校友 Christian Chabot（首席执行官）、Chris Stole（开发总监）以及 Pat Hanrahan（首席科学家）在远离硅谷的西雅图注册成立了这家公司，其中 Chris Stole 是计算机博士；而 Pat Hanrahan 是皮克斯动画工作室的创始成员之一，曾负责视觉特效渲染软件的开发，两度获得奥斯卡最佳科学技术奖，至今仍在斯坦福担任教授职位，教授计算机图形课程。三人都对数据可视化这件事怀有很大的热情。

Tableau 主要是面向企业数据提供可视化服务，是一家商业智能软件提供商，企业运用 Tableau 授权的数据可视化软件对数据进行处理和展示，但 Tableau 的产品并不仅限于企业，其他任何机构乃至个人都能很好地运用 Tableau 的软件进行数据分析工作。数据可视化是数据分析的完美结果，让枯燥的数据以简单友好的图表形式展现出来。可以说，Tableau 在抢占一个细分市场，就是大数据处理末端的可视化市场，目前市场上并没有太多这样的产品。同时 Tableau 还为客户提供解决方案服务。

Tableau 全球客户超过 12 000 个，分布在全球 100 多个国家，北美以外的市场占17%，遍及商务服务、能源、电信、金融服务、互联网、生命科学、医疗保健、制造业、媒体娱乐、公共部门、教育、零售等各个行业。

Tableau 的业务主要分为两部分：一是数据可视化软件授权，二是软件维护和服务。

Tableau 软件的基本理念是，界面上的数据越容易操控，公司对自己在所在业务领域里的所作所为到底是正确还是错误，就能了解得越透彻。

10.1.1 Tableau 可视化技术

"所有人都能学会的业务分析工具"，这是 Tableau 官网上对 Tableau Desktop 的描述。确实，Tableau Desktop 的简单、易用程度令人发指，这也是 Tableau 的最大特点，使用者不需要精通复杂的编程和统计原理，只需要 drag anddrop——把数据直接拖放到工具簿中，通过一些简单的设置就可以得到自己想要的数据可视化图形，这使得即使是不具备专业背景的人也可以创造出美观的交互式图表，从而完成有价值的数据分析。所以，Tableau Desktop 的学习成本很低，使用者可以快速上手，这无疑对于日渐追求高效率和成本控制的企业来说具有巨大的吸引力。其特别适合于日常工作中需要绘制大量报表、经常进行数据分析或需要制作精良的图表以在重要场合演讲的人。但简单、易用并没有妨碍 Tableau Desktop 拥有强大的性能，其不仅能完成基本的统计预测和趋势预测，还能实现数据源的动态更新。

在简单、易用的同时，Tablcau Desktop 也极其高效，其数据引擎的速度极快，处理上亿行数据只需几秒的时间就可以得到结果，速度是传统 database query 的 100 倍，用其绘制报表的速度也比传统的程序员制作报表快 10 倍以上。

简单、易用、快速，一方面是归功于产生自斯坦福大学的突破性技术，身为最早研究可视化技术的公司之一，Tableau 有一组集复杂的计算机图形学、人机交互和高性能的数据库系统于一身的跨越领域的技术，其中最耀眼的莫过于 VizQL 可视化查询语言和混合数据架构，正是由于斯坦福博士们这些源源不断的创新技术和发展完善，才得以保证 Tableau Desktop 的强大特性。另一方面则在于 Tableau 专注于处理的是最简单的结构化数据，即那些已整理好的数据——Excel、数据库等，结构化的数据处理在技术上难度较低，这就使得 Tableau 有精力在快速、简单和可视上做出更多改进。

而且，Tableau Desktop 具有完美的数据整合能力，可以将两个数据源整合在同一层，甚至还可以一个数据源筛选为另一个数据源，并在数据源中突出显示，这种强大的数据整合能力具有很大的实用性。

Tableau Desktop 还有一项独具特色的数据可视化技术，就是嵌入了地图，使用者可以用经过自动地理编码的地图呈现数据，这对于企业进行产品市场定位、制定营销策略等有非常大的帮助。

Tableau 特有的数据处理和可视化核心技术主要包括以下两个方面：

（1）独创的 VizQL 数据库。Tableau 的初创合伙人是来自斯坦福大学的数据科学家，他们为了实现卓越的可视化数据获取与后期处理，并没有像普通数据分析类软件那样简单地调用和整合现行主流的关系型数据库，而是进行大尺度创新，独创了 VizQL 数据库。

（2）用户体验良好且易用的表现形式。Tableau 提供了一个新颖而易于使用的界面，使得处理规模巨大、多维的数据时，可以即时从不同角度和设置看到数据所呈现出的规律。Tableau 通过数据可视化技术，使得数据挖掘易于操作，能自动生成和展现出高质量的图表。正是这个特点奠定了其广泛的用户基础。

10.1.2　Tableau 主要特性

Tableau 的出色表现在以下几个方面：

（1）极速高效。传统 BI 通过 ETL 过程处理数据，数据分析往往会延迟一段时间。而 Tableau 通过内存数据引擎，不但可以直接查询外部数据库，还可以动态地从数据仓库抽取数据，实时更新连接数据，大大提高了数据访问和查询的效率。

此外，用户通过拖放数据列就可以由 VizQL 数据库转化成查询语句，从而快速改变分析内容；单击即可突出变亮显示，并可随时向下取或向上钻取查看数据；添加一个筛选器、创建一个组或分层结构就可变换一个分析角度，实现真正灵活、高效的即时分析。

（2）简单易用。这是 Tableau 的一个重要特性。Tableau 提供了友好的可视化界面，用户通过轻点鼠标和简单拖放，即可迅速创建出智能、精美、直观和具有强交互性的报表和仪表盘。

Tableau 的简单易用性具体体现在以下两个方面：

①　易学。对使用者不要求 IT 背景，也不要求统计知识，只通过拖放和点击（点选）的方式就可以创建出精美、交互式仪表盘。帮助用户迅速发现数据中的异常点，对异常点进行明细钻取，还可以实现异常点的深入分析，定位异常原因。

②　操作极其简单。对于传统 BI，业务人员和管理人员主要依赖 IT 人员定制数据报表和仪表盘，并且需要花费大量时间与 IT 人员沟通需求、设计报表样式，而只有少量时间真正用于数据分析。Tableau 具有友好且直观的拖放界面，操作上简单如 Excel 数据透视表，IT 人员只需开放数据权限，业务人员或管理人员可以连接数据源自己来做分析。

（3）可连接多种数据源，轻松实现数据融合。在很多情况下，用户想要展示的信息分散在多个数据源中，有的存在于文件中，有的可能存放在数据库服务器上。Tableau 允许从多个数据源访问数据，包括带分隔符的文本文件、Excel 文件、SQL 数据库、Oracle 数据库和多维数据库等。Tableau 也允许用户查看多个数据源，在不同的数据源间来回切换分析，并允许用户结合使用多个不同数据源。

此外，Tableau 还允许在使用关系数据库或文本文件时，通过创建联接（支持多种不同联接类型，如左侧联接、右侧联接和内部联接等）来组合多个表或文件中存在的数据，以允许分析相互有关系的数据。

（4）高效接口集成，具有良好可扩展性，提升数据分析能力。Tableau 提供多种应用编程接口，包括数据提取、页面集成和高级数据分析等，具体包括：

①　数据提取 API。Tableau 可以连接使用多种格式数据源，但由于业务的复杂性，数据源的格式多种多样，Tableau 所支持的数据源格式不可能面面俱到。为此，Tableau

提供了数据提取 API，使用它们可以在 C、C++、Java 或 Python 中创建用于访问和处理数据的程序，然后使用这样的程序创建 Tableau 数据提取（.tde）文件。

② JavaScript API。通过 JavaScript API，可以把通过 Tableau 制作的报表和仪表盘嵌入到已有的企业信息化系统或企业商务智能平台中，实现与页面和交互的集成。

③ 与数据分析工具 R 的集成接口。R 是一种用于统计分析和预测建模分析的开源软件编程语言和软件环境，具有非常强大的数据处理、统计分析和预测建模能力。Tableau 支持与 R 的脚本集成，大大提升了 Tableau 在数据处理和高级分析方面的能力。

10.2 Tableau 产品线

Tableau 的产品线很丰富，不仅包括制作报表、视图和仪表板的桌面设计和分析工具 Tableau Desktop，还包括适用于企业部署的 Tableau Server 产品，适用于网页上创建和分享数据可视化内容的免费服务 Tableau Public 产品等。

10.2.1 Tableau Desktop

Tableau Desktop（桌面）是设计和创建美观的视图与仪表板、实现快捷数据分析功能的桌面分析工具，它能帮助用户生动地分析实际存在的任何结构化数据，以快速生成美观的图表、坐标图、仪表盘与报告。利用 Tableau 简便的拖放式界面，用户可以自定义视图、布局、形状、颜色等，帮助展现自己的数据视角。

Tableau Desktop 适用于多种数据文件与数据库，良好的数据可扩展性，不受限于所处理数据的大小，将数据分析变得轻而易举。

Tableau Desktop 包括个人版（Personal）和专业版（Professional）两个版本，支持 Windows 和 Mac 操作系统。Tableau Desktop 个人版仅允许连接到文件和本地数据源，分析成果可以发布为图片、PDF 和 Tableau Reader 等格式；而专业版除了具备个人版的全部功能外，支持的数据源更加丰富，能够连接到几乎所有格式的数据和数据库系统，包括以 ODBC 方式新建数据源库，分析成果还可以发布到企业或个人的 Tableau Server（服务器）、Tableau Online Server（在线服务器）和 Tableau Public Server（公共服务器）上，实现移动办公。

10.2.2 Tableau Server

Tableau Server（服务器）是一款商业智能应用程序，用于学习和使用基于浏览器的数据分析、发布和管理 Tableau Desktop 程序制作的报表，也可以发布和管理数据源，如自动刷新发布到服务器上的数据提取。Tableau Server 基于浏览器的分析技术，非常适用于企业范围内的部署，当工作簿做好并发布到 Tableau Server 上后，用户可以通过浏览器或移动终端设备，查看工作簿的内容并与之交互。

Tableau Server 可控制对数据连接的访问权限，并允许针对工作簿、仪表板甚至用户设置来设置不同安全级别的访问权限。通过 Tableau Server 提供的访问接口，用户可以搜索和组织工作簿，还可以在仪表板上添加批注，与同事分享数据见解，实现在线互动。利用 Tableau Server 提供的订阅功能，当允许访问的工作簿版本有更新时，用户可以接收到邮件通知。

Tableau Server 使得 Tableau Desktop 中的交互式数据可视化内容、仪表盘、报告与工作簿的共享变得迅速简便。利用企业级的安全性与性能来支持大型部署。此外，提取选项帮助用户管理自己的关键业务数据库上的负载。

用户可以通过 Web 浏览器来发布与合作，或者将 Tableau 视图嵌入其他 Web 应用程序中。企业用户可以在现有的 IT 基础设施内完成报告的生成。拥有 Tableau Interactor（交互器）许可证的用户可以交互、过滤、排序与自定义视图。拥有 Tableau Viewer（浏览器）许可证的用户可以查看与监视发布的视图。

10.2.3 Tableau Online

Tableau Online（在线）针对云分析而建立，是 Tableau Server 的一种托管版本，可以为用户省去硬件部署、维护及软件安装的时间与成本，提供的功能与 Tableau Server 没有区别，按每人每年的方式付费使用。

10.2.4 Tableau Mobile

Tableau Mobile（移动）是基于 iOS 和 Android 平台移动终端的应用程序。用户可通过 iPad、Android 设备或移动浏览器，来查看发布到 Tableau Server 或 Tableau Online 上的工作簿，并可进行简单的编辑和导出操作。

10.2.5 Tableau Public

Tableau Public（公共）是一款免费的桌面应用程序，用户可以连接 Tableau Public 服务器上的数据，设计和创建自己的工作表、仪表板和工作簿，并把成果保存到大众皆可访问的 Tableau Public 服务器上（不可以把成果保存到本地计算机上）。Tableau Public 使用的数据和创建的工作簿都是公开的，任何人都可以与其互动并可随意下载，还可以根据数据创建自己的工作簿。

10.2.6 Tableau Reader

Tableau Reader（阅读器）是免费的桌面应用软件，可以用来帮助用户查看内置于 Tableau Desktop 的分析视角与可视化内容，和团队与工作组分享你的分析观点。

Tableau Desktop 用户创建了交互式数据可视化内容并发布为工作簿打包文件（.twbx）。利用阅读器，同事们可以使用按过滤、排序以及调查得到的数据结果进行交流，将数据可视化、数据分析与数据整合的优点延伸到团队与工作组。用户也可以与工作簿中的视图和仪表板进行交互操作，如筛选、排序、向下钻取和查看数据明细等。打包工作簿文件可以从 Tableau Public 服务器下载。Tableau Reader 不能创建工作表和仪表板，也无法改变工作簿的设计和布局。

利用 Tableau Public 连接数据时，对数据源、数据文件大小和长度都有一定的限制：仅包括 Excel、Access 和多种文本文件格式，对单个数据文件的行数限制为 10 万行，对数据的存储空间限定在 50 MB 以内。此外，Tableau Public Premium 是 Tableau Public 的高级产品，主要提供给某些组织使用，它提供了更大的数据处理能力和允许隐藏底层数据的功能。

📚 10.3 下载与安装

在网上搜索并登录 Tableau 中文简体官方网站（www.tableau.com\zh-cn），指向"产品"菜单项，单击 Tableau Desktop 命令，可打开 Tableau Desktop 产品页，单击"免费试用"链接，可在此下载 Tableau Desktop 完全版，安装后可获得 14 天免费的使用权限。

安装 Tableau 软件应注意应用环境的系统配置。Tableau Desktop 对经认证的学术机构的学生和教职人员免费。可以选择"申请个人许可证"或"申请学生/实验室许可证"。若操作系统版本过低，则系统在安装时会提示并退出安装。

双击下载的 Tableau Desktop 安装软件，屏幕显示安装引导页（请记录：在本次学习中，选择安装的 Tableau 软件的详细版本信息是：以 9.3 版为例，见图 10-1）。

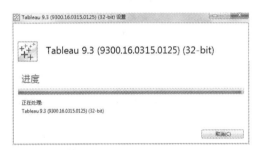

图 10-1　Tableau Desktop 安装引导

查看阅读软件的产品"许可条款"，勾选接受本许可协议，单击"安装"按钮，可在本地计算机上简单和顺利地安装该软件产品。为配合这个软件的学习，请合理选择软件产品的安装时机（例如无限制免费试用 14 天）。

安装后，安装软件会在桌面上留下启动 Tableau 软件的快捷图标。双击该图标，启动 Tableau Desktop 软件（见图 10-2）。第一次使用 Tableau，即使是试用，也需要进行用户注册（见图 10-3），填写各项，然后单击"注册"按钮。

图 10-2　Tableau 启动引导页　　　　图 10-3　Tableau 用户注册

注册完成后单击"继续"按钮，或者单击"立即开始试用"按钮，开始试用学习。

实验确认：□ 学生　　□ 教师

10.4　Tableau 工作区

进入 Tableau 时，会显示"开始页面"（见图 10-4），其中包含了最近使用的工作簿、已保存的数据连接、示例工作簿和其他一些入门资源，这些内容将帮助初学者快速入门。

图 10-4　Tableau 开始页面

Tableau 工作区是制作视图、设计仪表板、生成故事、发布和共享工作簿的工作环境，包括工作表工作区、仪表板工作区和故事工作区，也包括公共菜单栏和工具栏。

为开始构建视图并分析，要进入"新建数据源"页面，将 Tableau 连接到一个或多个数据源。

10.4.1　工作表工作区

Tableau 工作表又称视图，是可视化分析的最基本单元。Tableau 工作簿包含一个或多个工作表，以及一个或多个仪表板和故事，是用户在 Tableau 中工作成果的容器。用户可以把工作成果组织、保存或发布为工作簿，以便共享和存储。

工作表工作区（见图 10-5）包含菜单、工具栏、数据窗口、含有功能区和图例的卡，可以在工作表工作区中通过将字段拖放到功能区上来生成数据视图（工作表工作区仅用于创建单个视图）。在 Tableau 中连接数据之后，即可进入工作表工作区。

工作表工作区中的主要部件如下：

（1）数据窗口：位于工作表工作区的左侧。可以通过单击数据窗口右上角的"最小化"按钮来隐藏和显示数据窗口，这样数据窗口会折叠到工作区底部，再次单击"最小化"按钮可显示数据窗口。通过单击，然后在文本框中输入内容，可在数据窗口中搜索字段。通过单击，可以查看数据。数据窗口由数据源窗口、维度窗口、度量窗口、集窗口和参数窗口等组成。

图 10-5　Tableau 工作表工作区

（2）数据源窗口：包括当前使用的数据源及其他可用的数据源。

（3）维度窗口：包含诸如文本和日期等类别数据的字段。

（4）度量窗口：包含可以聚合的数字的字段。

（5）集窗口：定义的对象数据的子集，只有创建了集，此窗口才可见。

（6）参数窗口：可替换计算字段和筛选器中的常量值的动态占位符，只有创建了参数，此窗口才可见。

（7）分析窗口：将菜单中常用的分析功能进行了整合，方便快速使用，主要包括汇总、模型和自定义 3 个窗口。

（8）汇总窗口：提供常用的参考线、参考区间及其他分析功能，包括常量线、平均线、含四分位点的中值和合计等，可直接拖放到视图中应用。

（9）模型窗口：提供常用的分析模型，包括平均值、趋势线和预测等。

（10）自定义窗口：提供参考线、参考区间、分布区间和盒须图的快捷使用。

（11）页面卡：可在此功能区上基于某个维度的成员或某个度量的值将一个视图拆分为多个视图。

（12）筛选器卡：指定要包含和排除的数据，所有经过筛选的字段都显示在筛选器卡上。

（13）标记卡：控制视图中的标记属性，包括一个标记类型选择器，可以在其中指定标记类型（如条、线、区域等）。此外，还包含颜色、大小、标签、文本、详细信息、工具提示、形状、路径和角度等控件，这些控件的可用性取决于视图中的字段和标记类型。

（14）颜色图例：包含视图中颜色的图例，仅当颜色上至少有一个字段时才可用。同理，也可以添加形状图例、尺寸图例和地图图例。

（15）行功能区和列功能区：行功能区用于创建行，列功能区用于创建列，可以将任意数量的字段放置在这两个功能区上。

（16）工作表视图区：创建和显示视图的区域，一个视图就是行和列的集合，由标题、轴、区、单元格和标记组件组成。除这些内容外，还可以选择显示标题、说明、字段标签、摘要和图例等。

（17）智能显示：通过智能显示，可以基于视图中已经使用的字段以及在数据窗口中选择的任何字段来创建视图。Tableau 会自动评估选定的字段，然后在智能显示中突出显示与数据最相符的可视化图表类型。

（18）标签栏：显示已经被创建的工作表、仪表板和故事的标签，或者通过标签栏上的"新建工作表"按钮创建新工作表，或者通过标签栏上的"新建仪表板"按钮创建新仪表板。

（19）状态栏：位于 Tableau 工作簿的底部。它显示菜单项说明以及有关当前视图的信息。可以通过单击"窗口"→"显示状态栏"命令隐藏状态栏。有时 Tableau 会在状态栏的右下角显示警告图标，以指示错误或警告。

实验确认：□ 学生　　□ 教师

10.4.2　仪表板工作区

仪表板是多个工作表和一些对象（如图像、文本、网页和空白等）的组合，可以按照一定方式对其进行组织和布局，以便揭示数据关系和内涵。

仪表板工作区（见图 10-6）使用布局容器把工作表和一些像图片、文本、网页类型的对象按一定的布局方式组织在一起。在工作区页面单击"新建仪表板"按钮，或者单击"仪表板"→"新建仪表板"命令，打开仪表板工作区，仪表板窗口将替换工作表左侧的数据窗口。

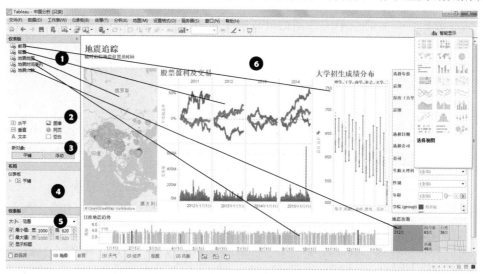

图 10-6　Tableau 仪表板工作区

仪表板工作区中的主要部件如下：

（1）仪表板窗口：列出了在当前工作簿中创建的所有工作表，可以选中工作表并将其从仪表板窗口拖至右侧的仪表板区域中，一个灰色阴影区域将指示出可以放置该工作表的各个位置。在将工作表添加至仪表板后，仪表板窗口中会用复选标记来标记该工作表。

（2）仪表板对象窗口：包含仪表板支持的对象，如文本、图像、网页和空白区域。

从仪表板窗口拖放所需对象至右侧的仪表板窗口中,可以添加仪表板对象。

(3)平铺和浮动:决定了工作表和对象被拖放到仪表板后的效果和布局方式。默认情况下,仪表板使用平铺布局,这意味着每个工作表和对象都排列到一个分层网格中。可以将布局更改为浮动以允许视图和对象重叠。

(4)布局窗口:以树形结构显示当前仪表板中用到的所有工作表及对象的布局方式。

(5)仪表板设置窗口:设置创建的仪表板的大小,也可以设置是否显示仪表板标题。仪表板的大小可以从预定义的大小中选择一个,或以像素为单位设置自定义大小。

(6)仪表板视图区:是创建和调整仪表板的工作区域,可以添加工作表及各类对象。

实验确认:□ 学生　　□ 教师

10.4.3　故事工作区

故事是按顺序排列的工作表或仪表板的集合,故事中各个单独的工作表或仪表板称为“故事点”。可以使用创建的故事,向用户叙述某些事实,或者以故事方式揭示各种事实之间的上下文或事件发展的关系。

单击“故事”→“新建故事”命令,或者单击工具栏上的“新建故事”按钮故事工作区与创建工作表和仪表板的工作区有很大区别(见图 10-7)。

图 10-7　Tableau 故事工作区

故事工作区中的主要部件如下:

(1)仪表板和工作表窗口。显示在当前工作簿中创建的视图和仪表板的列表,将其中的一个视图或仪表板拖到故事区域(导航框下方),即可创建故事点,单击可快速跳转至所在的视图或仪表板。

(2)说明:说明是可以添加到故事点中的一种特殊类型的注释。若要添加说明,只需双击此处。可以向一个故事点添加任何数量的说明,放置在故事中的任意所需位置上。

(3)导航器设置:设置是否显示导航框中的后退/前进按钮。

(4)故事设置窗口:设置创建的故事的大小,也可以设置是否显示故事标题。故事的大小可以从预定义的大小中选择一个,或以像素为单位设置自定义大小。

（5）导航框：用户进行故事点导航的窗口，可以利用左侧或右侧的按钮顺序切换故事点，也可以直接单击故事点进行切换。

（6）"新空白点"按钮：单击此按钮可以创建新故事点，使其与原来的故事点有所不同。

（7）"复制"按钮：可以将当前故事点用作新故事点的起点。

（8）说明框：通过说明为故事点或者故事点中的视图或仪表板添加的注释文本框。

（9）故事视图区：是创建故事的工作区域，可以添加工作表、仪表板或者说明框对象。

实验确认：☐ 学生　　☐ 教师

10.4.4　菜单栏和工具栏

除了工作表、仪表板和故事工作区，Tableau 工作区环境还包括公共的菜单栏和工具栏。无论在哪个工作区环境下，菜单栏和工具栏都存在于工作区的顶部。

1．菜单栏

菜单栏包括文件、数据、工作表和仪表板等菜单，每个菜单下都包含很多菜单选项。

（1）"文件"菜单：包括打开、保存和另存为等功能。其中最常用的功能是"打印为 PDF"，它允许把工作表或仪表板导出为 PDF。"导出打包工作簿"选项允许把当前的工作簿以打包形式导出。如果记不清文件的存储位置，或者想改变文件的默认存储位置，可以使用"文件"→"存储库位置"命令查看文件存储位置和改变文件的默认存储位置。

（2）"数据"菜单：其中的"粘贴数据"功能非常方便，如果在网页上发现了一些 Tableau 的数据，并且想要使用 Tableau 进行分析，可以从网页上复制下来，然后使用此命令把数据导入到 Tableau 中进行分析。一旦数据被粘贴，Tableau 将从 Windows 粘贴板中复制这些数据，并在数据窗口中增加一个数据源。

"编辑关系"命令在数据融合时使用，它可以用于创建或修改当前数据源关联关系，并且如果两个不同数据源中的字段名不相同，此命令非常有用，它允许明确地定义相关的字段。

（3）"工作表"菜单：其中的常用功能是"导出"和"复制"。"导出"命令允许把工作表导出为一个图像、一个 Excel 交叉表或者 Access 数据库文件（.mdb）；而使用"复制"命令中的"复制为交叉表"命令会创建一个当前工作表的交叉表版本，并把它存放在一个新的工作表中。

（4）"仪表板"菜单：此菜单中的命令只有在仪表板工作区环境下可用。

（5）"故事"菜单：此菜单中的命令只有在故事工作区环境下可用，可以利用其中的命令新建故事，利用"设置格式"命令设置故事的背景、标题和说明，还可以利用"导出图像"命令把当前故事导出为图像。

（6）"分析"菜单：在熟悉了 Tableau 的基本视图创建方法后，可以使用该菜单中的一些命令来创建高级视图，或者利用它们来调整 Tableau 中的一些默认行为，如利用其中的"聚合度量"命令来控制对字段的聚合或解聚，也可以利用"创建计算字段"和"编辑计算字段"命令创建当前数据源中不存在的字段。该菜单在故事工作区环境下不可见，在仪表板工作区环境下仅部分功能可用。

（7）"地图"菜单：该菜单中的"地图选项"→"样式"命令可以更改地图颜色

配色方案，如选择普通、灰色或者黑色地图样式，也可以使用"地图选项"中的"冲蚀"滑块控制背景地图的强度或亮度，滑块向右移得越远，地图背景就越模糊。"地图"菜单中的"地理编码"命令可以导入自定义地理编码文件，绘制自定义地图。

（8）"设置格式"菜单。该菜单很少使用，因为在视图或仪表板上的某些特定区域右击可以更快捷地调整格式。但有些"设置格式"菜单中的命令通过快捷键方式无法实现，例如想要修改一个交叉表中单元格的尺寸，只能利用"设置格式"→"单元格大小"命令来调整；如果不喜欢当前工作簿的默认主题风格，只能利用"工作簿主题"命令来切换至其他两个子选项"现代"或"古典"。

（9）"服务器"菜单：如果想要把工作成果发布到大众皆可访问的公共服务器 Tableau Public 上，或者从上面下载或打开工作簿，可以使用"服务器"→"Tableau Public"命令。如果需要登录到 Tableau 服务器，或者需要把工作成果发布到 Tableau 服务器上，需要使用"服务器"→"登录"命令。

（10）"窗口"菜单：如果工作簿很大，其中包含了很多工作表，并且想要把其中某个工作表共享给别人，可以使用"窗口"→"书签"命令创建一个书签文件（.tbm），还可以通过"其他"命令，来决定显示或隐藏工具栏、状态栏和边条。

（11）"帮助"菜单：该菜单可以让用户直接连接到 Tableau 的在线帮助文档、培训视频、示例工作簿和示例库，也可以设置工作区语言。此外，如果加载仪表板时比较缓慢，可以使用"设置和性能"→"启动性能记录"命令激活 Tableau 的性能分析工具，优化加载过程。

2. 工具栏

工具栏包含"新建数据源""新建工作表"和"保存"等按钮。另外，该工具栏还包含"排序""分组"和"突出显示"等分析和导航工具。通过单击"窗口"→"显示工具栏"命令可隐藏或显示工具栏。工具栏有助于快速访问常用工具和操作，其中有些按钮仅对工作表工作区有效，有些按钮仅对仪表板工作区有效，有些按钮仅对故事工作区有效。

实验确认：□ 学生　　□ 教师

10.5　Tableau 数据

简便、快速地创建视图和仪表板是 Tableau 的最大优点之一，我们将通过案例来展示 Tableau 创建、设计、保存视图和仪表板的基本方法和主要操作步骤，以了解 Tableau 支持的数据角色和字段类型的概念，熟悉 Tableau 工作区中的各功能区的使用方法和操作技巧，最终利用 Tableau 快速创建基本的视图。

案例样本数据中，指标为售电量，统计周期为 2015 年 1 月至 2015 年 6 月，数据存储为 Excel 文件，结构见图 10-8（其中指出了数据源数据与 Tableau 中数据的对应关系）。

Excel 表中共有 6 列变量，用电类别是对售电量市场的进一步细分，包括大工业、居民、非居民、商业等 9 类；当期值为统计周期对应时间的售电量；同期值为上一年相同月份的售电量；月度计划值为当月的计划值。

步骤 1： 打开 Microsoft Excel，在其中输入数据建立图 10-8 所示的 Excel 表格，另存为"实例 10-1.xlsx"（或者直接获取相关实验素材）。

	A	B	C	D	E	F	G	H	I
1	省市	地市	统计周期	用电类别	当期值	累计值	同期值	同期累计值	月度计划值
2	重庆	市区	2015/1/31	大工业	38567.77	38567.77	37153.40	37153.40	38567.77
3	重庆	江北	2015/1/31	大工业	24650.62	24650.62	22143.34	22143.34	24857.33
4	江苏	盐城	2015/5/31	大工业	2473806.39	2473806.39	1801205.88	1801205.88	1801205.88
5	江苏	南通	2015/6/30	电厂直供	2459465.16	2459465.16	1815454.48	1815454.48	1815454.48
6	江苏	扬州	2015/1/31	大工业	2299171.73	2299171.73	1646656.54	1646656.54	1646656.54
7	江苏	泰州	2015/4/30	大工业	2266469.52	2266469.52	1659679.50	1659679.50	1659679.50
8	江苏	常州	2015/1/31	大工业	2092388.83	2092388.83	1643401.00	1643401.00	1643401.00
9	江苏	无锡	2015/2/28	农业	1897061.34	1897061.34	1062801.77	1062801.77	1062801.77
10	山东	菏泽	2015/5/31	大工业	1607161.75	1607161.75	1303711.00	1303711.00	1303711.00
11	山东	青岛	2015/4/30	大工业	1594860.10	1594860.10	1313730.00	1313730.00	1313730.00
12	山东	烟台	2016/6/30	非居民	1565942.58	1565942.58	1302881.00	1302881.00	1302881.00
13	浙江	温州	2015/4/30	大工业	1565738.35	1565738.35	1484657.43	1484657.43	1484657.43
14	浙江	台州	2015/6/30	大工业	1564680.49	1564680.49	1488011.76	1488011.76	1488011.76
15	浙江	绍兴	2015/5/31	商业	1514825.81	1514825.81	1478757.19	1478757.19	1478757.19
16	浙江	威海	2015/3/31	大工业	1486366.42	1486366.42	1271142.00	1271142.00	1271142.00
17	浙江	衢州	2015/1/31	大工业	1387124.19	1387124.19	1422112.20	1422112.20	1422112.20
18	浙江	金华	2015/3/31	大工业	1354949.99	1354949.99	1190055.11	1190055.11	1190055.11
19	山东	济宁	2015/1/31	其他	1234932.57	1234932.57	1396797.50	1396797.50	1396797.50
20	山东	济南	2015/2/28	大工业	1161511.46	1161511.46	1178342.07	1178342.07	1178342.07
21	河南	南阳	2015/1/31	蛋售	1015447.12	1015447.12	976051.00	976051.00	976051.00
22	河南	驻马店	2015/4/30	大工业	975631.36	975631.36	918596.54	918596.54	918596.54
23	河南	安阳	2015/5/31	大工业	911216.46	911216.46	897400.36	897400.36	897400.36
24	河南	洛阳	2015/3/31	大工业	907300.51	907300.51	869560.82	869560.82	869560.82
25	辽宁	大连	2015/1/31	大工业	835727.00	835727.00	856460.00	856460.00	856460.00
26	辽宁	鞍山	2015/1/31	居民	196408.00	196408.00	207754.00	207754.00	207754.00
27	辽宁	沈阳	2015/1/31	非普工业	159107.00	159107.00	169438.00	169438.00	169438.00
28	河南	开封	2015/2/28	蛋售	869885.60	869885.60	828267.00	828267.00	828267.00
29	河南	漯河	2015/6/30	大工业	867164.57	867164.57	920423.61	920423.61	920423.61
30	山西	太原	2015/1/31	大工业	849845.56	849845.56	841130.00	841130.00	841130.00

图 10-8　Excel 数据源：2015 年部分省市售电量明细表

　　步骤 2：打开 Tableau Desktop，在 Tableau "开始页面"中的"连接到–文件"栏中单击"Excel"，将 Excel 数据表"实例 10-1"导入到 Tableau 中（见图 10-9）。

　　步骤 3：在界面的左下方单击"工作表 1"按钮，进入 Tableau 工作表工作区。

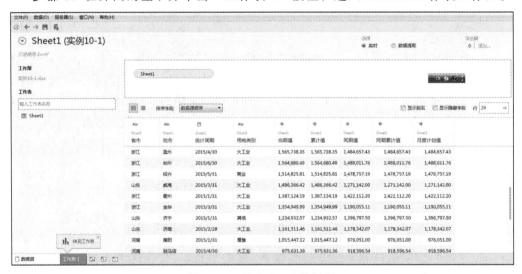

图 10-9　导入 Excel 数据源

实验确认：□ 学生　　□ 教师

10.5.1　数据角色

　　Tableau 连接数据后会将数据显示在工作区的左侧，称为数据窗口（见图 10-10）。数据窗口的顶部是数据源窗口，其中显示的是连接到 Tableau 的数据源。Tableau 支持连接多个数据源，数据源窗口的下方分别为维度窗口和度量窗口，分别用来显示导入的维度字段和度量字段。

图 10-10　数据窗口

维度和度量是 Tableau 的一种数据角色划分,离散和连续是另一种划分方式。Tableau 功能区对不同的数据角色操作处理方式也不同,因此了解 Tableau 数据角色十分必要。

1. 维度和度量

度量窗口显示的数据角色为度量,往往是数值字段,将其拖放到功能区时,Tableau 默认会进行聚合运算,同时,视图区将产生相应的轴。

维度窗口显示的数据角色为维度,往往是一些分类、时间方面的定性字段,将其拖放到功能区时,Tableau 不会对其进行计算,而是对视图区进行分区,维度的内容显示为各区的标题。比如想展示各省售电量当期值,这时"省市"字段就是维度,"当期值"为度量,"当期值"将依据各省市分别进行"总计"聚合运算。

Tableau 连接数据时会对各个字段进行评估,根据评估自动将字段放入维度窗口或度量窗口。通常 Tableau 的这种分配是正确的,但是有时也会出错。比如数据源中有员工工号字段时,工号由一串数字构成,连接数据源后,Tableau 会将其自动分配到度量中。这种情况下,我们可以把工号从度量窗口拖放至维度窗口中,以调整数据的角色。例如将字段"当期值"转换为维度,只需将其拖放到维度窗口中即可。字段"当期值"前面的图标也会由绿色变为蓝色。

维度和度量字段有个明显的区别就是图标,即维度为蓝色,度量为绿色。实际上在 Tableau 做图时这种颜色的区别贯穿始终,当我们创建视图拖放字段到行功能区或列功能区时,依然会保持相应的两种颜色。

2. 离散和连续

离散和连续是另一种数据角色分类,在 Tableau 中,蓝色是离散字段,绿色是连续字段。离散字段在行列功能区时总是在视图中显示为标题,而连续字段则在视图中显示为轴。

当期值为离散类型时,当期值中的每一个数字都是标题,字段颜色为蓝色。当期值为连续类型时，下方出现的是一条轴，轴上是连续刻度，当期值是轴的标题，字段颜色为绿色。离散和连续类型也可以相互转换，右击字段，在弹出菜单中就有"离散"和"连续"命令，单击即可实现转换。

10.5.2 字段类型

数据窗口中各字段前的符号用以标示字段类型。Tableau 支持的数据类型包括文本、日期、日期和时间、地理值、布尔值、数字、地理编码等。

=#即数字标志符号前加个等号，表示这个字段不是原数据中的字段，而是 Tableau 自定义的一个数字型字段。同理，=Abc 是指 Tableau 自定义的一个字符串型字段。

Tableau 自动为导入的数据分配字段类型，由于字段类型对于视图的创建非常重要，因此一定要在创建视图前调整一些分配不规范的字段类型。

步骤 1：在本例中，字段"省市"和"统计周期"显示的字段类型都为字符串，而不是我们想要的地理和日期类型，这时就需要手动调整。调整方法为单击右侧下三角按钮（或者右击），选择"地理角色"→"省/市/自治区"选项，此时，"省市"便成了地理字段，并且在选择后度量窗口会自动显示相应的经纬度字段。

步骤 2：对于"统计周期"，同样选择"更改数据类型">"日期"选项即可。

可以发现在数据窗口有 3 个多出来的字段：记录数、度量名称和度量值。实际上，每次新建数据源都会出现这 3 个字段，其中记录数是 Tableau 自动给每行观测值赋值为 1，可用以计数。

实验确认：□ 学生　　□ 教师

10.5.3 文件类型

可以使用多种不同的 Tableau 文件类型，如工作簿、打包工作簿、数据提取、数据源和书签等，来保存和共享工作成果和数据源（见表 10-1）。

表 10-1　Tableau 文件类型表

文 件 类 型	大　　小	使 用 场 景	内　　容
Tableau 工作簿（.twb）	小	Tableau 默认保存工作的方式	可视化内容，但无源数据
Tableau 打包工作簿（.twbx）	可能非常大	与无法访问数据源的用户分享工作	创建工作簿的所有信息和资源
Tableau 数据源（.tds）	极小	频繁使用的数据源	包含新建数据源所需的信息，如数据源类型和数据源链接信息，数据源上的字段属性以及在数据源上创建的组、集和计算字段等
Tableau 数据源（.tdsx）	小	频繁使用的数据源	包括数据源（.tds）文件中的所用信息以及任何本地文件数据源（Excel、Access、文本和数据提取）
Tableau 书签（.tbm）	通常很小	工作簿间分享工作表时使用	如果原始工作簿是一个打包工作簿，创建的书签就包含可视化内容和书签
Tableau 数据提取（.tde）	可能非常大	提高数据库性能	部分或整个数据源的一个本地副本

下面对常用的文件类型分别进行介绍。

（1）Tableau 工作簿（.twb）：将所有工作表及其连接信息保存在工作簿文件中，不包括数据。

（2）打包工作簿（.twbx）：打包工作簿是一个 zip 文件，保存所有工作表、连接信息以及任何本地资源（如本地文件数据源、背景图片、自定义地理编码等）。这种格式最适合对工作进行打包以便与不能访问该数据的其他人共享。

（3）Tableau 数据源（.tds）：Tableau 数据源文件具有.tds 文件扩展名。数据源文件是快速连接经常使用的数据源的快捷方式。数据源文件不包含实际数据，只包含新建数据源所必需的信息以及在数据窗口中所做的修改，如默认属性、计算字段、组、集等。

（4）Tableau 数据源（.tdsx）：如果连接的数据源不是本地数据源，tdsx 文件与 tds 文件没有区别。如果连接的数据源是本地数据源，数据源（.tdsx）不但包含数据源（.tds）文件中的所有信息，还包括本地文件数据源（Excel、Access、文本和数据提取）。

（5）Tableau 书签（.tbm）：包含单个工作表，是快速分享所做工作的简便方式。

（6）Tableau 数据提取（.tde）：Tableau 数据提取文件具有.tde 文件扩展名。提取文件是部分或整个数据源的一个本地副本，可用于共享数据、脱机工作和提高数据库性能。

这些文件可保存在"我的 Tableau 存储库"目录中的关联文件夹中，该目录是在安装 Tableau 时在"我的文档"文件夹中自动创建的。工作文件也可保存在其他位置，如桌面上或网络目录中。

📚 10.6 创 建 视 图

一个完整的 Tableau 可视化产品由多个仪表板构成，每个仪表板由一个或多个视图（工作表）按照一定的布局方式构成，因此，视图是一个 Tableau 可视化产品最基本的组成单元。视图中的图形单元称为标记，如圆图的一个圆点或柱形图的一根柱子，都是标记。

可以利用数据窗口中的数据字段来创建视图。Tableau 做图非常简单，将数据窗口中的字段拖放到行、列功能区，Tableau 就会自动依据相关功能将图形显示在下方视图区中，并显示相应的轴或标题。当使用卡和行列功能区进行操作时，图形的变化都会即时显示在视图区。

10.6.1 行列功能区

行、列功能区在工作表的上方，在 Tableau 的数据可视化制作中具有重要的作用。

步骤 1：以制作各省当期售电量柱形图为例，选定字段"省市"，拖放到列功能区，这时横轴就按照各省名称进行了分区，各省市成为区标题。同理，拖放字段"当期值"到行功能区，这时字段会自动显示成"总计（当期值）"，视图区显示的便是售电量各省累计值柱形图。

步骤 2：行列功能区可以拖放多个字段，例如可以将字段"同期值"拖放到"总计（当期值）"的左边，Tableau 这时会根据度量字段"当期值"和"同期值"分别做出对应的轴（见图 10-11）。

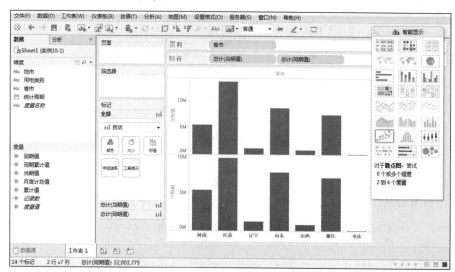

图 10-11　在行、功能区添加字段

步骤 3： 维度和度量都可以拖放到行功能区或列功能区，只是横轴、纵轴的显示信息会相应地改变，比如，可以单击工具栏上的"交换"按钮，将行、列上的字段互换，这时省市显示在纵轴，横轴变成了当期值和同期值（见图 10-12）。

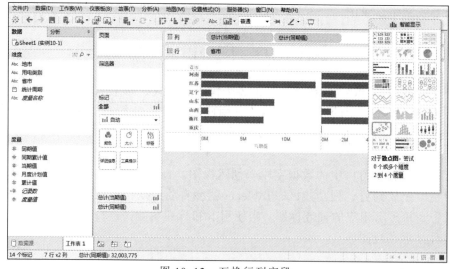

图 10-12　互换行列字段

步骤 4： 拖放度量字段"当期值"到功能区，字段会自动显示成"总计（当期值）"，这反映了 Tableau 对度量字段进行了聚合运算，默认的聚合运算为总计。Tableau 支持多种不同的聚合运算，如总计、平均值、中位数、最大值、计数等。如果想改变聚合运算的类型，如想计算各省的平均值，只需在行功能区或列功能区的度量字段上，右击"总计（当期值）"或单击右侧下三角按钮，选择"度量"→"平均值"选项即可（见图 10-13）。Tableau 求平均值是对行数的平均。

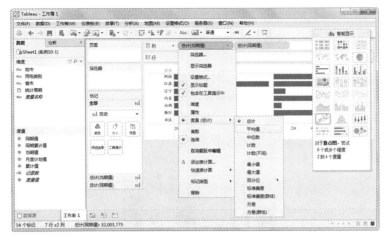

图 10-13　度量字段的聚合运算

实验确认：□ 学生　　□ 教师

10.6.2　标记卡

创建视图时，经常需要定义形状、颜色、大小、标签等图形属性。在 Tableau 中，这些过程都将通过操作标记卡来完成，其上部为标记类型，用以定义图形的形状。Tableau 提供了多种类型的图以供选择，默认状态下为条形图。标记类型下方有 5 个像按钮一样的图标，分别为"颜色""大小""标签""详细信息"和"工具提示"。这些按钮的使用非常简单，只需把相关的字段拖放到按钮中即可，同时单击按钮还可以对细节、方式、格式等进行调整。此外还有 3 个特殊按钮，特殊按钮只有在选择了对应的标记类型时才会显示出来。这 3 个特殊按钮分别是线图对应的"路径"形状图形对应的"形状"饼图对应的"角度"。

1．颜色、大小和标签

步骤 1：针对图例，如果想让不同的省市显示不同的颜色，可利用"标记"栏中的颜色来完成，这只须将字段"省市"拖放到标记卡的"颜色"项即可（见图 10-14）。这时，下方会自动出现颜色图例，用以说明颜色与省市的对应关系。

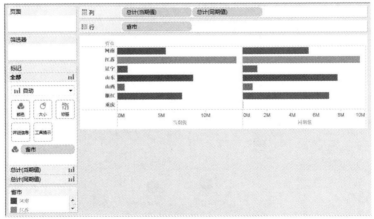

图 10-14　设置颜色标记

步骤 2：单击图中左下方颜色图例的右上角处，在弹出框中可以对颜色图例进行设置，如编辑标题、排序、设置格式等。其中单击"编辑颜色"，进入颜色编辑页面，可以对不同的区域自定义不同的颜色。

步骤 3：如果要对视图中的标记添加标签，如将当期值添加为标签显示在图上，只需将字段"当期值"拖放到标签即可（见图 10-15）。

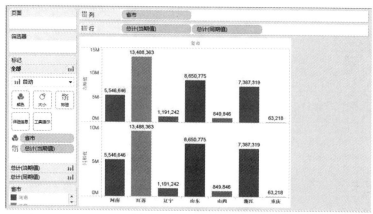

图 10-15　添加标签

步骤 4：标签显示的是各省的当期值总计，如果想让标签显示各省当期值的总额百分比，可右击"标记"卡中的"总计（当期值）"或单击"总计（当期值）"右侧的下三角按钮，在弹出的列表中选择"快速表计算"→"总额百分比"选项，此时视图中的标签将变为总额百分占比。此外，单击标签，可对标签的格式、表达方式等进行设置。

步骤 5：设置大小和颜色与此类似，拖放字段到"大小"，视图中的标记会根据该字段改变大小。需要注意的是，颜色和大小只能放一个字段，但是标签可以放多个字段。

2．详细信息

详细信息的功能是依据拖放的字段对视图进行分解细化。

步骤 1：以圆图为例，将"省市"拖放到列功能区，"当期值"拖放到行功能区，标记类型选择"圆"图（见图 10-16）。这时每个圆点所代表的值其实是各个用电类别 6 个月的总和。

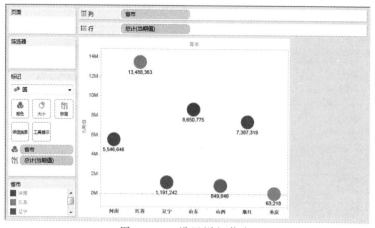

图 10-16　设置详细信息

步骤 2：将字段"用电类别"拖到标记卡的"详细信息"项，Tableau 会依据"用电类别"进行分解细化，此时每个圆点变为多个圆点，每一个点代表相应省市某一用电类别的总和（见图 10-17）。拖放字段"统计周期"到"详细信息"并选择按"月"（Tableau 默认的是按"年"），这时每个点再次解聚，每个点表示该省某月某用电类别总和（见图 10-18）。

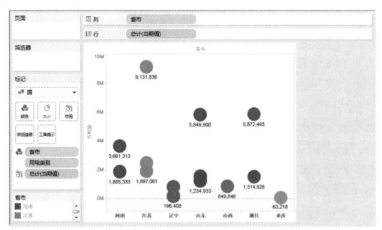

图 10-17　依据"用电类别"的详细信息

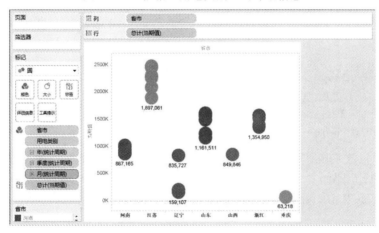

图 10-18　依据"用电类别"和"月（统计周期）"的详细信息

其实，直接拖放到"标记"栏的下方即可以表示详细信息，并且颜色、大小、标签都具有与详细信息搭配使用的功能。

3．工具提示

步骤 1：当鼠标指针移至视图中的标记上时，会自动跳出一个显示该标记信息的框，出现提示信息，这便是工具提示的作用。

步骤 2：单击"工具提示"按钮可以看到工具提示的内容，可对这些内容进行删除、更改格式、排版等操作。Tableau 会自动将"标记"栏和行列功能区的字段添加到工具提示中，如果还需要添加其他信息，只须将相应的字段拖放到"标记"栏中。

实验确认：□ 学生　　□ 教师

10.6.3 筛选器

有时只想让 Tableau 展示数据的某一部分，如只看某个月份的售电量、只看某地区各省情况、只用电量大于某个值的数据等，这时可通过筛选器完成上述选择。拖放任一字段（无论维度还是度量）到筛选器卡里，都会成为该视图的筛选器。

步骤 1： 如果让视图只显示大工业的点，只需要将字段"用电类别"拖放到"筛选器"栏中，这时 Tableau 会自动弹出一个对话框，单击"从列表中选择"选项就会显示"用电类别"的内容，这里可直接勾选想展现的用电类别，如大工业（见图 10-19）。单击"确定"按钮后字段"用电类别"即显示在筛选器中。

图 10-19 添加筛选器

步骤 2： Tableau 提供了多种筛选方式，在图 10-19 所示的筛选器上方可以看到"常规""通配符""条件"和"顶部"选项卡，每一个选项卡中都有相应的筛选方式，大大丰富筛选操作形式。

实验确认：□ 学生 □ 教师

10.6.4 页面

将一个字段拖放到"页面"栏会形成一个页面播放器，播放器可让工作表更灵活。

步骤 1： 为了更好地展示页面功能，单击"新建工作表"按钮新建一个工作表。

步骤 2： 拖放字段"统计周期"到列，Tableau 默认"统计周期"为年，手动转换为月，拖放"当期值"到行，标记类型选择为圆。

步骤 3： 拖放字段"统计周期"到"页面"栏，这时"页面"栏下方会自动出现一个"年（统计周期）"播放器。将日期的显示"年（统计周期）"调整为"月（统计周期）"（见图 10-20）。

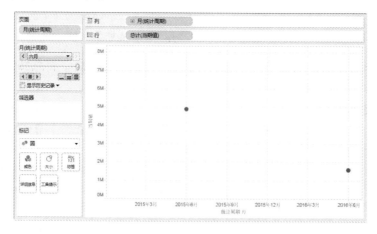

图 10-20 设置页面播放器

步骤 4：单击"播放"按钮，可以让视图动态播放出来，选择"显示历史记录"可以调整播放的效果。

实验确认：□ 学生　□ 教师

10.6.5　智能显示

在 Tableau 的右端有一个智能显示的按钮，单击展开，其中显示了 24 种可以快速创建的基本图形。将鼠标指针移动到任意图形上，下方都会显示做该图需要的字段要求，如将鼠标指针移动到符号地图上，下方会显示"1 个地理维度，0 个或多个维度，0 至 2 个度量"，这表明创建该视图必须要一个地理类型的字段类型，度量不能超过 2 个。

步骤 1：新建一个工作表。

步骤 2：按照要求，将地理维度"省市"拖到行功能区，"当期值"拖放到列功能区，会发现智能显示的某些图形高亮了，高亮的图形表示用目前的字段可以快速创建的图形。单击智能显示中的"符号地图"，符号地图就创建完成了。这时，可以发现行、列功能区变为经、纬度字段，"省市"在"标记"栏中表示详细信息，符号大小表示"当期值"（见图 10-21）。

图 10-21　绘制符号地图

实验确认：□ 学生　□ 教师

10.6.6　度量名称和度量值

度量名称和度量值都是成对使用的，目的是将处于不同列的数据用一个轴展示出来。当想同时看各省当期值和同期值时，拖放"省市"到列功能区，再分别拖放"当期值"和"同期值"到行功能区，可以看到，图中出现了当期值和同期值两条纵轴。

下面利用度量值和度量名称来完成两列不同数据共用一个轴的操作。

步骤 1：新建一工作表。

步骤 2：拖放字段"省市"到列功能区，然后拖放度量值到行功能区，这时在左下方"度量值"区域会显示包含了哪些度量，Tableau 默认的度量值会包含所有的度量。由于我们只需要当期值和同期值，因此，单击"行"上"度量值"右边的下三角按钮，取消选择"筛选器"复选框，只保留当期值和同期值。

步骤 3：将度量名称拖放到"颜色"，这时柱状图按颜色分成了当期值和同期值，两者共同一个纵轴，如图 10-22（a）所示。如果习惯将当期值和同期值分开为两个柱子，只须将度量名称拖放到列功能区，放置在省市的右边，如图 10-22（b）所示。

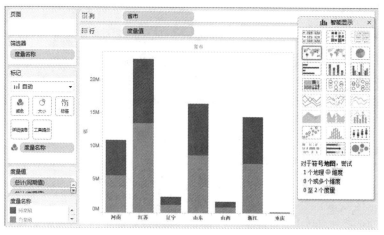

（s）

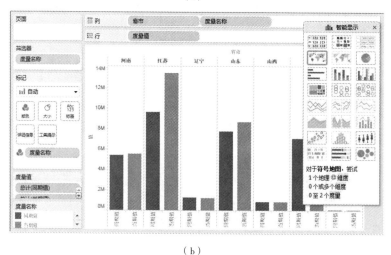

（b）

图 10-22　显示双栏图

事实上，我们可以利用智能显示快速完成双柱图形，在智能显示中双柱图称为并排图，把鼠标指针置于该图上会显示完成该图需要"1 个或多个维度，1 个或多个度量，至少需要 3 个字段"。我们将"省市"拖放到列功能区，将"当期值"和"同期值"拖放到行功能区，此时并排图被高亮，单击即可完成。

实验确认：☐ 学生　　☐ 教师

10.7　创建仪表板

完成所有工作表的视图后，便可以将其组织在仪表板中。

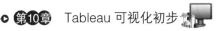

步骤 1：单击下方的新建仪表板，进入到仪表板工作区（见图 10-23）。

步骤 2：创建仪表板也是用拖放的方法，将创建好的工作表拖放到右侧排版区，并按照一定的布局排版好（见图 10-24）。

图 10-23　仪表板工作区

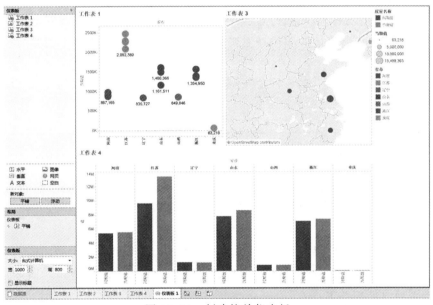

图 10-24　创建简单仪表板

创建完仪表板后，应将结果保存在 Tableau 工作簿中。为此，单击"文件"＞"保存"命令，进行保存。保存的类型可以是 Tableau 工作簿（*.twb），该类型将所有工作表及其连接信息保存在工作簿文件中但不包括数据；也可以是 Tableau 打包工作簿（*.twbx），该类型包含所有工作表、其连接信息以及任何其他资源如数据、背景图片等。

至此，以一个简单案例介绍了 Tableau 从连接数据到最后工作簿发布的过程，重点介绍了如何利用功能区创建视图，以便读者熟悉 Tableau 拖放的作图方法。

实验确认：□ 学生　　□ 教师

【实验与思考】熟悉 Tableau 数据可视化设计

1. 实验目的

（1）通过文中介绍的一个简单案例，尝试实际执行 Tableau 数据可视化设计的各项基本步骤，以熟悉 Tableau 数据可视化设计技巧，提高大数据可视化应用能力。

（2）欣赏 Tableau 数据可视化优秀作品，了解 Tableau 数据可视化设计能力。

2. 工具/准备工作

在开始本实验之前，请认真阅读课程的相关内容。

需要准备一台安装有 Tableau Desktop（参考版本为 9.3）软件的计算机。

3. 实验内容与步骤

1. Tableau 数据可视化设计实践

本章以一个简单案例介绍了 Tableau 从连接数据到最后工作簿发布的过程，重点介绍了利用功能区创建视图，以帮助大家熟悉 Tableau 拖放式的做图方法。

请仔细阅读本章的内容，执行其中的 Tableau 数据可视化操作，实际体验 Tableau 数据可视化的设计步骤。请在执行过程中对操作关键点做好标注，在对应的"实验确认"栏中打钩（√），并请实验指导老师指导并确认（据此作为本【实验与思考】的作业评分依据）。

请记录：你是否完成了上述各个实例的实验操作？如果不能顺利完成，请分析可能的原因是什么？

答：_____

_____

2. 浏览 Tableau 可视化库

登录 Tableau（中文简体）官方网站 https://www.tableau.com/zh-cn，将鼠标指针指向屏幕上方的"故事"项，在屏幕中弹出的选项中单击"Tableau 可视化库"图符，打开 Tableau 可视化库。

请浏览 Tableau 可视化库，其中包含了十分丰富的 Tableau 可视化优秀作品，这些（动态）优秀作品都可以通过互动操作深入或者广泛了解更多的相关信息。

（1）全球石油钻井平台

在 Tableau 可视化库中选择（单击）"全球石油钻井平台"（见图 10-25）。图中所示仪表板一目了然地显示了全球石油产地的十年数据，以地图形式提供了全球石油产地鸟瞰图。

地图功能是 Tableau 的主要技术能力之一，地理位置可视化自然得心应手。读者可从右上方的菜单中选择一个区域，然后在下方的图表中研究该区域国家/地区的相关情况。

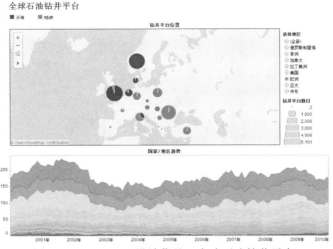

图 10-25 Tableau 设计作品：全球石油钻井平台

（2）混合次摆线

在 Tableau 可视化库中选择"Theta 分析"。图 10-26 所示演示了称为次摆线的曲线族。要获得次摆线，需先在一个圆盘上固定一个点（就像自行车轮上的反光片），然后沿着另一个圆滚动。通过过滤器、仪表板和拖放探索，可以利用后端功能生成各种各样的有趣曲线。借助 Tableau，可以灵活地可视化几乎所有类型的数据。

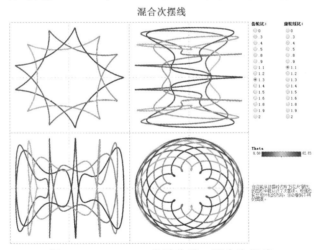

图 10-26 Tableau 设计作品：混合次摆线

（3）跟踪股价

在 Tableau 可视化库中选择"跟踪估价"。可以借助 Tableau 来方便地制作极具冲击力的股票数据可视化图表，从中发现机会和风险。例如，蜡烛图就是用于金融分析的关键图表（图 10-27）。利用这种图表，可以在同一个视图中进行价格和波动性分析。在这幅 Tableau 蜡烛图中，可通过紧凑但功能强大的视图跟踪可口可乐或百事可乐的股价。

请记录：通过浏览，你对 Tableau 软件的可视化数据分析能力有何评价。

答：_____

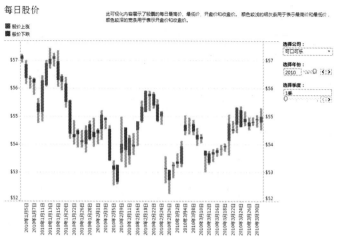

图 10-27　Tableau 设计作品：每日股价

4．实验总结

_____

_____

_____

_____

5．实验评价（教师）

_____

_____

第 11 章

Tableau 数据管理与计算 ⋘

【案例导读】 Tableau 案例分析：世界指标–人口

为帮助用户观察和理解，Tableau 软件自带了精心设计的世界指标、中国分析和示例超市这样三个典型应用案例，通过这些案例，全面展示了 Tableau 强大的大数据可视化分析功能。

有条件的读者，请在阅读"Tableau 案例分析"时，打开 Tableau 软件，在其开始页面中单击打开典型案例"世界指标"，以研究性态度和交互方式动态观察和阅读，以获得对 Tableau 的最大限度的理解。

在典型案例"世界指标"工作界面的下方，列举了 7 个工作表，即人口、医疗、技术、经济、旅游业、商业和故事，分别展示了现实世界的若干侧面。其中，人口工作表视图如图 11-1 所示。

图中右侧"地区"栏中，单击向下箭头可以选择全部、大洋洲、非洲、美洲、欧洲、亚洲、中东，以分地区钻取详细信息；"出生率"栏提示了视图中 3 种颜色分别代表低于 1.5%、1.5%～3% 和高于 3% 的出生率信息。

阅读视图，通过移动鼠标，分析和钻取相关信息并简单记录：

（1）美国：人口为 ＿＿＿＿＿＿＿＿＿＿＿，出生率为 ＿＿＿＿＿＿＿＿＿＿%。

　　　德国：人口为 ＿＿＿＿＿＿＿＿＿＿＿，出生率为 ＿＿＿＿＿＿＿＿＿＿%。

　　　中国：人口为 ＿＿＿＿＿＿＿＿＿＿＿，出生率为 ＿＿＿＿＿＿＿＿＿＿%。

（2）符号地图中，圆面积越大，说明什么？

答：＿＿＿＿＿＿＿＿＿＿＿＿＿＿＿＿＿＿＿＿＿＿＿＿＿＿＿＿＿＿＿＿＿＿＿＿＿

2012 年世界上人口数最大的 5 个国家是哪个国家？

答：＿＿＿＿＿＿＿＿＿＿＿＿＿＿＿＿＿＿＿＿＿＿＿＿＿＿＿＿＿＿＿＿＿＿＿＿＿

（3）符号地图中，2012 年人口出生率较高的 3 个国家是哪几个国家。

答：＿＿＿＿＿＿＿＿＿＿＿＿＿＿＿＿＿＿＿＿＿＿＿＿＿＿＿＿＿＿＿＿＿＿＿＿＿

人口出生率较高的国家主要分布在世界上哪些地区？这些国家的共同特点是什么？

答：＿＿＿＿＿＿＿＿＿＿＿＿＿＿＿＿＿＿＿＿＿＿＿＿＿＿＿＿＿＿＿＿＿＿＿＿＿

（4）通过信息钻取，你还获得了哪些信息或产生了什么想法？

答：＿＿＿＿＿＿＿＿＿＿＿＿＿＿＿＿＿＿＿＿＿＿＿＿＿＿＿＿＿＿＿＿＿＿＿＿＿

（5）请简单描述你所知道的上一周发生的国际、国内或者身边的大事。

答：＿＿＿＿＿＿＿＿＿＿＿＿＿＿＿＿＿＿＿＿＿＿＿＿＿＿＿＿＿＿＿＿＿＿＿＿＿

11.1　Tableau 数据架构

Tableau 的元数据管理可以细分为数据连接层（Connection）、数据模型层（Data Model）和数据可视化层（VizQL）。其中，可视化层中使用的 VizQL 是以数据连接层和数据模型层为基础的 Tableau 核心技术，对数据源（包括数据连接层和数据模型层）非常敏感。Tableau 这样的 3 层设计，既可以让不了解元数据管理的普通业务人员进行快速分析，又方便了专业技术人员进行一定程度的扩展。

（1）数据连接层。数据连接层决定如何访问源数据和获取哪些数据。数据连接层的数据连接信息包括数据库、数据表、数据视图、数据列，以及用于获取数据的表连接和 SQL 脚本，但是数据连接层不保存任何源数据。

在 Tableau 的各个版本中，数据连接层支持的数据类型都非常丰富，用户可以方便地对 Tableau 工作簿的数据连接进行修改，例如，将一系列仪表板的数据连接从测试数据库切换到生产数据库，只需要编辑数据连接，变更连接信息，Tableau 会自动处理所有字段的实现细节。

（2）数据模型层。关系数据库中的数据可以在 Tableau 的数据模型层进行一定程度的数据建模工作，主要内容包括管理字段的数据类型、角色、默认值、别名，以及用户定义的计算字段、集和组等。例如，如果在数据库中删除字段，那么在 Tableau 工作表中对应的字段会被自动移除，或者自动映射到别的替代字段。

无论数据源来自哪种服务器，在完成数据连接后，Tableau 会自动判断字段的角色，把字段分为维度字段和度量字段两类。如果所连接数据是多维数据源，Tableau 会直接获取数据立方体维度和度量信息；如果连接的是关系数据源，Tableau 会根据其数据来判断该字段是维度字段还是度量字段。

11.2　数 据 连 接

要在 Tableau 中创建视图，首先需要新建数据源。打开 Tableau 软件后，在开始页面的左上角"连接"字符上方单击三角符号中的图符，进入 Tableau 工作表工作区。之后，单击"添加新的数据源"按钮，也可以在主界面菜单栏单击"数据"→"新建数据源"命令，在下级界面的左侧会看到 Tableau 支持的数据源类型。

11.2.1　连接数据源

为通过 Tableau 快速连接到电子表格、Access、Tableau 工作簿等各类文件数据源，可按以下步骤执行。

步骤 1：连接到电子表格。在文件数据源中，最常用的是电子表格。以 Microsoft Excel 文件为例，单击"连接到数据"→"Excel"命令，在"打开"对话框的左窗格中选择"文档"（文档库），在右窗格中双击"我的 Tableau 存储库"→"数据源"→"9.3"（指 9.3 版）→"zh_CN-China"（指简体中文版），再双击打开其中的 "示例–超市" Excel 文件（见图 11-1）。

图 11-1　连接 Excel 示例

步骤 2：根据界面上部"将工作表拖到此处"的提示，将表"订单"拖入中部框内（双击此表也可），这时可在界面下方看到"订单"工作表的数据（见图 11-2）。

图 11-2　选择工作表

步骤 3：单击下方"工作表 1"，随即进入工作区界面（见图 11-3），此时即成功连接到了 Excel 数据源。

步骤 4：如果需要在下次使用时快速打开数据连接，可以将该数据连接添加到"已保存数据源"中，为此，单击"数据"→"<数据源名称>"→"添加到已保存的数据源"命令（见图 11-4），在弹出的窗口中选择"保存"按钮即可。再次打开 Tableau时，在开始界面即可直接连接到该数据源。

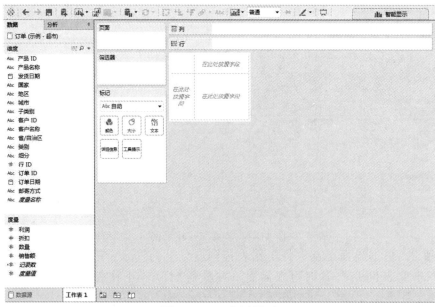

图 11-3　工作区界面

图 11-4　添加到已保存的数据源

步骤 5：连接到 Access 文件。连接到 Microsoft Access 数据源的操作步骤与连接到电子表格基本类似。

在新建数据源界面的"到服务器"栏中列出了 Tableau 所支持的各类服务器数据源，用户可根据需要进行选择。

11.2.2　组织数据

创建数据源的另外一种方式是将数据复制粘贴到 Tableau 中，Tableau 会根据复制数据自动创建数据源。用户可以直接复制的数据包 Microsoft Excel 和 Word 在内的 Office 应用程序数据、网页中 HTML 格式的表格、用逗号或制表符分隔的文本文件数据。

直接使用数据源的全量数据，在视图设计时可能会导致工作表响应迟缓。如果仅希望对部分数据进行分析，可以使用数据源筛选器。可以在新建数据源时选择筛选器，也可以在完成数据连接后，对数据源添加筛选器。

步骤 1： 在数据连接时应用筛选器。

单击"筛选器"下方的"添加"按钮，弹出图 11-5 所示的对话框。

图 11-5 "编辑数据源筛选器"对话框

在"编辑数据源筛选器"对话框中单击"添加"按钮，弹出"添加筛选器"对话框。例如，选择"订单日期"作为筛选字段，限定年份为 2014，单击"确定"按钮回到"编辑数据源"界面，可以预览筛选后的数据。

步骤 2： 针对数据源应用筛选器。

在完成数据连接后，可以单击"数据"→"<数据源名称>"→"编辑数据源筛选器"命令，后续步骤与在数据连接时应用筛选器的步骤基本一致。

11.2.3　实现多表联结

在实际可视化分析过程中，数据可能来自多张数据表，也可能来自不同的文件或者服务器。Tableau 的数据整合功能可实现同一数据源的多表联结、多个数据源的数据融合。

在分析中，已经添加了数据源信息，但要开展进一步数据分析需要新的信息，可通过单击"数据"→"<数据源名称>"→"编辑数据源"命令，将相关信息表加入到中心区域，Tableau 会自动建立信息表的联接。当两表之间无法自动生成表联接时，会显示警告信息。

实验确认：□ 学生　　□ 教师

📚 11.3　数 据 加 载

Tableau 加载数据有两种基本方式：一种是实时连接，即 Tableau 从数据源获取查询结果，本身不存储源数据；另一种是数据提取到 Tableau 的数据引擎中，由 Tableau 进行管理。

在下列情况下，建议使用数据提取的方式：

（1）源数据库的性能不佳：源数据库的性能跟不上分析速度的需要，可以由Tableau的数据引擎来提供快速交互式分析。

（2）需要脱机访问数据：如果需要脱机访问数据，可以将相关数据提取到本地。

（3）减轻源系统的压力：如果源系统是重要的业务系统，那么建议将数据访问转移到本地，以减轻对源系统的压力。

而在下列情况下，则不建议选择数据提取方式：

（1）源数据库性能优越：IT基础设施支持快速数据分析。

（2）数据的实时性要求高：需要使用实时更新的数据进行分析。

（3）数据的保密要求高：出于信息安全考虑不希望将数据保存在本地。

11.3.1 创建数据提取

Tableau有两种方式创建数据提取：一种是完成数据连接之后，针对数据源进行提取数据操作；另一种是在新建数据源时选择"提取"方式。

步骤1：为对数据源进行"提取数据"操作，可在主界面单击"数据"→"<数据源名称>"→"提取数据"命令，弹出"提取数据"对话框（见图11-6）。

步骤2：在"提取数据"对话框中可以看到筛选器、聚合、行数3种提取选项。单击"添加"按钮，弹出"添加筛选器"对话框，选择用于筛选器的字段；可以选择"年"和"月"作为此数据源的数据提取字段。在

图11-6　"提取数据"对话框

此界面可以指定是否聚合可视维度，也可以选择从数据源提取前若干行。单击"提取"按钮，在弹出的"另存为"对话框中提取数据，以.tde格式保存，单击"保存"按钮完成创建数据提取。

步骤3：采用筛选器提取数据时，数据窗格中的所有隐藏字段将会自动从数据提取中排除。单击"隐藏所有未使用的字段"按钮可快速地将这些字段从数据提取中删除。

步骤4：创建数据提取后，当前工作簿开始使用该数据提取中的数据，而不是原始数据源。用户也可以在使用数据提取和使用整个数据源之间进行切换，方法是单击"数据"→"<数据源名称>"→"使用数据提取"命令。

使用数据提取的好处是通过创建一个包含样本数据的数据提取，减少数据量，避免在进行视图设计时长时间等待查询响应，而在视图设计结束后，可以切回到整个数据源。

步骤5：需要移除数据提取时，可以单击"数据"→"<数据源名称>"→"数据提取"→"移除"命令。当删除数据提取时，可以选择仅从工作簿删除数据提取，或者删除数据提取文件。后一种情况将会删除在硬盘中的数据提取文件。

11.3.2 刷新数据提取

为刷新数据提取，可按以下步骤执行：

步骤 1：当源数据发生改变时，通过刷新数据提取可以保持数据得到更新，方法是单击"数据"→"<数据源名称>"→"刷新"命令。

数据提取的刷新包含两种方式：一种是完全数据提取，即将所有数据替换为基础数据源中的数据；另一种是增量数据提取，仅添加自上次刷新后新增的行。

步骤 2：要改变数据源的提取方式，需要单击"数据"→"<数据源名称>"→"提取数据"命令。

在"提取数据"对话框中，选择"所有行"和"增量刷新"，只有选择提取数据库中的所有行后，才能定义增量刷新，然后在数据库中指定将用于标识新行的字段。

步骤 3：用户可以查看刷新数据提取的历史记录，方法是在单击"数据"→"数据源名称"→"提取数据"→"历史记录"命令，弹出"数据提取历史记录"对话框，将显示每次刷新的时间、类型和所添加的行数。

11.3.3 向数据提取添加行

Tableau 可通过两种方式向数据提取文件添加新数据：从文件或从数据源添加。添加新数据行的前提是该文件或数据源中的列必须与数据提取中的列相匹配。

第一种方法：从文件添加数据。

步骤 1：当要添加的数据的文件类型与数据提取的文件类型相同时，可以选择从文件数据源向数据提取文件添加新数据。另外一种方式是从 Tableau 数据提取（.tde）文件添加数据，单击"数据"→"<数据源名称>"→"提取数据"→"从文件添加数据"命令。

步骤 2：在"文件添加数据"对话框中选择所要添加的数据文件，单击"打开"按钮，Tableau 就会完成从文件添加数据的操作，并提示执行结果。

步骤 3：为查看数据添加记录的摘要，可以单击"数据"→"<数据源名称>" → "提取数据"→"历史记录"命令。

第二种方法：从数据源添加数据。

步骤 1：为从工作簿中的其他数据源向所选数据提取文件添加新数据，方法是单击"数据"→"<数据源名称>"→"提取数据"→"从数据源添加数据"命令。

步骤 2：弹出"从数据源追加数据"对话框，选择与目标数据提取文件兼容的数据源，Tableau 就会完成从数据源追加数据的操作，并提示执行结果。

11.3.4 优化数据提取

为提高数据提取的性能，可以对数据提取进行优化，提高查询响应速度。具体操作方法是单击"数据"→"<数据源名称>"→"数据提取"→"优化"命令，采用以下方式进行优化。

（1）计算字段的预处理

进行数据提取优化后，Tableau 提前完成计算字段的预处理，并存储在数据提取文件中。在视图中进行查询时，Tableau 可以直接使用计算结果，不必再次计算。

如果改变了计算字段的公式或者删除了计算字段，Tableau 将相应地从数据提取中删除计算字段。当再次进行数据提取优化时，Tableau 将重新进行计算字段的预处理。

（2）加速视图

如果在工作簿内设置了筛选器操作，那么 Tableau 必须基于源工作表的筛选器，以此计算目标视图的筛选器取值范围。进行数据提取优化后，Tableau 将创建一个视图以计算可能的筛选值并缓存这些值，从而提高查询速度。

实验确认：□ 学生　　□ 教师

11.4　数　据　维　护

新建数据源是用户进行数据准备的第一步，在后续工作中，用户需要通过直接查看数据，验证数据连接是否成功；通过添加数据源筛选器，限定分析的数据范围；通过刷新数据源操作，保持分析的数据更新。

（1）查看数据。这是用户最常见的需求，具体操作方法为单击"数据"→"<数据源名称>"→"查看数据"命令（见图 11-7）。在查看数据界面，用户可以选择将数据复制到粘贴板。

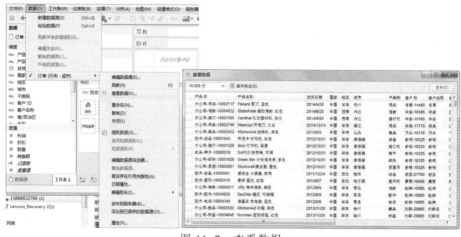

图 11-7　查看数据

（2）刷新数据。当数据源中的数据发生变化后（包括添加新字段或行、更改数据值或字段名称、删除数据或字段），需要重新执行新建数据源操作，才能反映这些修改；另外，也可以执行刷新操作，在不断开连接的情况下即时更新数据。为此，单击"数据"→"<数据源名称>"→"刷新"按钮即可。

如果工作簿中视图所使用的数据源字段被移除，那么完成新数据操作后，将显示一条警告消息，说明该字段将从视图中移除。由于缺少该字段，工作表中使用该字段的视图将无法正确显示。

（3）替换数据。如果希望使用新的数据源来替换已有的数据，而不希望新建工作

簿，那么可以进行替换数据源操作。具体方式是单击"数据"→"替换数据源"命令，弹出"替换数据源"对话框，选择将原有数据源替换为新数据源。

完成数据源替换后，当前工作表的主数据源变更为新数据源。

（4）删除数据。使用了新数据源后，可以关闭原有数据源连接，具体方法是单击"数据"→"<数据源名称>"→"关闭"按钮来直接关闭数据源。

执行关闭数据源操作后，被关闭数据源将从数据源窗口中移除，所有使用了被删除数据源的工作表也将被一同删除。

实验确认：□ 学生　　□ 教师

11.5　高级数据操作

Tableau 的高级数据操作方法包括创建分层结构、组、集、参数、计算字段、参考线与参考区间等内容，灵活运用它们来创建视图，将有助于了解 Tableau 的数据组织形式和基本工作方式，是进行高级可视化分析的基础。

11.5.1　分层结构

分层结构是一种维度之间自上而下的组织形式。Tableau 默认包含了对某些字段的分层结构，如日期、日期/时间、地理角色。以日期维度为例，日期字段本身包含了"年-季度-月-日"的分层结构。分层结构对维度之间的重新组合有重要作用，向上钻取（从当前数据往上回归到上一层数据）和向下钻取（从当前数据往下展开下一层数据，统称钻取）是导航分层结构的最有效方法。

除了默认内置的分层结构外，针对多维数据源，Tableau 会直接使用该数据源本身包含的维度的分层结构。针对关系数据源，Tableau 允许用户针对维度字段自定义分层结构，在创建分层结构后，将显示在"维度"窗格中。如果希望查看不同地区层次的销售情况，依据已有的维度字段"地区""省市"和"城市"来创建分层结构即可轻松实现。

步骤 1：通过拖动方式创建名为"组织"的分层结构。

在"维度"窗格中，将字段"省/自治区"直接拖放到另一个字段"城市"上（字段的放置顺序会影响上下级关系），会弹出窗口，在窗口中输入名称"组织"，单击"确定"按钮（见图 11-8）。

图 11-8　"创建分层结构"对话框

再将字段"地区"拖到"组织"分层结构中，通过调整得到"组织"的分层结构"地区-省/自治区-城市"。

步骤 2：通过右键菜单创建名为"组织"的分层结构。

在"维度"窗格中，单选或复选目标字段，右击选择"创建分层结构"命令，弹出"创建分层结构"对话框，为该分层结构输入名称"组织"，单击"确定"按钮即可。

创建好分层结构"组织"后，可以通过拖放位置的方式调整顺序和添加新的层级，或者将其从分层结构中移除，也可将整个分层结构移除。当所有的层级都从分层结构中移除时，整个分层结构就被移除了。

为创建"华东地区 2014 年 12 月利润条形图"，继续按以下步骤操作：

步骤 3：将"利润"拖至行功能区，"组织"拖至列功能区，选择标记类型为"条形图"。

将"订单日期"拖至"筛选器"，设定日期为 2014 年 12 月；将"类别"拖至"筛选器"，设定类别为"办公用品"；将"地区"拖至"筛选器"，设定地区为"华东"，并调整为"适合宽度"。

步骤 4：使用行功能区或列功能区字段进行钻取（见图 11-9）。

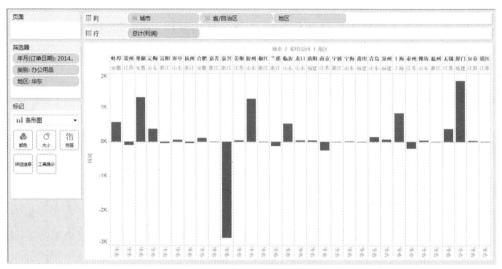

图 11-9　使用行功能区上的"加号/减号"进行钻取

在 Tableau 中，有两种方法可以进行上钻和下钻，一种是单击功能区字段前方的加号或减号，另一种是在视图标题上右击，选择"钻取分层结构"命令。

根据分层结构，可由"地区"下钻到"省/自治区"→"城市"，单击分层结构上的"加号/减号"符号即可。实际上，在分析时，不论在哪里使用分层结构（行功能区、列功能区或标记卡），一般而言，遇到"加号/减号"即可进行钻取操作（加号和减号分别对应下钻和上钻）。

实验确认：□ 学生　　□ 教师

11.5.2　组

组是维度成员或者度量离散值的组合。通过分组，可以实现对维度成员的重新组合，以及度量值的按范围分类。在 Tableau 中，要归类重组维度成员有多种方式，分组是最常见和最快速的方式之一。在分析的统计数据中，如果有些维度的名称不同，但实际为同一个时，可以创建组，对其进行合并处理。但是，组不能用于计算，即组不能出现在公式中。

步骤 1：直接在视图中选择维度成员创建组。在工作表视图中，按住【Ctrl】键单击维度成员，然后在选中区域悬浮工具栏中单击"组成员"按钮来创建新的组（见图 11-10），选择创建组，默认的组名称是"<组员 1>，<组员 2>……"，可重命名。

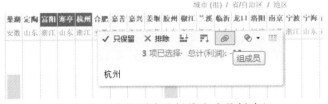

图 11-10　在视图中选择维度成员创建组

步骤 2：当需要取消分组时，只要选择要取消分组的一个或多个维度成员，然后单击工具栏上的"取消成员分组"按钮即可。

当维度中的成员非常多时，为了更快更准确地创建分组，可以使用 Tableau 提供的关键字查找方法进行快速分组。

Tableau 可通过在"维度"窗格或工作表中右击相应字段，选择"编辑组"命令，然后在对话框中勾选"包括其他"复选框，实现仅展示定义好的组成员。

实验确认：□ 学生　　□ 教师

11.5.3　集

集是根据某些条件定义数据子集的自定义字段，可以理解为维度的部分成员。Tableau 在数据窗格底部显示集。集能够用于计算，参与计算字段的编辑。

1．集的分类

根据是否能够随着数据动态变化，集可分为两大类：常量集和计算集。其中常量集为静态集，不能跟随数据动态变化；计算集为动态集，可以跟随数据动态变化。一般情况下，集的创建针对一个维度进行，但是常量集可以是多个维度的数据子集，区别如表 11-1 所示。

表 11-1　集的分类与比较

	常　量　集	计　算　集
随着数据变化	否，静态集	是，动态集
允许使用的维度数量	单个或多个维度	单个维度
创建方式	在视图中直接选择对象创建集	在数据窗格中右击维度创建集

多个集之间可进行合并操作，合并后的集为合并集。

2．集的作用：选取维度部分成员

集主要用于筛选，通过选取维度的部分成员作为数据子集，以实现对不同对象的选取。集主要有以下两个用处：

（1）集内外成员的对比分析。Tableau 提供了集的一对特性——内/外，通过选择"在集内/外显示"可以直接对集内、集外成员进行聚合对比分析。

（2）集内成员的对比分析。当重点为对集内成员的分析时，可选择"在集内显示成员"，此时集的作用就是筛选器，只展示位于集内的成员。

3．创建集

下面来了解如何创建常量集、计算集和合并集。

创建常量集的步骤如下：

步骤 1：创建"销售额"由高到低排名前 10 名客户的常量集。首先创建基本视图，将"销售额"拖放到列功能区，将"客户名称"拖放到行功能区。

步骤 2：在视图中，按照"销售额"排序，采用降序排列，再用鼠标拖选前 10 名客户。

步骤 3：单击选中区域悬浮工具提示栏中的"创建集"按钮（见图 11-11）。

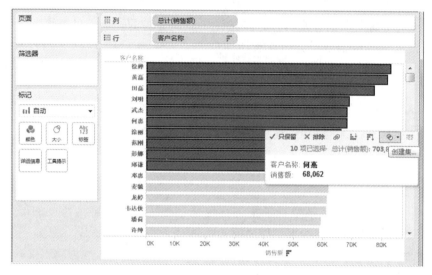

图 11-11　创建"销售额降序排名前 10 名客户"的常量集

步骤 4：在弹出的"创建集"对话框中，输入名称"销售额降序排名前 10 名客户"，单击"确定"按钮（见图 11-12）。

图 11-12　"创建集"对话框

创建计算集的步骤如下：

步骤 1：创建："销售额"由高到低排名前 10 名客户的计算机。右击"维度"窗格中的"客户名称"，选择"创建">"集"命令。

步骤 2：在弹出的"创建集"对话框中，输入名称"销售额降序排名前 10 名客户"，并在"常规"选项卡中选择"全部"，如图 11-13（a）所示。

步骤 3：选择"顶部"选项卡，选择"按字段"，再选择"顶部"和"10"，以及"客户名称"和"计数"，然后单击"确定"按钮，即创建了"销售额"由高到低排名前 10 名的客户集，如图 11-13（b）所示。

（a）

（b）

图 11-13　创建"销售额降序排名前 10 名客户"的计算集

计算集还可按照"条件"进行设置，以实现对某个字段的值进行筛选。

通过以上创建过程可见，计算集对大量数据创建更为方便，同时能随着导入数据的变化动态变化，而常量集不论导入数据如何变化都是所选择的固定成员。

创建合并集：

在 Tableau 中，只有相同维度的集才能合并。

集的合并有 3 种方式：①并集，包含两个集内的所有成员；②交集，仅包含两个集内均存在的成员；③差集：包含指定集内存在而第二个集内不存在的成员，即排除共享成员。

实验确认：□ 学生　　□ 教师

11.5.4　参数

参数是可在计算、筛选器和参考线（包括参考区间）中替换常量值的用户自定义动态值，是实现控制与交互的最方便的方法，分析人员可以轻松地通过控制参数来与工作表视图进行交互。如图 11-14 所示，通过参数控件，可以调整其他字段，进而控制工作表视图。参数在工作簿中是全局对象，可在任何工作表中单独使用，也可同时应用于多个工作表视图。

例如，可以创建一个在销售额大于$500,000时返回"真"否则返回"假"的计算字段。可以在公式中使用参数来替换常量值 500 000，然后，可使用参数控件来动态更改计算中的阈值。或者，可以使用筛选器显示利润最高的 10 种产品。将筛选器中的固定值 10 替换为一个动态参数，以便可以快速查看前 15、20 和 30 种产品。

1．创建参数

参数的创建方式有多种，可以基于"数据"窗格中的所选字段创建新参数，或者可以从使用参数的任何位置中创建新参数（例如，在添加参考线或创建筛选器时）。

按以下步骤从"数据"窗格中创建新参数：

步骤 1：在"数据"窗格中，右击要作为参数基础的字段"利润"，在弹出菜单选择"创建"→"参数"命令，也可以在右上角的下拉列表中选择"创建参数"。

步骤 2：在弹出的"编辑参数"对话框中，单击"注释"按钮（见图 11-15），为字段输入名称"利润阈值"①并可以编写"注释"以描述该参数。"注释"是对参数意义的描述，以帮助其他人理解所设参数的含义。此处非强制项，可不设置。

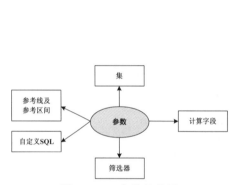

图 11-14　参数的使用

图 11-15　"编辑参数"对话框

步骤 3：设置属性。单击下拉按钮，为参数指定接受值的"数据类型"，系统默认为"浮点"。

步骤 4：指定"当前值"，其中预显示了参数的默认值。这里，设置"当前值"为 0。

步骤 5：设定要在参数控件中使用的"显示格式"。调整为"百分比"，并设置展示两位小数。

步骤 6："允许的值"：指定参数接受值的方式。包括 3 种类型：

全部：参数控件是字段中的简单类型，表示参数可调整为任意值。

列表：参数控件提供可供选择的可能值的列表。选择"列表"则必须指定值列表。单击左列可输入值，每个值还可具有显示别名。可通过单击"从剪贴板粘贴"来复制和粘贴值列表，或者，可以通过选择"从字段中添加"以值列表的形式添加字段的成员。

范围：参数控件可用于选择指定范围中的值，可设置最小值、最大值和每次调整的步长，也可从参数设置或从字段设置。例如，可以定义介于 2016 年 1 月 1 日和 2016年 12 月 31 日之间的日期范围，并将步长设置为 1 个月，以创建可用来选择 2016 年

---

① 阈值：y ù，又叫临界值，指的是触发某种行为或者反应产生所需要的的最低值。

的每个月的参数控件。

这些选项的可用性由数据类型确定。例如，字符串参数只能接受所有值或列表，不支持范围。一般情况下，作为参数基础的字段是维度时，"允许的值"表现为列表，当字段是度量时，"允许的值"表现为范围。把"允许的值"设定为在 0~1 之间的"范围"，步长设置为 0.1。

步骤 7：单击"确定"按钮。完成后，参数列在"数据"窗格底部的"参数"部分中。

按以下步骤在使用计算集时创建参数：

步骤 1：右击"销售额降序排名前 10 名客户"计算集，在"编辑集"窗口中，修改集名字为"销售额降序排名前 N 名客户"，在字符"依据"左侧的"输入数值"栏的下拉列表中选择"创建新参数"。

步骤 2：在弹出的对话框中，设置参数的名称、注释、属性，与直接在"数据窗格"中创建参数的方法一致。参数名称为"销售额降序排名前 N 名客户阈值"，数据类型设置为"整数"，"允许的值"为"范围"，设置为 1~300，步长为 1，单击"确定"按钮即成功创建参数（见图 11-16）。

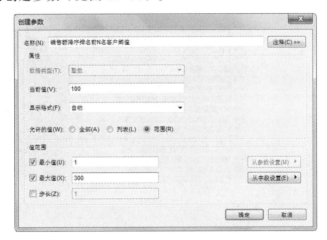

图 11-16　编辑计算集时创建"销售额降序排名前 N 名客户阈值"参数

当"步长"处于非激活状态时，Tableau 会根据数据范围自动选择相应的步长。

2. 使用参数

如果需要动态查看销售额排名不同的客户数量对比，需要引入参数进行手动改变，设置步骤如下：

步骤 1：在"数据"窗格中右击参数"销售额降序排名前 N 名客户阈值"，选择"显示参数控件"命令，此时参数控件将显示在视图区域的右上角（见图 11-17）。

步骤 2：单击参数控件的下拉箭头可设置参数的展示形式，包括"编辑标题"、"设置参数格式""滑块""键入内容"等，其中"设置参数格式"可调整参数标题、正文的字体格式和大小等；选择"滑块"时，可通过"自定义"选择"显示读出内容""显示滑块"和"显示按钮"；选择"键入内容"时，只展示读出内容。"滑块"和"键入内容"的展示形式如图 11-18 所示。

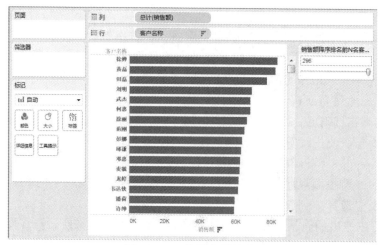

图 11-17 显示参数控件

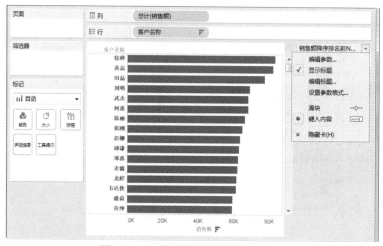

图 11-18 设置参数控件显示形式

步骤 3：将"销售额降序排名前 N 名客户"集拖入筛选器，调整参数的值，可动态观察不同排名的客户数量的分布。为更改参数值，可右击该参数并选择"编辑"命令，修改后，使用该参数的所有计算都会更新。

实验确认：□ 学生　　□ 教师

11.5.5　参考线及参考区间

Tableau 在分析中可以嵌入多个参考线、参考区间、分布区间和盒须图等，来标记轴上的某个特定值或区域。例如，当在分析多种产品的月销售额时，可能需要在平均销售额标记处包含一条参考线，这样可以将每一种产品的业绩与平均值进行比较。或者，可能需要使用盒须图遮蔽轴上的特定区域、显示分布或显示全部范围的值。

参考线、参考区间、参考分布和参考箱不能用于使用联机或脱机地图的地图。

步骤 1：创建基本视图，将"销售额"拖放到"列功能区"，将"省/自治区"拖放到"行"功能区，显示条形图，再在"数据"窗格右侧单击"分析"按钮，打开"分析"窗格（见图 11-19）。

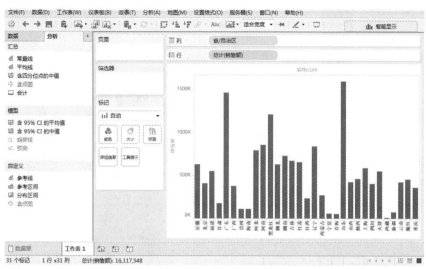

图 11-19 "分析"窗格

在"分析"窗格中，Tableau 将常用功能在
"汇总"栏中进行了列示，包括常量线、平均线、
含四分位点的中值、盒须图和合计。

步骤 2： 右击一个数轴，选择"添加参考
线"命令，弹出"添加参考线、参考区间或参
考箱"对话框（见图 11-20）。

Tableau 提供了 4 种类型的参考线、参考
区间和参考箱（见图 11-21）。

参考线：在轴上的常量或计算值位置添加
一条线，用来标记某个常量或计算值位置，常
用的有该轴的平均值、最小值、最大值等。计
算值可基于指定的字段或参数生成，也可以添
加带有参考线的置信区间。参考线可基于表、
区或单元格进行设置。

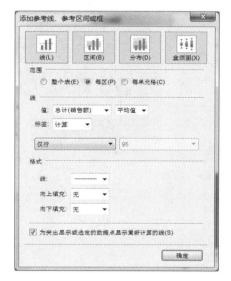

图 11-20 "添加参考线、参考区间或框"
对话框

参考区间是指在轴上添加一个区间，用来
标记某个范围，将视图标记之后，轴上两个常量或计算值之间的区域显示为阴影。

分布：通过添加阴影梯度指示值沿轴的分布。分布可通过百分比、百分位、分位
数或标准差定义。参考分布还用来创建标靶图。

盒须图：添加描述值沿轴的分布情况的盒形图。盒形图显示四分位和须。Tableau
提供了几种不同的盒形图样式，允许配置须线的位置和其他详细信息。

步骤 3： 以设置平均值为例，有基于"表""区""单元格"的设置效果。将
"分析"窗格中的"平均线"拖放到视图中，并在弹出的对话框中选择"区"即可（见
图 11-22）。

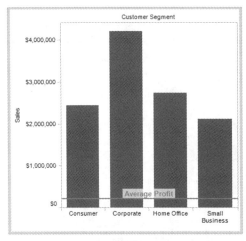

参考线   参考区域

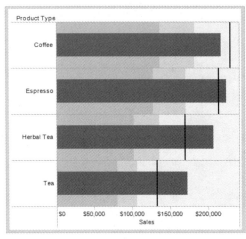

分布

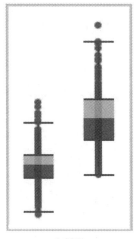

盒须图

图 11-21   4 种类型

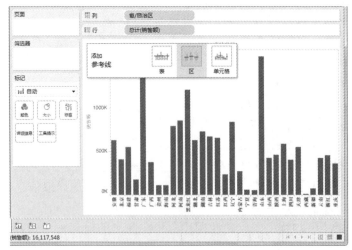

图 11-22   添加参考线"平均值"

步骤 4：将"分析"窗格中的"参考区间"直接拖放到视图中，在弹出的对话框中设置参考线的"范围"为"每区"，将区间开始的值选为"销售额"的"平均值"，区间结束的值选为"销售额"的"最大值"，样式为默认选项（见图 11-23）。

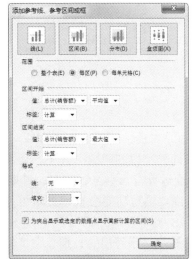 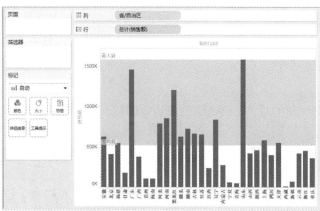

图 11-23　创建平均值

实验确认：□ 学生　□ 教师

11.6　计算字段

要从数据中提取有意义的结果,有时必须要修改 Tableau 从数据源中提取的字段。或者，如果基础数据未包括回答问题所需的所有字段，这时可以在 Tableau 中创建新字段，然后将其保存为数据源的一部分。Tableau 提供了一个用于自定义和创建字段的计算编辑器，还支持用户在视图中工作时在功能区上创建的临时计算。

所谓计算字段，就是根据数据源字段（包括维度、度量、参数等），通过使用标准函数和运算符构造公式来定义的一个基于现有字段和其他计算字段的公式，以创建新的计算字段。同其他字段一样，计算字段也能拖放到各功能区来构建视图，还能用于创建新的计算字段，而且其返回值也有数值型、字符型等的区分。

例如，可以创建一个名为"利润"的新计算字段，它计算"销售额"字段和"成本"字段的差。然后，可以对此新字段应用聚合（如求和）以查看一段时间内的总利润。随后，可以将这些数字显示为百分比的形式，启用总计以查看各类别的百分比。最后，可以对新字段进行分级，以直方图的形式显示数据。

11.6.1　创建和编辑计算字段

为创建计算字段，可在"数据"窗格右侧单击下拉按钮，或右击字段，在弹出菜单中选择"创建"→"计算字段"命令，在弹出的对话框（见图 11-24）中输入公式，再单击"应用"按钮，这样 Tableau 将对每一条记录按照该公式进行计算，并生成一个新的字段。计算字段创建界面包括"进入"窗格（左侧）和"函数"窗格。

图 11-24　计算字段创建界面

在"进入"窗格中可输入计算公式，包括运算符、计算字段和函数。其中，运算符支持加（+）、减（-）、乘（*）、除（/）等所有标准运算符。字符、数字、日期/时间、集、参数等字段均可作为计算字段，Tableau 的自动填写功能会自动提示可使用计算的字段或函数。

"函数"窗格为 Tableau 自带的计算函数列表，包括数字、字符串、日期、类型转换、逻辑、聚合以及表计算等。双击该函数立即出现在"进入"窗格中。

计算字段的创建方式有两种：直接在"数据"窗格中创建计算字段；在使用计算集、计算字段、参考线及其他时创建。

如果计算返回数字，则新字段将显示在"数据"窗格的"度量"区域中，并且可以像使用其他任何字段那样使用该新字段。返回字符串或日期的计算将保存为维度。

在公式输入框中，可以使用"//"开头来书写注释。采用 Tableau 函数时，具体函数的使用方式可参考窗格右方的函数描述和示例。

为了能够更快速地看到分析结果，Tableau 提供了在行功能区和列功能区直接进入计算公式的方式，这种方式下创建的计算字段可即时在视图中看到结果，将该字段拖放到"数据"窗格，即可形成新的字段。

在编辑器中工作时，来自非当前数据源的任何字段在显示时字段名称前面会附带数据源，例如[DS1].[销售额]。在 Tableau 中允许保存无效的计算，但在"数据"窗格中该计算的旁边会出现一个红色感叹号，并且在更正无效的计算字段之前，无法将其拖到视图中。

若要编辑计算字段，可在"数据"窗格中右击该字段，选择"编辑"命令。

用户只能编辑计算字段，即在 Tableau 中创建的命名字段（与作为原始数据源一部分的命名字段相对）。不能将数据桶、生成的经纬度字段、度量名称或度量值拖到计算编辑器中。

可以在编辑器中处理计算，同时在 Tableau 中执行其他操作。例如，可按以下步骤执行：

步骤 1：首先创建或编辑一个视图。

步骤 2：打开计算编辑器并处理计算字段。

步骤 3：将全部或部分公式拖到功能区，将其放在现有字段上以查看其如何更改视图。

步骤 4：双击刚刚放在功能区上的字段，以临时计算方式将其打开，然后对计算进行微调。

步骤 5：将临时计算拖回到计算编辑器并将其放到计算编辑器中的原始公式上，从而替换原始公式。

也可以将全部或部分公式拖到"数据"窗格上创建新字段。

在单个工作簿中使用相同数据源的所有工作表都可使用计算字段。若要在工作簿之间复制和粘贴计算字段，可右击来源工作簿"数据"窗格中的字段，再选择"复制"命令。然后，右击目标工作簿"数据"窗格，并选择"粘贴"命令。可以复制和粘贴所有自定义字段，包括计算字段、临时组、用户筛选器和集。

可通过以下方式自定义计算编辑器：

（1）折叠函数列表和帮助区域：通过单击工作区域和函数列表之间的角形控件来折叠（关闭）计算编辑器右侧的函数列表和帮助区域。单击同一控件（现在朝向左侧）可重新打开函数列表和帮助区域。

（2）调整计算编辑器大小或移动计算编辑器：可通过拖动计算编辑器的任何一个角来调整其大小。编辑器最初显示在视图内，但可以将其移到视图外部——如移到另一台显示器上。移动计算编辑器时不会移动 Tableau Desktop，移动 Tableau Desktop 时也不会移动编辑器。

（3）调整文本大小：若要调整计算编辑器中文本的大小，可按住【Ctrl】键并向上（放大）或向下（缩小）滚动鼠标按钮。下一次打开编辑器时，文本为默认大小。

为了帮助避免语法错误，计算编辑器内置了着色和验证功能。创建公式时，语法错误会带有红色下画线。将光标悬停在错误上可以查看解决建议。公式有效性的反馈也显示在计算编辑器的底部。

编辑计算字段时，可以单击编辑器状态栏中的"影响的工作表"来查看哪些其他工作表正在使用该字段，这些工作表将在发生更改时同步得到更新。只有当所编辑的字段同时在其他工作表中使用时，才会显示"受影响的工作表"下拉列表。

实验确认：□ 学生　　□ 教师

11.6.2　公式的自动完成

在计算编辑器或临时计算中输入公式时，Tableau 将显示用于完成公式的选项列表。使用鼠标或键盘在列表中滚动时，Tableau 将在当前项是函数时显示简短说明。

如果当前项为字段、集或数据桶，并且关键字附带了注释，则该注释将显示为说明。

单击列表中的关键字或按【Enter】键将其选定。如果关键字是函数，Tableau 将在选定时显示语法信息。

如果工作簿使用多个数据源，则自动完成的方式是：

（1）如果所选字段来自辅助数据源，将添加包含其聚合和完全限定名称的字段。例如，ATTR([二级数据源].[折扣])。

（2）只有在设置了与当前活动工作表的显示混合关系时，才会显示辅助数据源的匹配项。

（3）用于混合两个数据源的字段只会在搜索结果中显示一次（显示的字段来自主数据源）。

11.6.3　临时计算

临时计算是在处理视图中功能区上的字段时可创建和更新的计算，也称调用类型输入计算或内联计算。通常，会动态创建临时计算来执行测试想法、尝试假设方案、调试复杂计算和等操作。

行、列、标记和度量值功能区上支持临时计算；筛选器或页面功能区上不支持临时计算。临时计算中的错误标有红色下画线。将光标悬停在错误上可以查看解决建议。

不会为临时计算命名，但会在关闭工作簿时将其保存。如果要保存临时计算以在其他工作簿的工作表中使用，可将其复制到"数据"窗格。将会提示为该计算命名。为临时计算命名之后，它将与使用计算编辑器创建的计算相同，可在工作簿中的其他工作表上使用。

如果 Tableau 确定输入的表达式是度量（返回数字），则会在提交表达式时向表达式中自动添加聚合。例如，在临时计算中输入"DATEDIFF('日', [发货日期], [订购日期])"，然后按【Enter】键，将看到如下内容：

SUM(DATEDIFF('日', [发货日期], [订购日期]))

如果在临时计算中使用聚合字段，例如 SUM([利润])，则结果是一个聚合计算（AGG）。例如，当提交临时计算 SUM([利润]) / SUM([销售额]) 时，结果为：

聚合(SUM([利润]) / SUM([销售额]))

11.6.4　创建计算成员

计算成员可以是计算度量，即数据源中的新字段，就像计算字段一样，也可以是计算维度成员，即现有分层结构内的新成员。例如，维度"产品"有 3 个成员（汽水、咖啡和饼干），则可以定义一个对"汽水"和"咖啡"成员求和的新计算成员"饮料"。当将"产品"维度放在行功能区上时，它将显示 4 行：汽水、咖啡、饼干和饮料。

使用 Tableau 公式创建计算字段，并随后在数据视图中使用新字段：

步骤 1：连接到 Tableau Desktop 附带的"示例–超市"数据源。

步骤 2：单击"数据"窗格中"维度"右侧的下拉按钮，选择"创建计算字段"。

步骤 3：在计算编辑器中将新字段命名为"折扣率"并创建以下公式：

IIF([销售额] != 0, [折扣] / [销售额] , 0)

通过以下方式构建公式：首先从函数列表中双击 IIF 语句，然后从"数据"窗格中拖动字段或在编辑器中输入字段。必须手动输入运算符（!= 和 /）。IIF 语句用来避免出现被零除的情况。

步骤 4：单击"确定"按钮，将新字段添加到"数据"窗格中的"度量"区域。由于该计算返回数字，因此新字段列在"度量"栏下。

步骤 5：在视图中使用该计算。将"地区"放在列功能区上，将"邮寄方式"放在行功能区上，并将"类别"放在标记卡中的"颜色"上，然后将新计算字段"折扣率"放在行功能区上。

步骤 6：为视图中的字段将"折扣率"的聚合从"总和"更改为"平均值"。为此,右击行功能区上的"折扣率"字段,并选择"度量"→"平均值"命令(见图 11–25)。

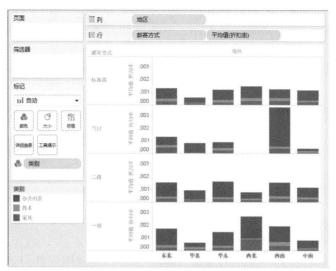

图 11–25　分邮件方式的平均值

步骤 7:如果现在公司策略发生了变化,必须编辑计算以便只计算超过$2000 的销售额的折扣率。为此,在"数据"窗格中右击"折扣率",并选择"编辑"命令。

在计算编辑器中,更改公式以便只计算超过$2000 的销售额的折扣率:

IIF([销售额] > 2000, [折扣] / [销售额] , 0)

步骤 8:单击"确定"按钮关闭计算编辑器后,视图会自动更新(见图 11–26)。

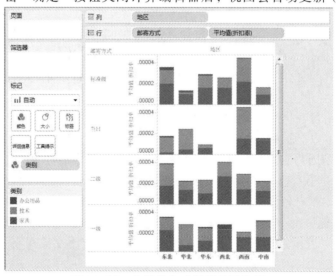

图 11–26　分邮件方式限额的平均值

实验确认:□ 学生　□ 教师

11.6.5　聚合计算

当计算使用聚合函数时,我们称其为聚合计算。若要创建聚合计算,可按照创建或编辑计算字段中的所述定义一个新计算字段。公式包含一个或多个聚合函数。通过从"函数"菜单中单击"聚合"命令，可以方便地在计算编辑器中选择聚合函数。当将聚合计算放在功能区上时，它的前面会显示"聚合"。

假设需要分析数据源中每一种产品的总体毛利润率。一种办法是创建名为"毛利率"的新计算字段，它等于利润除以销售额。然后，将此度量放在功能区中，使用预定义求和聚合。这种情况下，"毛利率"定义如下：

毛利率 = SUM([利润] / [销售额])

此公式计算数据源中每一行数据的利润和销售额之比，然后对这些数字求和。也就是在聚合前先执行除法。但是，大多数情况下并不会希望这样做，因为对比值求和通常没有用处。

可能需要知道的是所有利润的总和除以所有销售额的总和是多少，该公式如下：

毛利率 = SUM([利润]) / SUM([销售额])

此时，在每个度量聚合后再执行除法。聚合计算允许创建这样的公式。聚合计算的结果始终为度量。聚合计算可正确地进行总计计算。

例如，创建名为"毛利率"的聚合计算，并在数据视图中使用该新字段。

步骤 1：连接到 Tableau Desktop 附带的"示例–超市"Excel 数据源。

步骤 2：单击"数据"窗格上"维度"右侧的下拉按钮，并选择"创建计算字段"，打开计算编辑器。

步骤 3：将新字段命名为"毛利率"并创建以下公式：

IIF(SUM([销售额]) != 0, SUM([利润]) / SUM([销售额]) , 0)

新计算字段显示在"数据"窗格的"度量"区域中，可以像使用其他任何度量那样使用它。

步骤 4：使用计算进行聚焦。聚焦计算是一种可产生离散度量的特殊计算，用于根据某个度量的值显示离散阈值，其结果是离散值（不是连续值）。例如，用户可能需要对销售额进行颜色编码，例如使超过 10 000 的销售额显示为绿色，低于 10 000 的销售额显示为红色。为此，公式定义一个名为"销售聚焦"的离散度量。

IIF(SUM([销售额]) > 10000,"Good","Bad")

"数据"窗格中显示的离散度量带有蓝色的"=Abc"图标。"销售聚焦"之所以被分类为度量，是因为它是另一个度量的函数；由于它生成离散值（"Good"和"Bad"）而不是连续值（如数字），因此它是离散度量。

步骤 5：将"客户名称"放在列功能区上，将"销售额"放在行功能区上，将"毛利率"放到行功能区上。当将"毛利率"放在功能区上时，它的名称自动更改为"聚合（毛利率）"，表示它是聚合计算。因此，该字段的上下文菜单将不包含任何聚合选项，原因是无法聚合已经聚合的字段。

步骤 6：设置筛选器。将"订单日期"拖放到筛选器上，设置年份为 2014；将"地区"拖放到筛选器上，设置为"华东"；将"类别"拖放到筛选器上，设置为"技术"；右键单击各筛选项，均设置为"显示筛选器"。

步骤 7：将"销售聚焦"放在标记卡中的"颜色"上，因为它是聚合计算，所以带有"聚合"前缀"聚合（销售聚焦）"。超过 10 000 和低于 10 000 的值被分配不同的颜色。

结果如图 11-27 所示，可调整屏幕右侧的筛选器，调整显示图示内容。

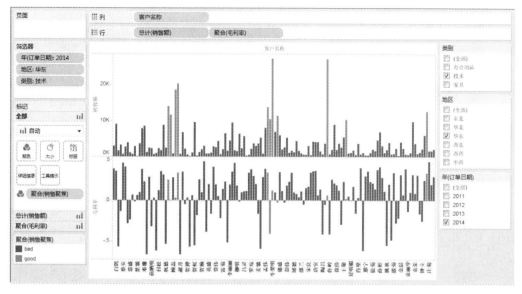

图 11-27 聚合计算

实验确认：☐ 学生　　☐ 教师

11.7 表 计 算

特殊函数"表计算"是应用于表中值的计算。这些计算的独特之处在于，它们使用数据库中多行数据来计算一个值。要创建表计算，需要定义计算目标值和计算对象值。可在"表计算"对话框中使用"计算类型"和"计算对象"下拉列表定义这些值。当创建表计算后，在标记卡、行功能和列功能区域，该计算字段就会有正三角标记。

表计算函数针对度量使用"分区"和"寻址"进行计算，这些计算依赖于表结构本身。在编辑公式时，表计算函数需要明确计算对象和使用的计算类型。而最需要注意的是，在使用表计算时必须使用聚合数据。

任何 Tableau 视图都有一个由视图中的维度确定的虚拟表。此表不会与数据源中的表混淆。具体而言，虚拟表由 Tableau 工作区中的任何功能区或卡上的维度确定（见图 11-28）。

表计算是一种转换，基于维度将该转换应用于视图中单一度量的值。假设建立这样一个简单的视图：

步骤 1：以"示例-超市"Excel 为数据源，在工作区中将维度"订单日期"拖到列功能区（值聚合至"年"），维度"细分"拖到行功能区，度量"利润"拖到标记卡的"文本"图符上，出现的表中的各个单元格显示"订单日期"和"细分"的每个组合的"利润"度量值，共有 4 年的"订单日期"数据以及 3 个"细分"：这些数字相乘得到 12 个单独的单元格，每个单元格显示一个"利润"值（见图 11-29）。

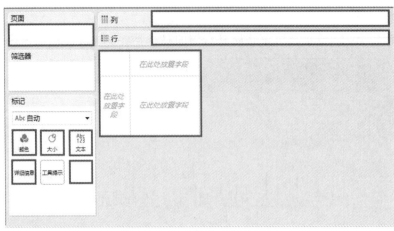

图 11-28　功能区或卡的维度

假定想要查看的不是绝对货币值，而是 12 个单独利润值中的每个值占总利润的百分比，以便将所有单元格值加在一起时的总计是 100%。为此，可以添加表计算。

步骤 2：始终将表计算添加到视图中的度量。在此例中，视图中只有一个度量，即 SUM(利润)，因此，在标记卡上右击该度量时，将看到两个提到表计算的选项，即添加表计算和快速表计算。

步骤 3：如果选择"快速表计算"命令，将看到一系列选项。其中的"总额百分比"看起来更恰当。选择该选项，视图将更新以显示百分比，而不是绝对货币值（见图 11-30）。

图 11-29　简单视图示例　　　　　　　　　图 11-30　显示百分比

注意："标记"卡上"SUM(利润)"旁在显示有三角形图标，此图标表明表计算当前正在应用于此度量。

步骤 4：如果视图不是文本表，表计算仍然会是选项。倒退一个步骤（单击工具栏上的"撤销"按钮）以移除快速表计算。

步骤 5：使用"智能显示"将图表类型更改为水平条形图（见图 11-31）。

虽然不能将此视图称为"表"，但其维度是相同的，因此，视图的虚拟表也相同。

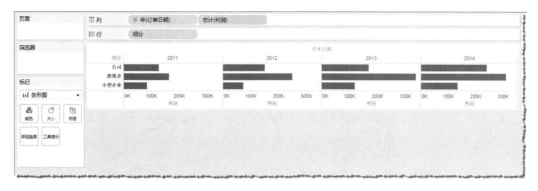

图 11-31　水平条形图

步骤 6：现在可以应用和以前完全相同的表计算：在列功能区右击"SUM(利润)"，选择"快速表计算"命令，然后选择"总额百分比"，视图将更改为沿水平轴显示百分比，而不是货币值。

在了解表计算或试用不同选项时，文本表通常将提供比其他图表类型更直观的细节。

实验确认：☐ 学生　　☐ 教师

11.8　百 分 比

在 Tableau 中，任何分析都可用百分比的形式表示。例如，用户可能不需要查看每一种产品的销售额，而需要查看每一种产品的销售额占所有产品总销售额的百分比。

通过单击"分析"→"百分比"命令，可以计算百分比。当计算百分比时，工作表中的所有度量将根据所有表数据显示为百分比。

"分析"菜单中的"百分比"命令对应于百分比表计算。如果选择一个百分比选项，实际上是添加一个"总额百分比"表计算。

百分比计算需要两个因素：

（1）聚合：根据每个度量的当前聚合计算百分比。

（2）用来与所有百分比计算进行比较的数据：百分比采用分数的形式。分子是某个给定标记的值，分母取决于所需的百分比类型，它是用来与所有计算进行比较的数字。比较可基于整个表、一行、一个区，等等。默认情况下，Tableau 使用整个表。

图 11-32 是包含百分比的文本表示例。这些百分比是基于整个表、通过"销售额"度量的聚合总计计算的。百分比是根据每个度量的聚合计算的。标准聚合包括总和、平均值以及若干其他聚合。例如，如果应用于"销售额"度量的聚合是求和，则默认百分比计算（百分比表）意味着每个显示的数字都等于该标记的 SUM(销售额) 除以整个表的 SUM(销售额)。

除了使用预定义聚合外，计算百分比时还可使用自定义聚合。可通过创建计算字段来定义自己的聚合。创建新字段后，可像其他任何字段一样使用新字段的百分比。

图 11-32　百分比文本表

实验确认：□ 学生　　□ 教师

【实验与思考】熟悉 Tableau 数据可视化设计

1．实验目的

以 Tableau 系统提供的"示例–超市"Excel 文件作为数据源，依照本章教学内容，循序渐进地实际完成 Tableau 数据管理与计算的各个案例，熟悉 Tableau 数据处理技巧，提高大数据可视化应用能力。

2．工具/准备工作

在开始本实验之前，请认真阅读课程的相关内容。

需要准备一台安装有 Tableau Desktop（参考版本为 9.3）软件的计算机。

3．实验内容与步骤

1．体验课文中关于 Tableau 数据管理与计算的各项功能

本章以 Tableau 系统自带的"示例–超市"Excel 文件为数据源，介绍了 Tableau 数据管理与计算的各项操作。

请仔细阅读本章的课文内容，执行其中的 Tableau 数据管理与计算操作，实际体验 Tableau 数据管理与计算的处理方法与步骤。请在执行过程中对操作关键点做好标注，在对应的"实验确认"栏中打钩（√），并请实验指导老师指导并确认（据此作为本【实验与思考】的作业评分依据）。

请记录：你是否完成了上述各个实例的实验操作？如果不能顺利完成，请分析可能的原因是什么？

答：_____

2. 向地图视图中添加参数

下面使用"示例–超市"Excel 数据源来演示以下内容：

- 如何生成显示分省市销售额情况的地图视图。
- 如何创建将低出生率国家/地区与高出生率国家/地区区分开来的计算字段。
- 如何创建和显示参数以便用户可为低出生率与高出生率设置阈值。

为生成地图视图，按以下步骤操作：

步骤 1：在"数据"窗格中调整"国家""地区""城市""省/自治区"各维度为"地理角色"的相关属性值。这时，在度量栏中出现"纬度（生成）"和"经度（生成）"项。

步骤 2：把"纬度（生成）"放在行功能区，然后把"经度（生成）"放在列功能区，并显示世界地图。

步骤 3：将"订单日期"维度拖到"筛选器"上，在"筛选器"对话框中选择"年"，然后单击"下一步"按钮；继续在对话框中选择"2014"，然后单击"确定"按钮。

步骤 4：将"省/自治区"维度拖到"详细信息"上，注意，所显示地图自动调整为中国区域。

步骤 5：将标记类型设置为"填充地图"。

步骤 6：将"销售额"度量拖到"标签"上（见图 11–34）。现在得到一个地图，其中显示了全国分省市的销售额情况，可以缩放地图或悬停鼠标来查看不同省市的销售额情况。

图 11–33　分省市销售额情况

为创建计算字段，按以下步骤操作：

步骤 1：单击"分析"→"创建计算字段"命令，将字段命名为"利润率"，并在公式字段中输入或粘贴此计算：

IF（[利润] / [销售额]）>= 0.48 THEN "高" ELSE "低" END

值 0.48 相当于 48%。单击"确定"以应用并保存此计算时，Tableau 会将其分类为维度。

步骤 2：将"利润率"拖到标记卡的"颜色"图符上。地图中用一种颜色显示高利润率地区，并用另一种颜色显示低利润率地区。

但将高利润率定义为 48%是武断的——之所以选择该值，是为了做图的效果。

作为替代，可以让用户定义该阈值，或者为用户提供可用来查看更改阈值如何使地图发生变化的控件。为此，按以下步骤创建参数：

步骤 1：在"数据"窗格中右击，选择"创建参数"命令，在对话框中将新参数命名为"设置利润率"（见图 11-34），并按如下方式对其进行配置：

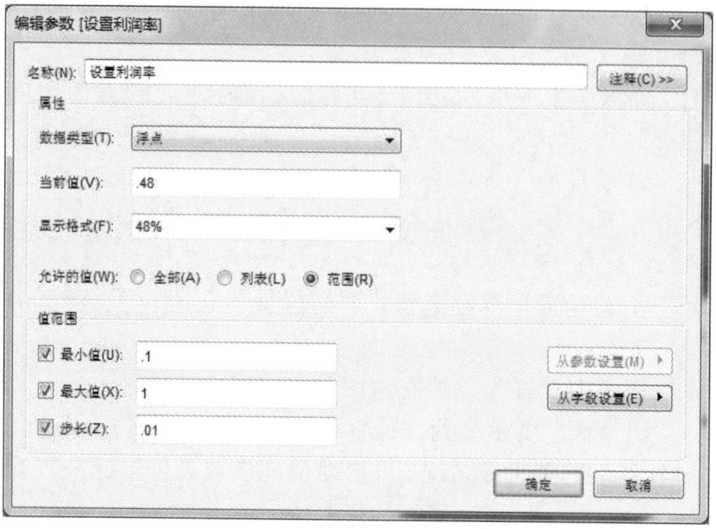

图 11-34　配置参数

设置"数据类型"为"浮点"，因此参数控件在接下来的过程中将显示为滑块形式。这是因为浮点值是连续的——可能的值有无限多个。

"当前值"设置默认值为 0.48（48%）。"值范围"部分设置最小和最大值以及步长，即值可发生变化的最小数额。

步骤 2：完成后，单击"确定"按钮退出"创建参数"对话框。

为创建和显示参数控件，将参数连接到"利润率"字段，按以下步骤操作：

步骤 1：在"数据"窗格中右击"利润率"，选择"编辑"命令。将字段定义中值 0.48 替换为参数名称，即：

IF（[利润] / [销售额]）>= [设置利润率] THEN "高" ELSE "低" END

步骤 2：在"数据"窗格中右击"设置利润率"参数，选择"显示参数控件"命令。

默认情况下，参数控件显示在右侧（见图 11-35）。现在，用户可以增量方式增加或降低此值，以了解更改"利润率"的定义会对地图产生怎样的影响。

图 11-35　示例效果

4．实验总结

_____

_____

_____

_____

5．实验评价（教师）

_____

_____

第 12 章

Tableau 可视化设计 ≪≪

【案例导读】 Tableau 案例分析：世界指标-医疗

　　有条件的读者，请在阅读本书这部分时，打开 Tableau 软件，在其开始页面中单击打开典型案例"世界指标"，以研究性态度动态地观察和阅读，以获得对 Tableau 的最大限度的理解。

　　在典型案例"世界指标"工作界面的下方，列举了 7 个工作表，即人口、医疗、技术、经济、旅游业、商业和故事，分别展示了现实世界的若干侧面。其中，医疗工作表视图如图 12-1 所示。

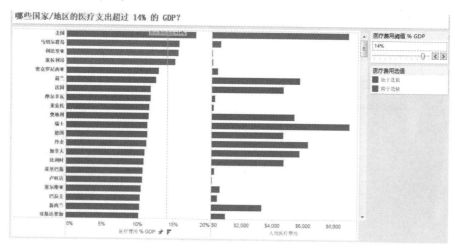

图 12-1　世界指标-医疗

　　图中右侧有个"医疗费用阈值"栏，拖动或者单击其中的游标，可以设定不同的阈值。注意观察视图，当调整阈值设定时，视图内标题、参考线、条形图的颜色等都会随之变动，反映不同的分析结果。视图中用不同颜色来直观地区分低于选值和高于选值的不同数据。视图左右分别显示了医疗费用和人均医疗费用。

　　阅读视图，通过移动鼠标，分析和钻取相关信息并简单记录：

（1）所谓 GDP，是指：

　　答：_____

_____

_____

请记录：美国：人均医疗支出为＿＿＿＿＿＿＿（$），占 GDP 的＿＿＿＿＿＿＿%。

德国：人均医疗支出为＿＿＿＿＿＿＿（$），占 GDP 的＿＿＿＿＿＿＿%。

中国：人均医疗支出为＿＿＿＿＿＿＿（$），占 GDP 的＿＿＿＿＿＿＿%。

塞浦路斯：人均医疗支出为＿＿＿＿＿＿＿（$），占 GDP 的＿＿＿＿＿＿＿%。

你认为医疗费用占 GDP 百分比低，可能是因为：

□社会福利好，人民享受免费医疗

□自然环境好，不生病医疗开销少

（2）通过信息钻取，你还获得了哪些信息或产生了什么想法？

答：＿＿＿＿＿＿＿＿＿＿＿＿＿＿＿＿＿＿＿＿＿＿＿＿＿＿＿＿＿＿＿＿＿＿＿

＿＿＿＿＿＿＿＿＿＿＿＿＿＿＿＿＿＿＿＿＿＿＿＿＿＿＿＿＿＿＿＿＿＿＿＿＿＿

＿＿＿＿＿＿＿＿＿＿＿＿＿＿＿＿＿＿＿＿＿＿＿＿＿＿＿＿＿＿＿＿＿＿＿＿＿＿

（3）请简单描述你所知道的上一周发生的国际、国内或者身边的大事。

答：＿＿＿＿＿＿＿＿＿＿＿＿＿＿＿＿＿＿＿＿＿＿＿＿＿＿＿＿＿＿＿＿＿＿＿

＿＿＿＿＿＿＿＿＿＿＿＿＿＿＿＿＿＿＿＿＿＿＿＿＿＿＿＿＿＿＿＿＿＿＿＿＿＿

＿＿＿＿＿＿＿＿＿＿＿＿＿＿＿＿＿＿＿＿＿＿＿＿＿＿＿＿＿＿＿＿＿＿＿＿＿＿

12.1 条形图与直方图

本章以 Tableau 系统提供的"示例−超市"Excel 文件作为数据源，来学习和练习 Tableau 的各种数据图表的可视化分析方法。

在 Tableau 开始界面"连接"栏中单击 Excel，在文件夹中选择"示例−超市"Excel 文件，单击"打开"按钮。在数据源窗口中，将屏幕左侧的工作表−订单拖到上部窗格中。

12.1.1 条形图

条形图是最常使用的图表类型之一，它通过垂直或水平的条形展示维度字段的分布情况。水平方向的条形图即为一般意义上的条形图，垂直方向的条形图通常称为柱形图。

按以下步骤执行，创建一个水平/垂直条形图：

步骤 1：单击"工作表 1"标签，可调整国家、地区、城市、省/自治区等维度的属性为"地理角色"。

步骤 2：在工作表界面中，将维度"订单日期"字段拖到筛选器上，在弹出的"筛选器字段"对话框中选择日期类型为"年/月"，单击"下一步"按钮；再在弹出的对话框中把统计周期限制为"2011 年 12 月"，单击"确定"按钮。

步骤 3：将维度"省市"拖至行功能区，度量"销售额"拖至列功能区，生成图 12-2 所示的图表。

步骤 4：单击工具栏中的"交换"按钮，将水平条形图转置为垂直条形图，单击"降序排序"按钮，分省销售额将按降序排列（见图 12-3）。

步骤 5：将维度"类别"拖至标记卡上的"颜色"，生成堆积条形图，继续查看分省市销售额按类别的分布情况，如图 12-4 所示。

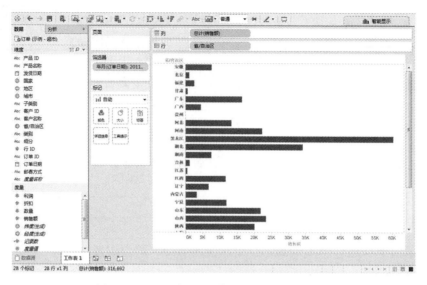

图 12-2　2011 年 12 月部分省市销售额对比

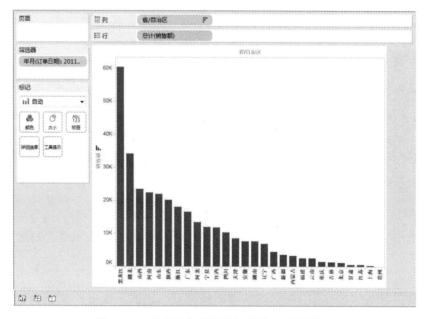

图 12-3　对水平条形图进行交换、降序排列

可以发现，当"省市"维度字段的成员过多时，生成的堆积条形图不够直观，可对堆积条形图中各类别进行升降排序。

步骤 6：单击"类别"图例卡右侧的下拉按钮，选择"排序"，在出现的"排序"窗口中对排序进行设置。窗口中显示有多种排序方式，包括升序、降序以及升降排序的依据，此外，还可以手动编辑顺序等。这里选择按字段"销售额"总计的升序排列。

设置完成后，颜色的顺序将按照类别销售额总计的大小进行升序排列（见图 12-5）。此外，为使图表颜色更好看，还可对类别颜色进行编辑。

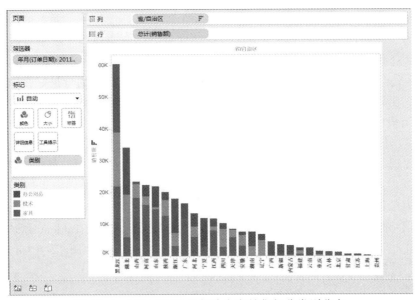

图 12-4　2011 年 12 月部分省市销售额分类别分布

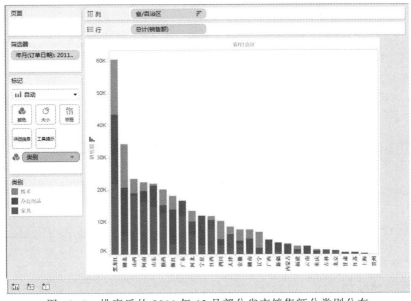

图 12-5　排序后的 2011 年 12 月部分省市销售额分类别分布

实验确认：□ 学生　　□ 教师

12.1.2　直方图

直方图是一种统计报告图，它由一系列高度不等的纵向条纹或线段表示数据分布的情况，一般用横轴表示数据类型，纵轴表示分布情况。

直方图与条形图不同。条形图的横轴为单个类别，不用考虑纵轴上的度量值，用条形的长度表示各类别数量的多少；而直方图的横轴为对分析类别的分组（Tableau 中称为分级 bin），横轴宽度表示各组的组距，纵轴代表每级样本数量的多少。

由于分组数据具有连续性，直方图的各矩形通常是连续排列，而条形图则是分开排列。再者，条形图主要用于展示分类数据，而直方图则主要用于展示数据型数据。虽然可以用条形图来近似地模拟直方图，但由于条形图的 X 轴是分类轴，不是刻度轴，因此，它不是严格意义上的直方图。使用直方图分析时，样本数据量最好在 50 个以上。

例如，比较分析示例超市的销售结构，可考虑将销售额分级为不同的组别，再对各组别的销售额进行统计，具体步骤如下：

步骤 1：以"示例–超市"Excel 文件作为数据源并创建级。

在"数据"窗口中选择度量"销售额"，右击，在弹出菜单中选择"创建"→"数据桶"命令，如图 12-6（a）所示。在弹出的"创建级"窗口中，编辑新字段的名称和组距。为帮助确定最佳组距，单击"加载"显示值范围，包括最大值、最小值和差异（最大值–最小值）。值范围可以帮助调整设定数据桶大小（Tableau 默认为 10），数据桶大小也就是直方图中常说的组距，这里设定为 1 000，如图 12-6（b）所示。

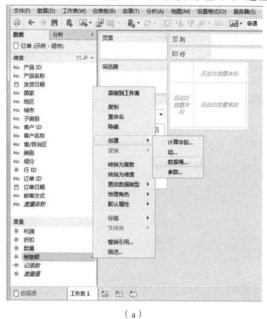

（a） （b）

图 12-6 创建级字段

因对度量分级创建的"销售额（数据桶）"字段为维度字段，故该级字段显示在"数据"窗口的维度区域中，并在字段名称前附有字段图标。

步骤 2：将度量"销售额"拖至行功能区，将新建的级"销售额（数据桶）"字段拖至列功能区，如图 12-7（a）所示。

图 12-7 中，每个级标签代表的是该级所分配的数字范围的下限（含下限）。例如，标签为 1K 级的含义是：销售额大于或等于 1 000 但小于 2 000 的销售额组。可通过修改数据桶大小来调整直方图的分级，如图 12-7（b）所示。

说明：还可以自动创建直方图，方法是在数据窗口中选择一个度量；②单击工具栏上的"智能显示"按钮；选择"直方图"选项。

步骤 3：为各级编辑别名。因为自动生成的级仅显示该级的下限，容易产生误导。以修改"18K"的标签为例,右击,选择"18K"级标签,选中"编辑别名",修改为"18–19K"。

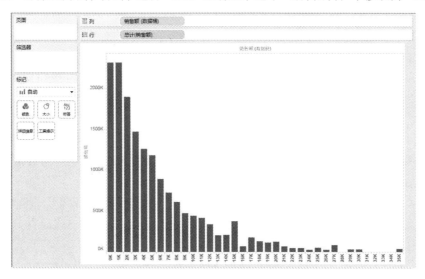

（a）

（b）

图 12-7　销售额分组统计直方图

实验确认：□ 学生　　□ 教师

12.2　饼　　图

饼图又称圆饼图,在使用饼图进行可视化分析时,需要注意以下事项:

（1）分块越少越好,最好不多于 4 块,且每块必须足够大。

（2）确保各分块占比的总计是 100%。

（3）避免在分块中使用过多标签。

以分析"2011 年 12 月销售额中分类别占比情况"为例,介绍创建饼图的操作步骤。如果类别分类过多，直接画出的饼图不够直观，此时，可以利用分组"降低"类别的成员数量。

步骤 1：示例–超市中，商品大类分为"办公用品""技术""家具"三类。

如果需要将其他类别成员归为一组"其他类别"，可右击，选择"类别"，选择"创建组"，按住【Ctrl】键选中要分为一组的成员，单击"分组"按钮即可。

步骤 2：将字段"订单日期"拖放到筛选器，选择"2011 年 12 月"，将字段"类别"拖至"标记"栏的"颜色"上，并设置标记类型为"饼图"，"标记"栏中出现"角度"选项。

步骤 3：将度量"销售额"拖至"角度"后，饼图将根据该度量的数值大小改变饼图扇形角度的大小，从而生成占比图。

步骤 4：为饼图添加占比信息。将维度"类别"及度量"销售额"拖至"标记"栏的"标签"上，并对标签"销售额"设置为"快速表计算"→"总额百分比"，添加占比信息（见图 12-8）。

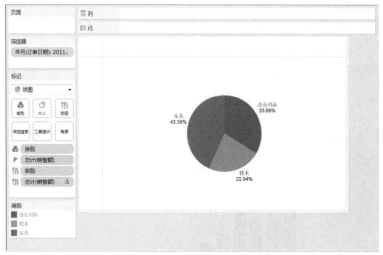

图 12-8　添加标签后的饼图

绘制图表后，可在饼图各个扇区单击，分别关注不同扇区的详情。

实验确认：□ 学生　　□ 教师

12.3　折　线　图

折线图是一种使用率很高的统计图形，它以折线的上升或下降来表示统计数量的增减变化趋势，最适用于时间序列的数据。与条形图相比，折线图不仅可以表示数量的多少，而且可以直观地反映同一事物随时间序列发展变化的趋势。

下面以分析示例–超市"月销售额趋势"为例，介绍创建基本折线图的操作步骤：

步骤 1：将"销售额"拖至行功能区，"订单日期"拖至列功能区，并通过右击将其日期级别设为"月"。

步骤 2：单击"标记"栏处的颜色，在弹出对话框的标记处选择中间的"全部"，此时图表中的线段上将出现小圆的标记符号（见图 12-9）。

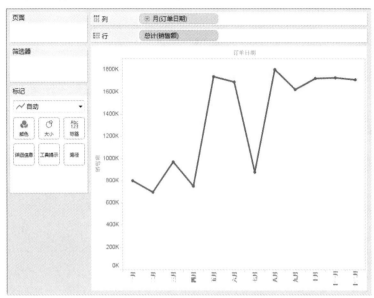

图 12-9 为折线图添加标记

有时我们并不满足于标记为一个小圆点，若要标记为一个方形，可以画一个折线图和一个自定义形状的圆图，然后通过双轴来完成。

步骤 3：再次拖到字段"销售额"到行功能区，此时会出现两个折线图，选择其中一个折线图，在"标记"栏右侧单击，将标记类型改为形状。

步骤 4：单击"标记"栏处的形状，选择方形，可单击"大小"按钮对方形大小进行调整（见图 12-10）。

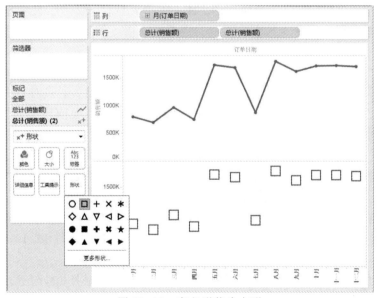

图 12-10 定义形状为方形

步骤 5：右击行功能区右端的"总计（销售额）"，在弹出的对话框中选择双轴。

由于两轴的坐标轴均为当期值，因此右击右边的纵轴，选择"同步轴"命令，完成双轴图表（见图 12-11）。

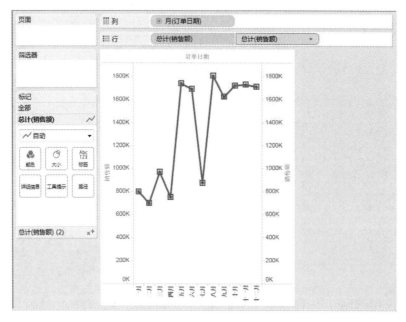

图 12-11　双轴创建图表

实验确认：□ 学生　　□ 教师

12.4　压力图与突显表

当数据量较大时，可以选择使用压力图（包括突显表）或树形图进行分析。此时，如果仍然需要利用表格展示数据，同时又需要突出重点信息时，可选择使用突显表。

12.4.1　压力图

压力图又称热图、热力图，是表格中数字的可视化表示，通过对较大的数字编码为较深的颜色或较大的尺寸，对较小的数字编码为较浅的颜色或较小的尺寸，来帮助用户快速在众多数据中识别异常点或重要数据。

步骤 1：将"省/自治区"拖至行功能区，将"销售额"拖至"标记"栏的"大小"上（见图 12-12）。可以看出，压力图中标记的大小代表了销售额的大小，标记越大值越大，标记越小值越小。在图中可以快速发现重要数据，如广东、黑龙江和山东在所有销售额中居于前三位。

步骤 2：可将"利润"拖至"标记"栏的"颜色"上（见图 12-13），以快速获取两指标的异常点。

利润的大小由颜色表示，绿色越深代表利润值越大，相关企业经营成果越好；红色越深代表利润值越小，相关企业的亏损情况越严重。图表能够快速展现关联指标的关系以及数据的异常情况，快速定位数据异常点，并可结合对明细的钻取以及实际业务，理解发生异常的原因。

图 12-12 省市销售额分析

图 12-13 省市累计销售额与利润情况

实验确认：□ 学生　　□ 教师

12.4.2 突显表

与压力图类似，突显表的目的也是帮助分析人员在大量数据中迅速发现异常情况，但因其显示出具体数值，数据量较大时对异常及重要数据难以辨识，故不建议使用突显表表示相关联指标的情况，而是仅突出显示一个指标（度量）的异常或重要信息。

步骤 1：将"省/自治区"拖至行功能区，将"利润"分别拖至"标记"栏的"文本"及"颜色"上，将标记类型改为"方形"（见图 12-14）。

可以看出，突显表通过各表格颜色的深浅，能够帮助分析人员非常直观、迅速地从大量数据中定位到关键数据，这一点和压力图使用标记大小帮助定位在本质上是相同的，而且突出表还显示了各项的值。

步骤 2：使用突显表分析压力图中的例子：查看各省市销售额和利润中的异常点。将"销售额"拖至"标记"栏的"颜色"上（见图 12-15）。

图 12-15 中，表格中的数值表示利润的大小，单元格的颜色表示销售额的大小。由于利润由数值直接表达，传递信息不够直观，因此无法像压力图那样帮助用户快速看出两个相关联指标的异常情况。可见，突显表在表达关于一个度量"突出值"的情况下是非常有效的。

当有部分省市的利润为负值时，假设只想将利润为负的数据突出显示，可以进行下列操作。

步骤 3：将"省/自治区"拖至行功能区，将"利润"分别拖至"标记"栏的"文本"及"颜色"上，如图 12-16（a）所示。

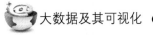
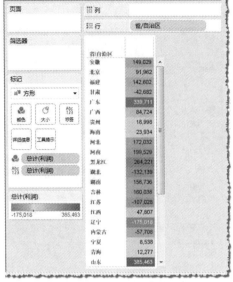

图 12-14　一个指标的突显表

图 12-15　两个指标的突显表

（a）　　　　　　　　　　　　　　　　（b）

图 12-16　利润按数值大小用不同颜色显示

步骤 4：在"标记"栏中单击"颜色"按钮，选择"编辑颜色"，在弹出的对话框中，单击"色板"右侧的下拉按钮，选择"自定义发散"颜色，并将两端设置为红色和黑色，渐变颜色设定为 2，这时只有红和黑两种颜色。按照分析元素需要，让负数显示为红色，正数显示为黑色，即划分两种颜色的依据是正负，于是单击"高级"按钮，设定中心为 0，如图 12-16（b）所示。可以看出，负值已用红色突出显示。

压力图和突显表都可以帮助分析人员快速发现异常数据，并对异常数据进行下钻，从而查看和分析引起异常的原因。

实验确认：☐ 学生　　☐ 教师

12.5 树地图

树地图又称树形图，是使用一组嵌套矩形来显示数据，同压力图一样，也是一种突出显示异常数据点或重要数据的方法。下面分析"分省市累计利润总额的关系"，步骤如下：

步骤 1：选择标记类型为方形，将"省/自治区"拖放至"标签"上；将"销售额"拖放至"大小"上，此时图形的大小代表销售额累计。

步骤 2：将"利润"拖放至"颜色"上，颜色深浅代表利润额大小（见图 12-17）。

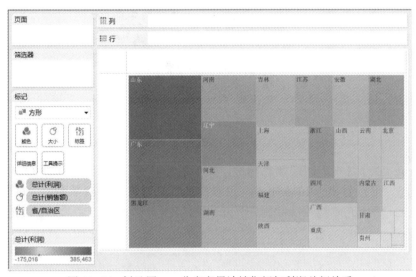

图 12-17 树地图——分省市累计销售额与利润总额关系

图中，矩形的大小代表销售额的大小，颜色的深浅代表利润总额的大小。可以看出，山东、广东及黑龙江的累计销售额均排名全国前列；辽宁等地销售额较大但利润情况不佳；而一些省份的销售额虽小，但利润情况较好。

实验确认：□ 学生　　□ 教师

12.6 气泡图与圆视图

气泡图即 Tableau "智能显示"卡上的"填充气泡图"。每个气泡表示维度字段的一个取值，气泡大小及颜色代表一个或两个度量的值。Tableau 气泡图具有视觉吸引力，能够以非常直观的方式展示数据。圆视图是气泡图的一种变形，通过给气泡图添加一个相关的维度，按不同的类别分析气泡，并依据度量的大小，将所有气泡有序地排列起来，其表现比气泡图更为清晰。

12.6.1 气泡图

下面以分析"分省市销售额的大小"为例，介绍创建填充气泡图的操作步骤及分析方法。

步骤 1：加载数据源，将"省/自治区"分别拖至"标记"栏的"颜色"和"标签"上，将"销售额"拖至"标记"栏的"大小"上，并更改标记类型为"圆"，生成图 12-18 所示的图表。

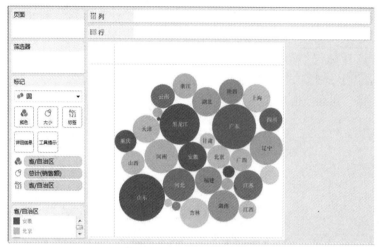

图 12-18　填充气泡图——部分省市销售额情况

Tableau 会自动用不同的颜色标示出每个省份，并用气泡的大小标示出各省份销售额的大小。可以看出，2014 年 6 月山东省和广东省的销售额最多。

步骤 2：将填充气泡图的"标记"由"圆"改为"文本"时，图表将由填充气泡图变为文字云。例如，将"标记"的"圆"改为"文本"（见图 12-19）。

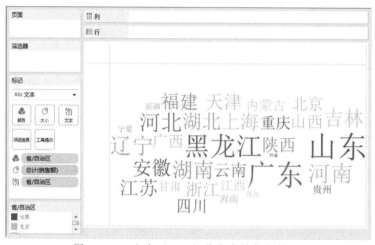

图 12-19　文字云——部分省市销售额情况

可以看出，文字云和填充气泡图的本质相同，但用"文本"的大小替换"圆"的大小之后，直观性较差。

12.6.2　圆视图

下面以分析"销售额按类别的各省市分布情况"为例，介绍圆视图的创建方法。

步骤 1：将"子类别"拖至列功能区，将"销售额"拖至行功能区，并修改标记的类型为"形状"，得到累计销售额按类别的圆视图（见图 12-20）。

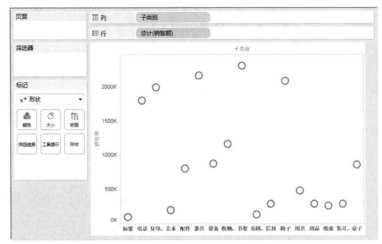

图 12-20　圆视图——销售额按类别圆视图

步骤 2：分别将"省/自治区"拖至"标记"栏的"大小"和"颜色"上，将"子类别"拖至"标记"栏的"颜色"上，生成图 12-21 所示的圆视图。

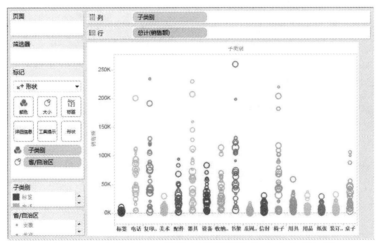

图 12-21　圆视图——销售额按类别的各省市分布情况

圆视图可以帮助分析人员快速发现每一类别中的异常点或突出数据，例如在图 12-21 中，可轻易定位到"子类别"为"书架"的山东省的数据非常突出。

实验确认：□ 学生　　□ 教师

12.7　标　靶　图

标靶图是指通过在基本条形图上添加参考线和参考区间，可以帮助分析人员更加直观地了解两个度量之间的关系，常用于比较计划值和实际值。

下面以"各省市利润总额计划的完成情况"为例，介绍创建标靶图的操作步骤及分析方法。

步骤 1：在系统提供的数据源"示例–超市"Excel 文件中，没有类似"计划数"这样的数据。为此，建立一个数据字段，以完成标靶图的制作。打开数据源"示例–超市"文件，在"数据"窗口中"维度"的右侧单击向下拉按钮，选择"创建计算字段"选项，在输入框中建立字段"计划数"（+=自定义字段），定义公式为"[销售额] * 0.95"。

步骤 2：将"省/自治区"拖至行功能区，将"销售额"拖至列功能区，并将"计划数"拖放到"标记"卡上，创建标靶图所需的条形图。

步骤 3：添加参考线和参考区间。右击视图区横轴的任意位置，在弹出菜单上选择"添加参考线"命令，在弹出的编辑窗口中选择类型为"线"，并对参考线的范围、值及格式进行设置，如图 12-22（a）所示；再对参考区间进行设置，选择类型为"分布"，并对范围、区间的取值和格式进行设置，如图 12-22（b）所示。

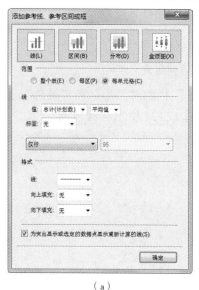 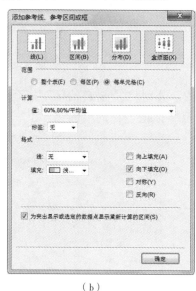

（a）   （b）

图 12-22　编辑参考线及参考区间

步骤 4：调整标记的大小后，得到标靶图（见图 12-23）。

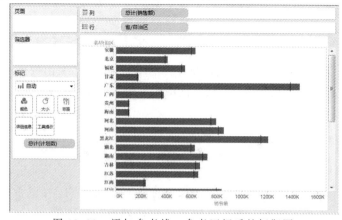

图 12-23　添加参考线、参考区间后的标靶图

实验确认：□ 学生　□ 教师

12.8 甘 特 图

甘特图，又称横道图，是以图示的方式通过活动列表和时间刻度形象地表示出任何特定项目的活动顺序和持续时间。甘特图的横轴表示时间，纵轴表示活动（项目），线条表示在整个期间上该活动或项目的持续时间，因此可以用来比较与日期相关的不同活动（项目）的持续时间长短。甘特图也常用于显示不同任务之间的依赖关系，并被普遍用于项目管理中。

下面以"比较 2014 年部分省市商品交货情况"为例，说明创建甘特图的步骤和方法。

步骤 1：连接"示例–超市"Excel 数据源后，通过日期型字段"订单日期"和"发货日期"创建计算字段"延期天数"。

延期天数 = ('day', [交货日期] , [订单日期])

步骤 2：将"省/自治区"拖至行功能区，将"交货日期"拖至列功能区，并通过右键把日期级别更改为"月"。

步骤 3：将"交货日期"拖至"筛选器"，限定为 2014 年。

步骤 4：将度量"延期天数"拖至"标记"栏上的"大小"后，生成甘特图。

步骤 5：生成的甘特图尚无法区分出不同省份的延期交货情况。可将"延期天数"拖至"标记"栏的"颜色"上，并对其进行编辑（见图 12-24）。编辑颜色后的图表如图 12-25 所示。

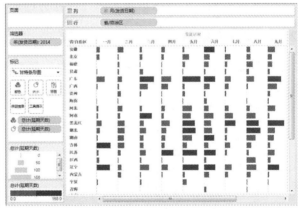

图 12-24 编辑"延期天数"的颜色　　　　图 12-25 供应商及时供货情况分析

实验确认：□ 学生　　□ 教师

12.9 盒 须 图

盒须图又叫箱线图，是一种常用的统计图形，用以显示数据的位置、分散程度、异常值等。箱线图主要包括 6 个统计量：下限、第一四分位数、中位数、第三四分位数、上限和异常值（见图 12-26）。

中位数：数据按照大小顺序排列，处于中间位置，即总观测数 50% 的数据。

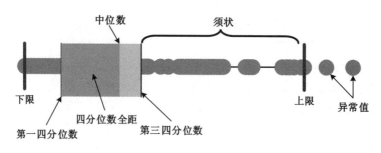

图 12-26　盒须图的统计量

第一四分位数、第三四分位数：数据按照大小顺序排列，处于总观测数 25%位置的数据为第一分位数，处于总观测数 75%位置的数据为第三分位数。四分位全距是第三分位数与第一分位数之差，简称 IQR。

上限、下限：Tableau 可设置上限和下限的计算方式，一般上限是第三分位数与 1.5 倍的 IQR 之和的范围之内最远的点，下限是第一分位数与 1.5 倍的 IQR 之差的范围内最远的点。也可直接设置上限为最大值，设置下限为最小值。

异常值：在上限和下限之外的数据。

一般来说，上限与第三四分位数之间以及下限与第一四分位数之间的形状称为须状。

通过绘制盒须图，观测数据在同类群体中的位置，可以知道哪些表现好，哪些表现差；比较四分位全距及线段的长短，可以看出哪些群体分散，哪些群体更集中，即分析数据的中心位置及离散情况。

这里，我们以分地区销售额统计数据为例来分析并做出盒须图。

12.9.1　创建盒须图

完成本案例需要的维度字段有"地区"和"城市"，度量字段包括"数量"和"销售额"。

步骤 1：创建所需计算字段。

（1）创建字段"地区&城市"，其计算公式是"[地区] + [城市]"。

（2）为分析分城市平均销售额，需要创建字段"平均销售额"，其计算公式为"SUM([销售额]) / SUM([数量])"。

步骤 2：生成基本视图。

（1）将创建好的字段"平均销售额"和"地区"分别拖放到行功能区和列功能区。

（2）将"城市"拖放到"标记"栏，图形选择"圆"视图。这时视图中每一个圆点即代表一个城市，字段"平均销售额"会对每一个城市计算其平均销售额（见图 12-27）。

步骤 3：单击"智能显示"→"盒须图"命令，完成创建盒须图。选择视图为"整个视图"。

步骤 4：右击盒须图纵轴，选择"编辑参考线"命令，在弹出的对话框中设置盒须图的格式，例如设置"格式"→"填充"为"极深灰色"；或单击盒须图，通过"编辑"选项进行设置。

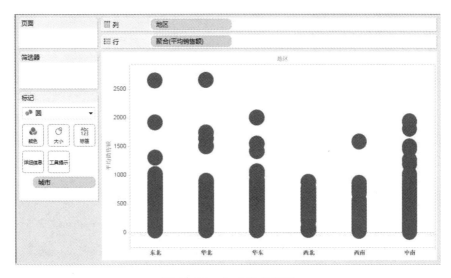

图 12-27　生成基本视图

步骤 5：单击"确定"按钮生成盒须图（见图 12-28）。

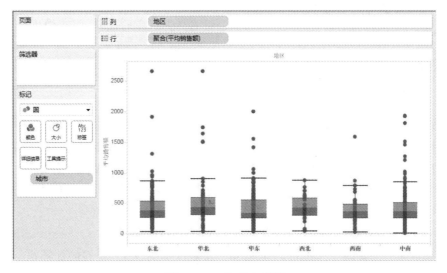

图 12-28　生成盒须图

12.9.2　图形延伸

如图 12-28 所示，所有的点都落在了一条垂直线上，一个点代表一个城市，由于城市较多，很多点都是重叠覆盖的，不能直观地展示各城市之间数量的比较，也无法直观地显示其分布。此时，可以采用将点水平铺开的方法：

步骤 1：创建自定义计算字段"将点散开"，计算公式为"index() %30"。

步骤 2：将计算字段"将点散开"拖放到列功能区"地区"的右边，设置"计算依据"为"城市"，各个圆点即水平展开，展开幅度为 30。可以调整公式"将点散开"来调整散开的幅度。

步骤 3：为了分析平均销售额的异常点问题所在，将"销售额"拖放到选项卡中的"大小"上，同时为了使图形更美观，将"城市"拖放到"颜色"上（见图 12-29）。

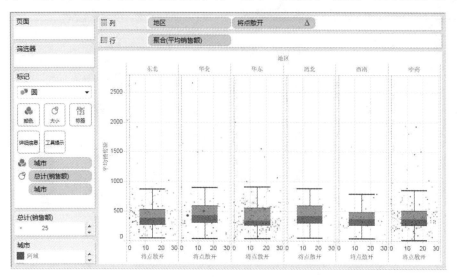

图 12-29　设置将点散开效果

实验确认：□ 学生　　□ 教师

【实验与思考】熟悉 Tableau 数据可视化分析

1. 实验目的

以 Tableau 系统提供的"示例-超市"Excel 文件作为数据源，依照本章教学内容，循序渐进地实际完成 Tableau 可视化分析的各个案例，尝试建立 Tableau 条形图、直方图、饼图、折线图、压力图与突显表、树地图、气泡图与圆视图、标靶图、甘特图以及盒须图，熟悉 Tableau 数据可视化分析技巧，提高大数据可视化应用能力。

2. 工具/准备工作

在开始本实验之前，请认真阅读课程的相关内容。

需要准备一台安装有 Tableau Desktop（参考版本为 9.3）软件的计算机。

3. 实验内容与步骤

本章以 Tableau 系统自带的"示例-超市"Excel 文件为数据源，介绍了 Tableau 各种数据可视化分析图形的制作方法与制作过程。

请仔细阅读本章的课文内容，执行其中的 Tableau 数据可视化分析操作，实际体验 Tableau 数据可视化分析图形的制作方法与步骤。请在执行过程中对操作关键点做好标注，在对应的"实验确认"栏中打钩（√），并请实验指导老师指导并确认（据此作为本【实验与思考】的作业评分依据）。

请记录：你是否完成了上述各个实例的实验操作？如果不能顺利完成，请分析原因。

答：_____

4．实验总结

5．实验评价（教师）

第 13 章

Tableau 地图与预测分析 ‹‹‹

【案例导读】Tableau 案例分析：世界指标–旅游业

有条件的读者，请在阅读"Tableau 案例分析"时，打开 Tableau 软件，在其开始页面中单击打开典型案例"世界指标"，以研究性的态度动态地观察和阅读，以获得对 Tableau 的最大限度的理解。

在典型案例"世界指标"工作界面的下方，列举了 7 个工作表，即人口、医疗、技术、经济、旅游业、商业和故事，分别展示了现实世界的若干侧面。其中，旅游业工作表的界面如图 13-1 所示。

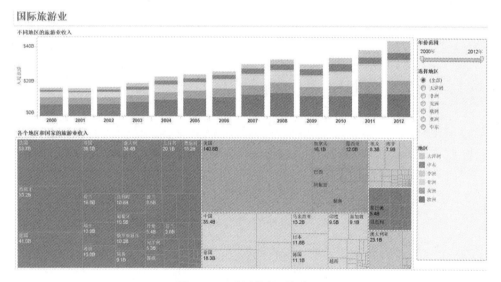

图 13-1　世界指标–旅游业

图中可拖动右侧"年份范围"栏的游标选择限定的分析年份，可在"选择地区"栏单选全部、大洋洲、非洲、美洲、欧洲、亚洲或中东；"地区"栏提示了视图中用 6 种不同颜色分别代表 6 个地区。

视图中，上图以堆叠条图反映了 2000 至 2012 年不同地区的国际旅游业收入情况；下图以树地图形式反映了 6 个地区分国别的国际旅游收入情况。

阅读视图，通过移动鼠标指针，分析和钻取相关信息并简单记录：

（1）由视图可见，国际旅游业收入最多的前 10 个国家（地区）是：

第 1 名：＿＿＿＿＿＿＿＿＿＿＿＿＿＿＿，旅游业收入：$＿＿＿＿＿＿＿＿＿＿＿＿。

第 2 名：＿＿＿＿＿＿＿＿＿＿＿＿＿，旅游业收入：$＿＿＿＿＿＿＿＿＿＿＿＿＿。

第 3 名：＿＿＿＿＿＿＿＿＿＿＿＿＿，旅游业收入：$＿＿＿＿＿＿＿＿＿＿＿＿＿。

第 4 名：＿＿＿＿＿＿＿＿＿＿＿＿＿，旅游业收入：$＿＿＿＿＿＿＿＿＿＿＿＿＿。

第 5 名：＿＿＿＿＿＿＿＿＿＿＿＿＿，旅游业收入：$＿＿＿＿＿＿＿＿＿＿＿＿＿。

第 6 名：＿＿＿＿＿＿＿＿＿＿＿＿＿，旅游业收入：$＿＿＿＿＿＿＿＿＿＿＿＿＿。

第 7 名：＿＿＿＿＿＿＿＿＿＿＿＿＿，旅游业收入：$＿＿＿＿＿＿＿＿＿＿＿＿＿。

第 8 名：＿＿＿＿＿＿＿＿＿＿＿＿＿，旅游业收入：$＿＿＿＿＿＿＿＿＿＿＿＿＿。

第 9 名：＿＿＿＿＿＿＿＿＿＿＿＿＿，旅游业收入：$＿＿＿＿＿＿＿＿＿＿＿＿＿。

第 10 名：＿＿＿＿＿＿＿＿＿＿＿＿，旅游业收入：$＿＿＿＿＿＿＿＿＿＿＿＿＿。

（2）通过信息钻取，你还获得了哪些信息或产生了什么想法？

答：＿＿＿＿＿＿＿＿＿＿＿＿＿＿＿＿＿＿＿＿＿＿＿＿＿＿＿＿＿＿＿＿＿＿

（3）请简单描述你所知道的上一周发生的国际、国内或者身边的大事。

答：＿＿＿＿＿＿＿＿＿＿＿＿＿＿＿＿＿＿＿＿＿＿＿＿＿＿＿＿＿＿＿＿＿＿

📚 13.1　Tableau 地图分析

地图可视化是指以计算机科学、地图学、认知科学与地理信息系统为基础，以屏幕地图形式，直观、形象与多维、动态地显示空间信息的方法与技术。Tableau 的地图分析功能十分强大，可编辑经纬度信息，实现世界、地区、国家、省/市/自治区、城市等不同等级的地图展示，实现对地理位置的定制化。Tableau 的地理位置识别功能能够自动识别国家、省/自治区/直辖市、地市级别的地理信息，并能识别名称、拼音或缩写。

此外，地图信息常常涉及行政区划甚至国家主权，此功能在实际应用时要特别注意。

13.1.1　分配地理角色

将 Tableau 连接到包含地理信息的数据源，并分配对应的"地理角色"后，Tableau 可通过简单的拖放和单击生成地图。Tableau 包含两种地图类型：符号地图和填充地图，同时也可制作包含两者的混合地图以及多维度地图。

例如：在 Tableau 开始界面"连接"栏中单击 Excel，在文件夹中选择"示例–超市"Excel 文件，单击"打开"按钮。在数据源窗口中，将屏幕左侧的工作表–订单拖到上部窗格中。

例如，在 Tableau 开始界面"连接"栏中单击 Excel 图标，在文件夹中选择"示例–超市"Excel 文件，单击"打开"按钮。在数据源窗口中，将屏幕左侧的工作表–订单拖到上部窗格中。

Tableau 将每一级地理位置信息定义为"地理角色"，"地理角色"包括"国家/地区""省/市/自治区""城市""区号""国会选区""县""邮政编码"，其中只有"国家/地区""省/市/自治区""城市"对中国区域有效。具体地理角色定义如表 13–1 所示。

表 13-1　Tableau 地理角色定义

地 理 角 色	说　　明
国家/地区	全球国家/地区，包括名称、FIPS 10、2 字符（ISO 3166-1）或 3 字符（ISO 3166-1）。示例：AF、CD、Japan、Australia、BH、AFG、UKR
省/市/自治区	全世界的省/市/自治区，可识别名称和拼音。示例：河南、jiangsu、AB、Hesse
城市	全世界的城市名称，城市范围为人口超过 1 万、政府公开地理信息的城市，可识别中文、英文的城市名称。示例：杭州、大连、Seattle、Bordeaux

一般情况下，Tableau 会将"数据源"中包含地理信息的字段自动分配给相应的地理角色，并在"维度窗口"中标识，表示 Tableau 已自动对该字段中的信息进行地理编码并将每个值与纬度、经度值进行关联，两个字段"纬度（生成）"和"经度（生成）"将自动添加到"度量"窗格，在创建地图时，可以拖放这两个字段进行展示。

有时，Tableau 会把地理信息字段识别成字符串字段，这种情况下，需要手动为其分配地理角色。可以在"维度窗口"中右击该字段，然后选择"地理角色"命令，为其分配对应的地理角色，之后该字段的图标将变换。

13.1.2　创建符号地图

符号地图即以地图为背景，在对应的地理位置上以多种形状展示信息，为使用符号地图功能，在打开 Tableau，连接相关数据后，应先对数据分配地理角色。

步骤 1：创建符号地图。Tableau 生成地图有以下两种方法。

方式 1：双击地理字段，例如"省/自治区"或"城市"字段。一般情况下，Tableau 将自动调出地图视图。如未出现地图视图，则选择"地图"→"背景地图"命令，将"背景地图"设置为"Tableau"即可。

在"省/自治区"符号地图背景下，拖放"度量"窗口中的"销售额"到标记卡中的"大小"图符上，生成符号地图。

方式 2：按住【Ctrl】键，同时选中"维度"窗口中的"省/自治区"和"度量"窗口中的"销售额"，单击右上角的"智能显示"按钮，选中"符号地图"，Tableau 默认将"销售额"作为"大小"在地图上进行展示，效果与方式 1 一致。

实际操作中，图中的"圆"标记代表各个省市的销售额，如果想要分"类别"维度对比各个省市的销售情况，只需要把标记卡中图的类型由"圆"改为"圆饼图"，并把"类别"字段拖放至"颜色"即可。

若要查看"城市"级别的信息，只需双击"维度"窗格中的"城市"字段，或拖动"城市"字段到标记卡中的"详细信息"即可，调整标记卡的相应内容。

步骤 2：编辑地理位置。Tableau 可对其地理库中不包含的地理位置进行信息编辑。

单击地图右下角出现的未知信息提示，会弹出"[省/自治区] 的特殊值"对话框，单击"编辑位置"按钮，弹出图 13-2 所示的对话框。

地理信息未识别有两种类型：①不明确，表示该数据所代表的地理位置有两个或以上，Tableau 不知道该为其分配哪个位置；②无法识别，表示其不在 Tableau 的地理库中。

图 13-2 "编辑位置"对话框

对"无法识别"的数据,可在"匹配位置"中选择一个"匹配项",将其映射到正确位置。

若要精确定位,可在下拉列表中选择"输入纬度和经度",在对话框中输入经纬度信息。

默认情况下,在匹配项下拉列表中会列出地理库中的所有位置,即中国的所有省市。

对地图中无法识别的位置,可采用相同的方式进行位置匹配。Tableau 的原理是先匹配上级单位,再匹配下级单位,所以,一般情况下,需要先将上级地理角色的位置定义好,再设置下级地理角色。

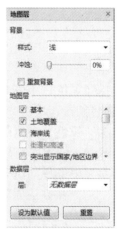

图 13-3 "地图层"窗格

若存在大量无法识别地理位置,逐个进行匹配或"输入纬度和经度"会耗费较大的工作量,因此,建议通过"导入自定义地理编码"的方法,对 Tableau 的地理库进行扩充,实现地理位置识别。

地图右下角未识别信息对话框中有 3 个选项,其余的"筛选数据"和"在默认的位置显示数据"主要是针对数据信息的设置,"筛选数据"为将不识别的数据剔除,"在默认位置显示数据"是将经纬度设置为 0 进行展示。因此,在地图模式下,不建议选择。

步骤 3:设置地图层格式。生成地图后,有多个选项可设置地图的显示效果。例如,选择"地图"→"地图层"命令,可在屏幕左侧打开"地图层"窗格(见图 13-3)。

其中,下方的"数据层"是 Tableau 预设的美国人口普查等信息,对中国情况不适用。

Tableau 地图提供了多个层(可移动窗格右侧的滑块显示全部分层选项),这些层可对地图上的相关点进行标记。Tableau 提供的部分地图层仅在特定缩放级别上可见。表 13-2 列出了每个地图层及其使用的范围。

表 13-2　Tableau 地图层说明

层 名 称	说 明
基本	显示包括水域和陆域的底图
土地覆盖	遮盖自然保护区和公园以便为地图提供更大深度
海岸线	以深灰色显示海岸线轮廓
街道和高速	标记公路、高速公路以及城市街道，还包括公路和街道名称
突出显示国家/地区边界	以浅灰色显示国家/地区轮廓
突出显示国家/地区名称	以浅灰色显示国家/地区名称
国家/地区边界	以深灰色突出显示国家/地区边界
国家/地区名称	以深灰色突出显示国家/地区名称
突出显示州/省边界	以浅灰色显示州/省边界
突出显示州/省名称	以浅灰色显示州/省名称
州/省边界	以深灰色突出显示州/省边界
州/省名称	以深灰色突出显示州/省名称

在展示世界地图时，可选择"重复背景"，此时背景地图可多次显示相同区域。在非"重复背景"下，世界地图只展示一次。

单击"地图层"窗格底部的"设为默认值"，即将设置好的地图格式设置为默认值，此时，在本 Tableau 中创建的地图均采用本次设置。

实验确认：☐ 学生　☐ 教师

13.1.3　创建填充地图

步骤：填充地图即将地理信息作为面积进行填充，创建填充地图的方法有以下 3 种。

（1）双击"维度"窗口中的"省/自治区"字段，生成符号地图后，拖放"度量"窗格中"销售额"到标记卡中的"颜色"。

（2）按住【Ctrl】键，同时选中"维度"窗格中的"省市"和"度量"窗格中的"销售额"，单击"智能显示"按钮，选中"填充地图"，Tableau 默认将"销售额"作为"颜色"在地图上进行展示。

（3）创建好符号地图后，在标记卡的图形选项中选择"已填充地图"或在"智能显示"中选择"填充地图"。

这 3 种方法创建的填充地图效果一致。在填充地图中，对 Tableau 不能识别的位置，无法通过编辑位置来实现地理定位。填充地图只能识别到"省/市/自治区"，不能识别"城市"一级的地理角色，因此，若要展示城市信息，只能采用符号地图。

实验确认：☐ 学生　☐ 教师

13.1.4　创建多维度地图

多维度地图通过对不同维度的信息用多个地图展示，实现信息的分维度比对。多维度地图展示要在已创建好的符号地图或填充地图的基础上创建。以符号地图或填充地图为基础创建多维度地图的步骤是相同的。

在上面创建好的填充地图基础上，拖放"维度"窗格中的"订单日期"到行功能区，"类别"到列功能区，并放在"经度（生成）""纬度（生成）"之前，即可实现分时间段、分类别的分省市销售额完成对比分析。

实验确认：☐ 学生　☐ 教师

13.1.5　创建混合地图

混合地图是指把符号地图和填充地图叠加而形成的一种地图形式，其创建步骤如下：

步骤 1：创建混合地图时，首先需要创建一个符号地图或填充地图，下面以先创建填充地图为例，生成以"销售额"为颜色的分省市填充地图。

步骤 2：将"度量"窗格中的"纬度（生成）"再次拖放到行功能区上，或在行功能区中，按住【Ctrl】键拖放"纬度（生成）"到右侧，此时，同时展示两个地图。

步骤 3：右击行功能区的"纬度（生成）"，选择"双轴"，两个地图重叠为一个。同理，重复拖放列功能区的"经度（生成）"，也可实现同样的效果。

可以看到在标记卡中生成了两个切换条，为"纬度（生成）"和"纬度（生成）（2）"，分别代表两个地图图层。

步骤 4：选择"纬度（生成）（2）"，修改其图形类型为"圆"。

步骤 5：拖放"度量"窗格中"数量"字段到标记卡中的"颜色"，"利润"到"大小"，编辑"颜色"为红色系，拖放"维度"窗格中的"省/自治区"到"标签"图符，实现了三维信息的展示。

步骤 6：若要展示地市级信息，则在"维度（生成）（2）"这一地图层双击"度量"窗格中的"城市"，或拖放"城市"到标记卡中的"详细信息"图符，并拖放"城市"到"标签"图符上，最终生成把符号地图和填充地图叠加而形成的一种地图形式。

在创建混合地图时，创建两个地图图层后，先设置每个地图图层展示的信息，再设置"双轴"显示，实现效果一致。

实验确认：☐ 学生　☐ 教师

13.1.6　设置地理信息

Tableau 中的背景地图选项为使用者提供了地图源的多种选择，用户可以选择不使用地图源，或选择 Tableau 自带的地图源"Tableau"，或脱机使用地图，或使用 WMS 服务器实现自定义地图源"WMS 服务器（W）"，并可设置何种地图源为默认地图源。

默认情况下，所有新建工作表都会自动连接到 Tableau 的联机地图源"Tableau"，其地理位置信息由开源地图供应商 OpenStreetMap 提供。

当有大量 Tableau 无法识别的地理位置时，可通过导入自定义地理编码扩充 Tableau 的地理信息库。自定义地理编码只能绘制符号地图。

📚 13.2　Tableau 预测分析

Tableau 中的预测使用"指数平滑"技术，尝试在度量中找到可延续到将来的一种固定模式。指数平滑是指模型从某一固定时间系列的过去值的加权平均值，以迭代方式预测该系列的未来值。而最简模型（简单指数平滑）是从上一个实际值和上一个级别值来计算下一个级别值或平滑值。该方法之所以是指数方法，是因为每个级别的值都受前一个实际值的影响，影响程度呈指数下降，即值越新权重越大。

13.2.1　指数平滑和趋势

可以使用 Tableau Desktop 的指数平滑模型预测定量时间系列数据。使用指数平滑，为最新观察赋予的权重比旧观察相对要多。这些模型捕获数据的演变趋势或季节性，并将数据推广到未来。预测是全自动的过程，不过可以进行配置。许多预测结果都将成为图形中的字段。

所有预测算法，都是实际数据生成过程（DGP）的简单模型。为获得高质量预测，DGP 中的简单模式必须与模型所描述的模式很好地匹配。

在 Tableau 评估预测质量之前，会以全局方法优化每个模型的平滑参数。因此，选择的本地最佳的平滑参数也可能是全局范围内最佳的。但由于初始值参数不做进一步优化，因此初始值参数可能不是最佳的。Tableau 中提供的 8 个模型属于指数平滑方法的分类模型的一部分。Tableau 自动选择其中最佳的那个。最佳模型是生成最高质量预测的模型。

当可视化项中的数据不足时，Tableau 会自动尝试以更精细的时间粒度进行预测，然后将预测聚合回可视化项的粒度。Tableau 提供可以从闭合式方程模拟或计算的预测区间。所有具有累乘组件或具有集合预测的模型都具有模拟区间，而所有其他模型则使用闭合式方程。

当要预测的度量在进行预测的时间段内呈现出趋势或季节性时，带趋势或季节组件的指数平滑模型十分有效。

所谓趋势，是指数据随时间增加或减小的可能性，季节性则是指值的重复和可预测的变化，例如，每年中各季节的温度波动。

通常，时间系列中的数据点越多，所产生的预测就越准确。如果要对季节性建模，则具有足够的数据尤为重要，因为模型越复杂，就需要越多数据形式的证明，才能达到合理的精度级别。另一方面，如果使用两个或更多不同 DGP 生成的数据进行预测，则得到的预测质量将较低，因为一个模型只能匹配一个。

13.2.2　季节性

Tableau 针对一个季节周期进行测试，需要对估计预测的时间系列有典型的时间长度。为此，如果按月聚合，则 Tableau 将寻找 12 个月的周期；如果按季度聚合，将寻找 4 个季度的周期；如果按天聚合，将寻找每周季节性。因此，如果按月时间系列中有一个 6 个月的周期，则 Tableau 可能会寻找一个 12 个月模式，其中包含两个类似的子模式。

Tableau 可以使用两种方法中的任一方法来派生季节长度。原始时间度量法使用视图时间粒度（TG）的自然季节长度。时间粒度意指视图表示的最精细时间单位。例如，如果视图包含截断到月的绿色连续日期或蓝色离散年和月日期部分，则视图的时间粒度为月。

Tableau 会自动针对给定视图选择最适合的方法。当 Tableau 使用日期对视图中的度量进行排序时，如果时间粒度为季度、月、周、天或小时，则季节长度将几乎分别是 4、12、13、7 或 24。因此，只会使用时间粒度的自然长度来构建 Tableau 支持的 5 个季节指数平滑模型。

如果 Tableau 使用整数维度进行预测，则使用第二种方法。此情况下没有时间粒度（TG），因此必须从数据中派生可能的季节长度。

如果时间粒度为年，则也会使用第二种方法。年度系列很少有季节性，但如果它们确实有季节性，则也必须派生自数据。

对于时间粒度为分钟或秒的视图，也使用第二种方法。如果此类系列有季节性，则季节长度可能为 60。但是，在测量定期的真实流程时，该流程可能会有与时钟不对应的定期重复。因此，对于分钟和秒，Tableau 也会检查数据中与 60 不同的长度。

对于按年、分钟或秒排序的系列，如果模式相当清晰，将测试数据中的单一季节长度。对于按整数排序的系列，将会为 5 个季节模型预估 9 个不太清晰的季节长度，并返回 AIC 最低的模型。如果没有适合的候选季节长度，则只会预估非季节模型。

由于 Tableau 在从数据派生可能的季节长度时所有选择都是自动的，因此"预测选项"对话框的"模型类型"中的默认模型类型"自动"不会更改。选择"自动不带季节性"可避免搜索所有季节长度和预估季节模型，从而可提高性能。

对于按整数、年、分钟和秒排序的视图中的模型类型"自动"，不管是否使用候选时间长度，它们始终派生自数据。由于模型预估与周期回归相比所花费的时间要多得多，因此性能影响应保持适度。

13.2.3　模型类型

Tableau 用于预测的模型类型包括"自动""无""累加"或"累乘"。对于大多数视图，在"预测选项"对话框中选择"自动"设置通常是最佳设置。

累加模型是对各模型组件的贡献求和，而累乘模型是至少将一些组件的贡献相乘。当趋势或季节性受数据级别（数量）影响时，累乘模式可以大幅改善数据预测质量。

13.2.4　使用时间进行预测

在使用日期进行预测时，视图中只能有一个基准日期。支持部分日期，并且所有部分均必须引用同一基础字段。日期可以位于行、列功能区或"标记"栏上。

Tableau 支持 3 种类型的日期，其中两种类型可用于预测：

（1）截断日期：对历史记录中具有特定时间粒度的某个特定时间点的引用，例如 2017 年 2 月。它们通常是连续的，在视图中具有绿色背景。截断日期可用于预测。

（2）日期部分：是指时间度量的特定成员，例如二月。每个日期部分都由一个通常为离散的不同字段（带有蓝色背景）表示。预测至少需要一个"年"日期部分。具体而言，它可以使用以下任何日期部分组合进行预测：

年

年+季度

年+月

年+季度+月

年+周

自定义：月/年、月/日/年

其他日期部分（如"季度"或"季度+月"无法用于预测）

（3）确切日期：是指历史记录中具有最大时间粒度的特定时间点，例如 2012 年 2 月 1 日 14:23:45.00。确切日期无法用于预测。

13.2.5　粒度和修剪

在创建预测时，需要选择一个日期维度，它指定了度量日期值所采用的时间单位。Tableau 日期支持一系列时间单位，包括年、季度、月和天。为日期值选择的单位称为日期的粒度。

度量中的数据通常并不是与粒度单位完全一致。用户可能会将日期值设置为季度，但实际数据可能在一个季度的中间（例如，在 11 月末）终止。这可能会产生问题，因为这个不完整季度的值会被预测模型视为完整季度，而不完整季度的值通常比完整季度的值要小。如果允许预测模型考虑此数据，则产生的预测将不准确。解决方法是修剪该数据，从而忽略可能会误导预测的末端周期。使用"预测选项"对话框中的"忽略最后"选项来移除（或者说修剪）这样的部分周期。默认设置是修剪一个周期。

13.2.6　获取更多数据

Tableau 需要时间系列中至少具有 5 个数据点才能预测趋势，以及用于至少 2 个季节或 1 个季节加 5 个周期的足够数据点才能估计季节性。例如，需要至少 9 个数据点才能估计具有 1 个四季度季节周期（4 + 5）的模型，需要至少 24 个数据点才能估计具有 1 个 12 个月季节周期（2 * 12）的模型。

如果针对不具有支持准确预测的足够数据点的视图启用预测，则 Tableau 有时会为了实现更精细的粒度级别来查询数据源，从而提取足够的数据点来产生有效预测：

（1）如果视图中包含少于 9 年的数据，Tableau 默认查询数据源以获取每个季度的数据，按季度估计预测，并聚合为按年的预测结果以显示在视图中。如果仍然没有足够数据点，则 Tableau 将按月估计预测，并将聚合后的按年预测结果返回到视图。

（2）如果视图中包含少于 9 个季度的数据，Tableau 默认按月估计预测并将聚合后的按季度预测结果返回到视图。

（3）如果视图中包含少于 9 周的数据，Tableau 默认按天进行预测并将聚合后的按周预测结果返回到视图。

（4）如果视图中包含少于 9 天的数据，Tableau 默认按小时估计预测并将聚合后的按天预测结果返回到视图。

（5）如果视图中包含少于 9 小时的数据，Tableau 默认按分钟估计预测并将聚合后的按小时预测结果返回到视图。

（6）如果视图中包含少于 9 分钟的数据，Tableau 默认按秒估计预测并将聚合后的按分钟预测结果返回到视图。

这些调整都在后台进行，无需进行配置。Tableau 不会更改可视化项的外观，实际上也不会更改日期值。不过，"预测描述"和"预测选项"对话框中的预测时间段摘要将反映出所使用的实际粒度。

仅当要预测的度量的聚合是 SUM 或 COUNT 时，Tableau 才能获取更多数据。

13.3　建立预测分析

当视图中至少有一个日期维度和一个度量时，就可以向视图中添加预测。单击"分析"→"预测"→"显示预测"命令，如果不存在日期维度，可以在视图中包含具有整数值的维度字段的情况下添加预测。

预测显示时，度量的未来值显示在实际值的旁边。在 Tableau 中只支持 Windows 中的多维数据源。

另外，预测时视图中不能包含表计算、百分比计算、总计或小计，以及使用聚合的日期值设置精确日期等内容。

用户通常向包含日期字段和至少一个度量的视图中添加预测，但在缺少日期的情况下，Tableau 也可为除了至少 1 个度量外还包含具有整数值维度的视图创建预测。

13.3.1　创建预测

预测至少需要使用 1 个日期维度和 1 个度量的视图。例如：

（1）要预测的字段位于行功能区上，一个连续日期字段位于列功能区上。

（2）要预测的字段位于列功能区上，一个连续日期字段位于行功能区上。

（3）要预测的字段位于行或列功能区上，离散日期位于行或列功能区上。至少有一个包含的日期级别必须是"年"。

（4）要预测的字段位于"标记"栏上，一个连续日期或离散日期位于行、列或"标记"栏上。

如果视图中包含具有整数值的维度，也可以在日期维度不存在时创建预测。

若要启用预测，可右击该可视化项，并选择"预测"→"显示预测"命令，或选择"分析"→"预测"→"显示预测"命令。启用预测后，除实际的历史记录值外，Tableau 还将显示该度量的未来估计值。默认情况下，估计值将由比用于表示历史数据的颜色更浅的颜色来显示（见图 13-4）。

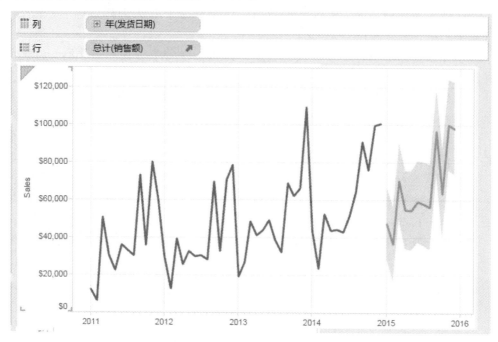

图 13-4　显示预测

图 13-4 中右侧的阴影区域显示预测的 95%预测区间，即该模型已确定销售额值将于预测周期的阴影区域内的可能性为 95%。可以使用"预测选项"对话框中的"显示预测区间"设置为预测区间配置可信度百分位，以及是否在预测中包含预测区间（见图 13-5）。

如果不想在预测中显示预测区间，可清除该复选框。要设置预测区间，应选择一个值或输入自定义值。为可信度设置的百分位越低，预测区间越窄。

预测区间显示方式取决于预测标记的标记类型，即对于预测标记类型为线的，预测区域显示为区间，对于形状、正方形、圆形、条形或饼形，预测区域显示为虚线。

在示例中，预测数据由颜色较浅的阴影圆指示，预测区间由结束于须线的直线指示（见图 13-6）。可通过向"详细信息"功能区添加此类结果类型，将有关预测的信息添加到基于预测数据的所有标记的工具提示。如果视图中没有有效日期，Tableau 将在视图中查找具有整数值的维度。如果它找到此类维度，则会使用该维度来预测视图中度量的其他值。

图 13-5 "预测选项"对话框

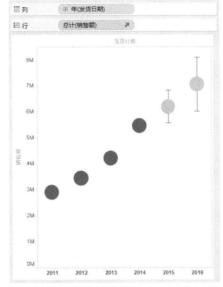

图 13-6 预测区间结束于虚线的直线指示

实验确认：□ 学生 □ 教师

13.3.2 预测字段结果

Tableau 提供了多种类型的预测结果。若要在视图中查看这些结果类型，可右击度量字段，选择"预测结果"命令，然后选择一个选项。

选项包括：

（1）实际值与预测值：显示由预测数据进行扩展的实际数据。

（2）趋势：显示移除了季节组件的预测值。

（3）精度：显示已配置可信度的预测值的预测区间距离。

（4）精度%：显示以百分比表示的预测值精度。

（5）质量：按 0（最差）到 100（最好）的比例显示预测的质量。

（6）较高预测区间：显示一个值，高于该值的真实未来值将位于时间的可信度百分比范围内（假定采用高质量模型）。可信度百分比由"预测选项"对话框中的"预测区间"设置控制。

（7）较低预测区间：显示低于预测值的 90、95 或 99 可信度。实际区间由"预测选项"对话框中的"预测区间"设置控制。

（8）指示器：对在预测处于非活动状态时已经位于工作表上的行显示字符串"实际"，对在激活预测时添加的行显示字符串"估计"。

（9）无：不显示此度量的预测数据。

预测描述信息还包括在工作表描述中。

（1）预测新度量：将新度量添加到已启用预测的图形时，Tableau 将尝试预测未来值。

（2）更改预测结果类型：若要更改度量的预测结果类型，可右击度量字段，选择"预测结果"，然后选择结果类型。

13.3.3 预测描述

"描述预测"对话框描述了 Tableau 为用户的可视化项计算的预测模型。启用预测后，可通过单击"分析"→"预测"→"描述预测"命令，弹出"描述预测"对话框（见图 13-7），其中的信息是只读的，不过可以单击"复制到剪贴板"按钮，然后将屏幕内容粘贴到可写文档中。

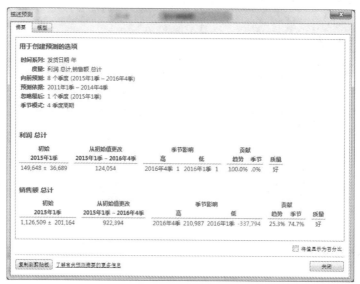

图 13-7 "描述预测"对话框

"描述预测"对话框有两个选项卡："摘要"和"模型"。"摘要"选项卡描述 Tableau 已创建的预测模型，以及 Tableau 在数据中发现的一般模式；"模型"选项卡提供了更详尽的统计信息。对于预测的每个度量将显示一个表，用来描述 Tableau 为该度量创建的预测模型。

实验确认：□ 学生 □ 教师

13.4 合 计

可以在视图中自动计算数据总计和小计。默认情况下，Tableau 使用基础数据计算总计。如果使用多维数据源，则可指定是使用基础数据在服务器上计算总计，还是使用表中显示的数据在本地计算总计。

为向视图添加合计，可按以下步骤执行：

步骤 1： 在工作区的左侧单击"分析"窗格。

步骤 2： 将"合计"拖放到一个选项上（见图 13-8）。

也可以使用"分析"菜单将总计和小计添加到视图中。Tableau 中的任何视图均可包括总计。例如，在显示 4 年中每个部门和类别的总销售额的视图中，可以启用总计，以便查看所有产品和所有年度的总计。

步骤 3： 通过单击"分析"→"合计"→"显示行总计"|"列总计"命令，将总计作为附加行或列添加到表中（见图 13-9）。

图 13-8　添加合计

图 13-9　显示总计

是否可以启用总计遵循以下规则：

（1）视图必须至少有 1 个标题：只要在列功能区或行功能区中放置维度，就会显示标题。如果显示列标题，则可计算列总计。如果显示行标题，则可计算行总计。

（2）必须聚合度量：聚合确定显示的总计值。

总计不能应用于连续维度。Tableau 中的任何数据视图均可包括小计。例如，一个视图包含按特定产品细分的两个产品类型的总销售额。除了查看每个产品的销售额之外，可能需要查看每个产品类型的总销售额。

步骤 4：若要为所有字段添加小计，可单击"分析"→"合计"→"添加所有小计"命令，然后，可以选择为一个或多个字段禁用小计。

若要计算单个字段的小计，可在视图中右击该字段，然后选择"小计"命令。随后，菜单中的"小计"旁边会显示复选标记。

通过单击列或行标题并从工具提示上的下拉列表中选择聚合,可以快速为小计设置聚合。为特定字段启用小计后,总计将随该字段在视图中的位置而发生变化。

步骤 5:还可以为数据的图形视图显示总计。在图 13-10 中,因为表只包含列标题,所以只计算列总计。

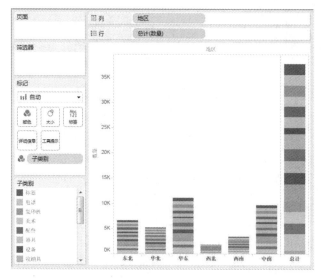

图 13-10 只计算列总计

默认情况下,行总计和小计显示在视图的右侧,列总计和小计显示在视图的底部。也可以选择在视图的左侧或顶部显示合计。

步骤 6:为将行合计移到视图的左侧,单击"分析"→"合计"→"到左侧的行合计"命令。同理,为将列合计移到视图的顶部,单击"分析"→"合计"→"到顶部的列合计"命令。

实验确认:□ 学生　　□ 教师

13.5 背 景 图 像

背景图像是显示在数据下方的图像,用于为视图中的标记添加更多上下文信息,它的一个常见用途是在数据中添加与坐标系相对应的自定义地图图像。例如,用户可能有一些数据表示建筑物中的多个楼层,这时,可以使用背景图像将这些数据覆在建筑物的实际楼层平面图上。其他使用背景图像的示例包括:显示海底模型,显示用于分析 Web 日志的网页图像,甚至显示视频游戏中玩家统计数据的等级。

13.5.1 添加背景图像

在向视图中添加背景图像时,需要指定一个坐标系,方法是将 X 轴和 Y 轴映射到数据库中各字段的值。如果要添加地图,X 轴和 Y 轴应该分别是以小数表示的经度和纬度。但可以基于自己的坐标系将这两个轴映射到任何相关字段。

为添加背景图像,可执行以下操作:

步骤 1：单击"地图"→"背景图像"命令，然后选择数据源，在本例中，数据源可能是"订单（示例–超市）"，屏幕显示"背景图像"对话框，如图 13-11（a）所示。

步骤 2：在"背景图像"对话框中，单击"添加图像"按钮，弹出"添加背景图片"对话框，如图 13-11（b）所示。

（a）

（b）

图 13-11　添加背景图像

步骤 3：在"添加背景图像"对话框中，执行以下操作：

（1）在"名称"文本框中输入图像名称。

（2）单击"浏览"按钮选择要添加到背景中的图像。也可以输入 URL 地址以链接到在线提供的图像。

（3）选择要映射到图像 X 轴的字段，然后指定左右经度值。添加地图时，应使用小数值（而不是度/分/秒或东/西/南/北）将经度值映射到 X 轴。

（4）选择要映射到图像 Y 轴的字段，然后指定上下维度值。添加地图时，应使用小数值（而不是度/分/秒或东/西/南/北）将纬度值映射到 Y 轴。

（5）可以使用"冲蚀"滑块调整图像浓度。滑块越向右移，图像在数据后的显示越模糊。

步骤 4：可以使用"选项"选项卡指定以下选项：

（1）锁定纵横比：可保持图像的原始尺寸，无论如何操作轴都是如此。取消选择此选项则允许图像变形。

（2）始终显示整个图像：可在数据仅涵盖部分图像时禁止剪裁图像。如果在视图中将两个轴都锁定，则此选项可能无效。

（3）添加图像显示条件。

步骤 5：单击"确定"按钮。

在向视图中的行和列功能区添加 X 和 Y 字段时，背景图像会显示在数据的后面。如果没有显示背景图像，应确保针对 X 和 Y 字段使用解聚的度量。要解聚所有度量，可单击"分析"→"聚合度量"命令。要单独更改每个度量，可右击功能区上的字段并选择"维度"命令。最后，如果已针对 X 和 Y 字段使用生成的"纬度"和"经度"字段，则需要禁用内置地图才会显示背景图像。单击"地图"→"背景地图"→"无"命令，可以禁用内置地图。

为使标记在置于背景图像上时在视图中的显示更加清晰，每个标记周围都带有一个对比鲜明的纯色"光环"。也可以通过单击"格式"→"显示标记光环"命令关闭该标记光环。

实验确认：□ 学生　　□ 教师

13.5.2　设置视图

在添加背景图像后，需要构建一个视图，该视图须匹配为该图像指定的 X 轴和 Y 轴映射。也就是说，指定为 X 和 Y 的字段必须位于适当的功能区中。

可按照以下步骤正确设置视图：

步骤 1：将映射到 X 轴的字段放在列功能区中。

如果使用的是地图，则经度字段应位于列功能区中。实际上 X 轴上分布的值由列功能区上的字段确定。

步骤 2：将映射到 Y 轴的字段放在"行"功能区中。

如果使用的是地图，则纬度字段应位于行功能区中。实际上 Y 轴上分布的值由行功能区上的字段确定。

实验确认：□ 学生　　□ 教师

13.5.3　管理背景图像

可以向工作簿添加多个背景图像，然后选择要在每个工作表上激活的图像。"背景图像"对话框列出了所有图像、所需字段并指出了它们的可见性。可见性根据是否在当前视图中使用所需字段来确定。

添加背景图像时，随时可以返回编辑 X 和 Y 字段映射以及"选项"选项卡中的任何选项。

编辑图像可执行以下操作：

步骤 1：单击"地图"→"背景图像"命令。

步骤 2：弹出"背景图像"对话框，选择要编辑的图像，然后单击"编辑"按钮。

步骤 3：弹出"编辑背景图像"对话框，对图像进行更改，然后单击"确定"按钮。

使用"背景图像"对话框中的复选框来启用和禁用当前工作表的图像。通过启用多个图像，可以在一个工作表中显示多个图像。例如，可能有多个图像，可以将它们平铺在背景中以呈现一个大型背景图像。

要启用或禁用背景图像，可执行以下操作：

步骤 1：单击"地图"→"背景图像"命令。

步骤 2：弹出"背景图像"对话框，选中要启用的图像旁边的复选框。

步骤 3：单击"确定"按钮。

在添加并启用背景图像后，图像将自动显示在包含视图中使用的所需字段的任何工作表中。要避免在所有工作表上显示图像，可以指定显示/隐藏条件。显示/隐藏条件是为指定何时显示图像而定义的条件语句。

当不再需要使用背景图像时，可将其禁用或移除。要移除图像，可执行以下操作：

步骤 1：单击"地图"→"背景图像"命令。

步骤 2：弹出"背景图像"对话框，选择要移除的图像，然后单击"移除"按钮。

步骤 3：单击"确定"按钮。

实验确认：□ 学生　　□ 教师

13.6 趋 势 线

可使用 Tableau 趋势线功能以增量方式构建行为的交互模型。通过趋势线，可以回答像"是否按销售额对利润进行预测"或"机场中的平均延迟是否与月份显著相关"这样的问题。

向视图添加趋势线时，可以指定期望的外观和行为。可按以下步骤进行：

步骤 1： 单击"分析"→"趋势线"→"显示趋势线"命令，或者在该窗格中右击，选择"趋势线"→"显示趋势线"命令（见图 13-12）。

此命令会为工作表上的每个页面、区和颜色添加一条线性趋势线。也可以从"分析"窗格中拖入此趋势线。

步骤 2： 单击"分析"→"趋势线"→"编辑趋势线"，或者在该区中右击，选择"趋势线"→"编辑趋势线"命令，弹出"趋势线选项"对话框（见图 13-13）。

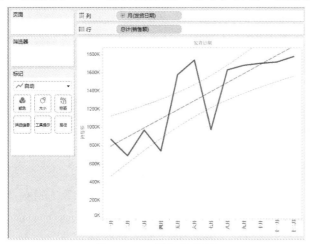

图 13-12　添加趋势线

图 13-13　"编辑趋势线"对话框

（1）选择"线性""对数""指数"或"多项式"模型类型。

（2）可以忽略要作为趋势线模型中排除因素的特定字段。

（3）使用"允许按颜色绘制趋势线"选项来确定是否要排除颜色。当视图中有颜色编码时，可使用此选项来添加一条趋势线，该趋势线将忽略颜色编码而对所有数据建模。

（4）确定是否"显示置信区间"。默认情况下，当添加趋势线时，Tableau 置信区间会显示上和下 95% 的置信限。"指数"模型不支持置信限。

（5）选择是否将 Y 截距强制为零。当需要让趋势线从零开始时，此选项十分有用。仅当行功能区和列功能区都包含连续字段（就像散点图那样）时，才能使用该选项。

步骤 3： 完成后，单击"确定"按钮。

若要向视图添加趋势线，两个轴必须包含一个可解释为数字的字段。例如，不能向具有"产品类别"维度的视图添加趋势线，该维度在列功能区上和行功能区的"利润"度量上包含字符串。不过，可以向一段时间内的销售额视图添加趋势线，因为销售额和时间都可以解释为数字值。

对于多维数据源，数据分层结构实际上包含字符串而不是数字。因此，不允许使用趋势线。此外，所有数据源上的"月/日/年"日期格式都不允许使用趋势线。

如果启用趋势线并以不允许使用趋势线的方式修改视图，则将不显示趋势线。将视图更改回允许趋势线的状态后，趋势线会重新显示。

步骤 4：从视图中移除趋势线的简便方式是将其拖离即可，也可以单击趋势线并选择"移除"。

若要从视图中移除所有趋势线，可单击"分析"→"趋势线"→"显示趋势线"命令以移除选中标记，或者在窗格中单击，选择"趋势线"→"显示趋势线"命令以移除选中标记。

下次启用趋势线时，将会保留这些趋势线选项。不过，如果在禁用趋势线的情况下关闭工作簿，则趋势线选项会恢复为默认设置。

实验确认：□ 学生　　□ 教师

【实验与思考】熟悉 Tableau 预测分析

1. 实验目的

以 Tableau 系统提供的"示例–超市"Excel 文件作为数据源，依照本章教学内容，循序渐进地实际完成 Tableau 预测分析的各个案例，初步了解 Tableau 数据预测分析技巧，提高大数据可视化应用能力。

2. 工具/准备工作

在开始本实验之前，请认真阅读课程的相关内容。

需要准备一台安装有 Tableau Desktop（参考版本为 9.3）软件的计算机。

3. 实验内容与步骤

本章以 Tableau 系统自带的"示例–超市"Excel 文件为数据源，介绍 Tableau 各种可视化地图分析图形的制作方法以及 Tableau 各种预测分析的操作方法。

请仔细阅读本章的课文内容，执行其中的 Tableau 数据地图分析和预测分析操作，实际体验 Tableau 数据地图分析图形的制作方法与步骤。请在执行过程中对操作关键点做好标注，在对应的"实验确认"栏中打钩（√），并请实验指导老师指导并确认（据此作为本【实验与思考】的作业评分依据）。

请记录：你是否完成了上述各个实例的实验操作？如果不能顺利完成，请分析原因。

答：_____

_____

4. 实验总结

_____

_____

_____

_____

5. 实验评价（教师）

_____

_____

第14章

Tableau 分享与发布 ⫷

【案例导读】Tableau 案例分析：世界指标-经济

有条件的读者，请在阅读"Tableau 案例分析"时，打开 Tableau 软件，在其开始页面中单击打开典型案例"世界指标"，以研究性的态度动态地观察和阅读，以获得对 Tableau 的最大限度的理解。

在典型案例"世界指标"工作界面的下方，列举了 7 个工作表，即人口、医疗、技术、经济、旅游业、商业和故事，分别展示了现实世界的若干侧面。其中，经济工作表的界面如图 14-1 所示。

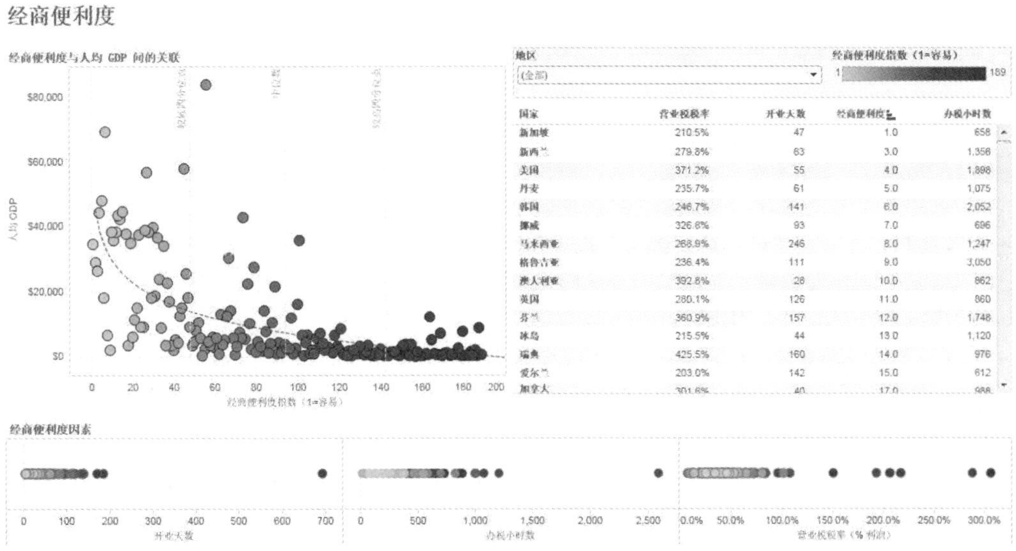

图 14-1　世界指标-经济

图中工作区中视图的左侧，以散点（气泡）图的形式介绍了世界各国经商便利度与人均 GDP 之间的关联，视图右侧以表格形式反映了世界各国的经商便利度指数（1=容易）。

可在工作表上方的"地区"栏选择全部、大洋洲、非洲、美洲、欧洲、亚洲或中东等不同地区。

阅读视图，通过移动鼠标指针，分析和钻取相关信息并简单记录：

（1）为简化起见，在视图中选择亚洲地区。由左图可以明显看出，经商便利度指数与人均 GDP 由很大的相关性，例如人均 GDP 高，说明这个国家（或地区）经济发达，市场化程度高，因而经商便利度好。但是，经商便利度还受到其他因素的影响，请分析：

行业税税率：_____

开业天数：_____

办税小时数：_____

你认为还有其他重要因素吗？

答：_____

_____

（2）通过信息钻取，你还获得了哪些信息或产生了什么想法？

答：_____

_____

（3）请简单描述你所知道的上一周发生的国际、国内或者身边的大事。

答：_____

_____

_____

14.1　Tableau 仪表板

仪表板是显示在单一位置的多个工作表和支持信息的集合，它便于用户同时比较和监视各种数据。例如，图 13-1 "世界指标–旅游业"就是由"不同时间的旅游业"工作表和"各国旅游业（收入）"工作表组成的仪表板。与工作表相似，仪表板显示为工作簿底部的标签，用数据源的最新数据进行更新。

创建仪表板时，可从工作簿的任何工作表中添加视图。还可以添加各种支持对象，例如文本区域、网页和图像。从仪表板中，可以设置格式、添加注释、向下钻取、编辑轴等。

添加到仪表板中的每个视图都连接至相应的工作表。这意味着，如果修改工作表，则会更新仪表板，如果修改仪表板中的视图，也会更新工作表。

14.1.1　创建仪表板

仪表板的创建方式与新工作表的创建方式大致相同。创建仪表板后，可以添加和移除视图和对象。

单击"仪表板"→"新建仪表板"按钮，或者单击工作簿底部的"新建仪表板"按钮，工作表的底部会添加一个仪表板标签。切换到新仪表板，可添加视图和对象（见图 14-2）。

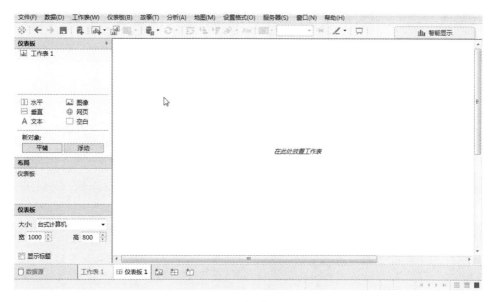

图 14-2　新建仪表板

14.1.2　向仪表板中添加视图

打开仪表板时，"仪表板"窗格将替换工作簿左侧的"数据"窗格。"仪表板"窗格中列出了当前工作簿中的各个工作表。创建新工作表时，仪表板窗口会同步得到更新，这样，在添加至仪表板时，所有工作表都始终可用。

向仪表板中添加视图交互功能，可以了解仪表板上的视图是如何相互交互的，其操作步骤如下：

步骤 1：启动 Tableau 软件，在开始页面单击"示例–超市"图标，软件以"只读"方式打开超市示例。单击"文件"→"另存为"命令，为该示例建立一个副本。

步骤 2：在"仪表板"窗格中单击某个工作表（如"假设分析"），并将其从"仪表板"窗格拖到右侧的仪表板中。在仪表板中拖动（按住鼠标左键）工作表时，一个灰色阴影区域将提示出可以放置该工作表的各个位置。

步骤 3：根据需要，继续将不同工作表拖至仪表板中。

将视图添加至仪表板后，"仪表板"窗格中会在该工作表标记的右下角增加"复选"标记。另外，为工作表打开的任何图例或筛选器都会自动添加到仪表板中。

默认情况下，仪表板使用"平铺"布局，这样，每个视图和对象都排列到一个分层网格中。可以将布局更改为"浮动"以允许视图和对象重叠。

对于很大或很复杂的数据源，可能难以查看详细的视图。为更清晰地查看这些视图，可以创建交互仪表板来限制所显示的数据。利用 Tableau 的交互功能，可以使用一个概览工作表来筛选感兴趣的自定义级别详细信息。创建概览工作表，通过使用热图来简单地显示分类离散点。此过程需要 3 个步骤。

步骤 1：连接到"示例–超市"Excel 数据源，单击"工作表"→"新建工作表"命令。

步骤 2：按住【Ctrl】键，选择"类别""子类别""细分""销售额"和"利润"（见图14-3），然后单击"智能显示"按钮，在"智能显示"对话框中选择"压力图"（热图）图表。

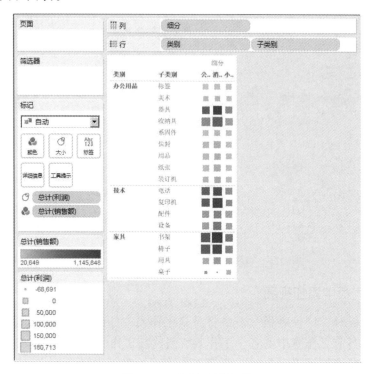

图14-3 分别选择各项

步骤3：右击顶部的"细分"标签，选择"旋转标签"，可使标签显示得更完整清晰。

步骤4：右击屏幕下方的工作表标签（如"工作表1"），选择"重命名工作表"，输入"压力图"。

继续创建详细工作表。接着，可以下钻到基于客户的详细信息中。实现此目的的一种方式是集中显示销售额位居前列的客户。

步骤1：单击"工作表"→"新建工作表"命令。

步骤2：从"维度"窗格中，将"客户名称"和"省/自治区"字段拖到行功能区；从"度量"窗格中将"销售额"拖到列功能区（见图14-4）。

步骤3：在行功能区上，右击"客户名称"，选择"排序"命令。在"排序"对话框中，执行以下任务：

（1）在"排序顺序"下，选择"降序"。

（2）在"排序依据"下，选择"字段"。保留"销售额"和"总和"的默认设置。

步骤4：单击"确定"按钮，得到一个很长的条形图，其中包含"示例-超市"中的每个客户，以及这些客户所花费的金额（见图14-5）。

步骤5：右击屏幕下方的该工作表标签，选择"重命名工作表"，并输入"客户详细信息"。

接下来创建仪表板。创建一个用于筛选客户列表，以仅显示所需结果的仪表板。

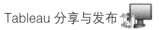

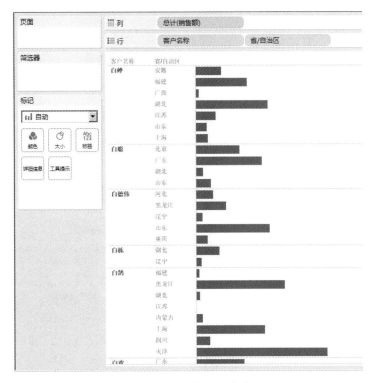

图 14-4 拖动字段到功能区

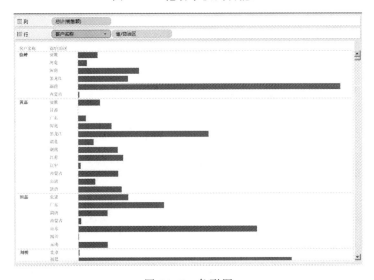

图 14-5 条形图

步骤 1：单击"仪表板"→"新建仪表板"命令。

步骤 2：从"仪表板"窗格中将"压力图"拖至仪表板。

步骤 3：从"仪表板"窗格中将"客户详细信息"拖至仪表板中压力图的右侧。

步骤 4：单击屏幕右侧的颜色图例，将其拖到压力图的底部，以使压力图易于理解，调整压力图的边框（见图 14-6）。

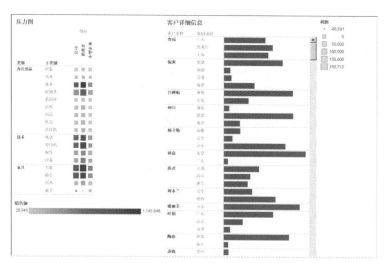

图 14-6　调整压力图

步骤 5：选择压力图，单击压力图上方的"用作筛选器"按钮，"客户详细信息"将基于压力图上所选的内容进行筛选。

步骤 6：单击压力图中任一轴上的任何标签，将看到"客户详细信息"视图刷新以显示与之相关的数据内容。

请回答：

（1）"谁的纸张购买量最大，在哪个地区？"

答：＿＿＿＿＿＿＿＿＿＿＿＿＿＿＿＿＿＿＿＿＿＿＿＿＿＿＿＿＿＿＿＿＿＿

（2）"谁的配件购买量最大，在哪个地区？"

答：＿＿＿＿＿＿＿＿＿＿＿＿＿＿＿＿＿＿＿＿＿＿＿＿＿＿＿＿＿＿＿＿＿＿

（3）"谁的装订机购买量最大，在哪个地区？"

答：＿＿＿＿＿＿＿＿＿＿＿＿＿＿＿＿＿＿＿＿＿＿＿＿＿＿＿＿＿＿＿＿＿＿

（4）"谁的复印机购买量最大，在哪个地区？"

答：＿＿＿＿＿＿＿＿＿＿＿＿＿＿＿＿＿＿＿＿＿＿＿＿＿＿＿＿＿＿＿＿＿＿

（5）"谁的椅子购买量最大，在哪个地区？"

答：＿＿＿＿＿＿＿＿＿＿＿＿＿＿＿＿＿＿＿＿＿＿＿＿＿＿＿＿＿＿＿＿＿＿

实验确认：□ 学生　　□ 教师

14.1.3　添加仪表板对象

仪表板用于监视和分析相关的视图和信息的集合，而仪表板对象则是仪表板中的一个区域，可以包含非 Tableau 视图的支持信息。例如，可以添加文本区域来包括详细说明，可能需要添加作为超链接目标的网页等。仪表板对象列在"仪表板"窗格中，可以添加文本、图像、网页和空白区域。

为添加仪表板对象，可将仪表板对象从"仪表板"窗格直接拖放到仪表板上。

图 14-7 是一个使用多个不同类型仪表板对象的仪表板，对象的下面列出了对象说明。

图像　　　　　　　　　　　　空白　　　文本

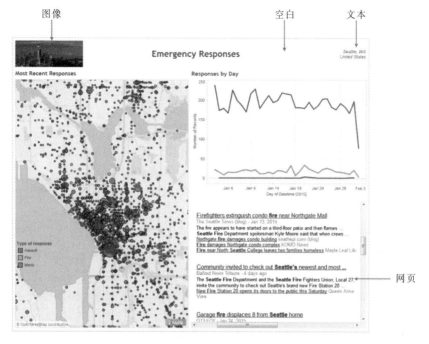

图 14-7　使用多个不同类型对象的仪表板

图像：可向仪表板添加静态图像文件。例如，用户可能需要添加徽标或描述性图表。在添加图像对象时，系统会提示从计算机中选择图像。也可以输入联机图像的URL。

向仪表板添加图像时，可通过"图像"菜单中的选项自定义图像的显示方式。例如，可以选择是否"适合图像"，这会将图像缩放为仪表板上的图像对象大小。还可以选择是否"使图像居中"，这会将图像与仪表板上的图像对象的中心对齐。最后，可以"设置 URL"，将图像转化为仪表板上的活动超链接。

空白：通过空白对象，可向仪表板添加空白区域以优化布局。通过单击并拖动区域的边缘可以调整空白对象的大小。

文本：通过文本对象，可向仪表板添加文本块。这对于添加标题、说明以及版权信息等很有用。文本对象将自动调整大小，以适合在仪表板中的放置位置。也可以通过拖动文本对象的边缘手动调整文本区域的大小。默认情况下，对象是透明的。要改变这种情况，可右击仪表板中的文本对象，然后选择"格式"命令。

网页：通过网页对象，可将网页嵌入到仪表板中，以便将 Tableau 内容与其他应用程序中的信息进行组合。如果使用"数据"→"超链接"命令设置超链接，这时网页对象特别有用。如果视图中包含网页超链接，通过添加网页对象可以在仪表板中显示这些页面。这些链接随后会在仪表板而不是浏览器窗口中打开。

在添加网页对象时，系统会提示指定 URL。如果将仪表板发布到服务器，最佳方法是将 https://协议与 URL 动作一起使用。

将仪表板打印为 PDF 时，不会包含网页的内容。

14.1.4 从仪表板中移除视图和对象

将工作表或对象添加至仪表板之后，可通过许多不同方式将其移除，包括将其拖出仪表板、使用仪表板窗口中的上下文菜单或使用仪表板视图菜单。

为拖动移除视图或对象，可以：

步骤 1： 选择要从视图中移除的视图。

步骤 2： 单击视图顶部的移动控柄，将其拖离仪表板。

为使用仪表板窗口移除工作表，可在仪表板窗口中右击工作表，选择"从仪表板移除"命令，也可以使用仪表板视图菜单移除工作表或对象。

实验确认：☐ 学生　　☐ 教师

14.1.5 仪表板 Web 视图安全选项

"网页"对象允许在仪表板中嵌入网页。默认情况下，当向仪表板中添加"网页"对象时，将会启用若干 Web 视图安全选项以改进嵌入网页的功能和安全性。

为调整默认 Web 视图安全选项，可单击"帮助"→"设置和性能"→"设置仪表板 Web 视图安全性"命令，然后清除下面列出的一个或多个选项：

（1）启用 JavaScript。如果选择此选项，则会在 Web 视图中启用 JavaScript 支持。清除此选项可能会导致某些需要 JavaScript 的网页在仪表板中工作不正常。

（2）启用插件。如果选择此选项，则会启用网页使用的任何插件，例如 Adobe Flash 或 Quick Time 播放器。

（3）阻止弹出窗口。如果选择此选项，则会阻止弹出窗口。

（4）启用 URL 悬停动作。如果选择此选项，则会启用 URL 悬停动作。

（5）对安全选项进行的任何更改将应用于工作簿中的所有网页对象，包括创建的新网页对象，以及在 Tableau Desktop 中打开的所有后续工作簿。若要查看所做更改，可能需要保存并重新打开工作簿。

实验确认：☐ 学生　　☐ 教师

📚 14.2 布 局 容 器

创建仪表板后，可向仪表板中添加工作表和其他对象。一种仪表板对象是"仪表板"窗格中的布局容器。布局容器有助于在仪表板中组织工作表和其他对象。这些容器在仪表板中创建一个区域，在此区域中，对象根据容器中的其他对象自动调整自己的大小和位置。例如，具有主-详细信息筛选器（可更改目标视图的大小）的仪表板在应用筛选器时可以使用布局容器自动调整其他视图。

步骤 1： 添加布局容器。添加水平布局容器可自动调整仪表板对象的宽度。添加垂直布局容器可自动调整仪表板对象的高度。

（1）将水平或垂直布局容器拖至仪表板。

（2）向布局容器中添加工作表和对象。将光标悬停于布局容器上时，会有一个蓝色框指示正在将该对象添加到布局容器流中。

（3）在对象移动和调整大小时进行观察。

（4）可根据需要添加任意多个布局容器，甚至可在其他容器内添加布局容器。

步骤 2：移除布局容器。 移除布局容器时，会从仪表板中移除容器及其所有内容。

（1）在要删除的布局容器中选择一个对象。

（2）打开选定对象右上角的下拉菜单，选择选择布局容器。

（3）打开选定布局容器的下拉菜单，选择从仪表板移除。

步骤 3：设置布局容器的格式。 可以为布局容器指定阴影和边框样式，从而直观地对仪表板中的对象分组。默认情况下，布局容器是透明的，并且没有边框样式。

（1）打开要设置格式的布局容器的下拉菜单，选择设置容器格式。

（2）在"设置容器格式"窗口中，从"阴影"控件中指定颜色和不透明度。

（3）从"边框"控件中指定边框的线条样式、粗细和颜色。

步骤 4：缩放布局容器。 布局容器对各种仪表板都有用，增加了对应用筛选器时对象在仪表板中的自动移动方式的控制。而且，在比较多个条形图或标靶图时，也可以使用布局容器。这种情况下，条形高度会自动调整，使两个工作表中的条形保持对齐。

实验确认：□ 学生　　□ 教师

📚 14.3　组织仪表板

可通过多种方式来组织仪表板以突出显示重要信息、讲述故事或为查看者添加交互功能。例如，可以：

（1）重新排列或隐藏视图及项。

（2）指定每个视图或项在仪表板上的大小和位置。

（3）为仪表板指定平铺或浮动布局。

（4）使用布局容器，以便仪表板可基于数据显示动态调整和调整大小。

（5）通过创建工作表选择器控件，使查看器能够在仪表板上显示个别工作表。

14.3.1　平铺和浮动布局

仪表板上的每个对象都可以使用以下两个布局类型之一：平铺或浮动。平铺对象排列在一个单层网格中，该网格会根据总仪表板大小和它周围的对象调整大小。浮动对象可以层叠在其他对象上面，而且可具有固定大小和位置。

步骤 1：切换布局。 默认情况下，仪表板设置为使用"平铺"布局。所有视图和对象都以平铺的形式添加。若要将对象切换为浮动，可执行以下操作之一。

（1）在仪表板中选择视图或对象，然后选择"仪表板"窗格底部的"浮动"选项。

（2）按住【Shift】键的同时将新工作表或对象拖动到该视图。或者，在仪表板中选择现有视图或对象，然后在按住【Shift】键的同时将该对象拖动到仪表板上的新位置。

同样，可通过上面所列的方法将浮动对象重新转换为平铺对象。

若要更改整个仪表板的默认布局，可单击"仪表板"窗格中间的"浮动"按钮。当仪表板设置为"浮动"布局时，任何新工作表和对象都会以浮动布局添加。

步骤 2：对浮动对象重新排序和调整大小。仪表板中的所有项都列在"仪表板"窗格的"布局"部分。"布局"部分在一个分层结构中显示平铺对象和所有浮动对象。

在分层结构中单击、按住并拖动各项可更改它们在仪表板中的层叠顺序。显示在列表顶部的项位于前面，而显示在列表底部的项位于后面。注意：无法重新排列平铺布局项的顺序。

右击"仪表板"窗格"布局"部分中的项可自定义对象以及隐藏和显示工作表的组成部分。

使用"仪表板"窗格底部的"位置"字段可指定浮动对象的精确位置。将以像素为单位的位置定义为与仪表板左上角的偏移。"x"和"y"值指定对象左上角的位置。例如，若将对象放在仪表板的左上角，应指定 x = 0 和 y = 0。如果要将对象向右移动 10 个像素，则应将 x 值更改为 10。同样，若要将对象向下移动 10 个像素，应将 y 值更改为 10。输入的值可以是正或负，但必须是整数。

使用"仪表板"窗格底部的"大小"字段可指定浮动对象的精确尺寸。以像素为单位来定义大小，其中 w 为对象宽度，h 为对象高度。还可以调整浮动对象的大小，方法是在仪表板中单击并拖动选定对象的一个边缘或角。

14.3.2　显示和隐藏工作表的组成部分

将工作表拖到仪表板时，会自动显示工作表中的视图、其图例和筛选器。但是，用户可能需要隐藏工作表的某些部分，如图例、标题、说明和筛选器。使用仪表板视图右上角的下拉列表可以显示和隐藏工作表的这些部分。

步骤 1：在仪表板中选择一个视图。

步骤 2：在视图右上角的下拉列表中选择要显示的项。例如，可以显示标题、说明、图例以及各种筛选器。

或者，可以在"仪表板"窗格中右击"布局"部分中的一项来访问所有这些命令。筛选器只能用于原始视图中使用的字段。

14.3.3　重新排列仪表板视图和对象

在仪表板中重新排列视图、对象、图例和筛选器，以使它们适合于所做的分析或演示。可以使用选定的视图、图例或筛选器顶部的移动控柄重新安排仪表板的某些部分。

步骤 1：选择要移动的视图或对象。

步骤 2：单击选定项顶部的移动控柄，将其拖至新位置。

步骤 3：将该视图或对象放在新位置。

在仪表板中拖动对象时，可以放置该对象的各个位置显示为灰色阴影。

14.3.4　设置仪表板大小

可以使用"仪表板"窗格底部的"仪表板"区域来指定仪表板的整体尺寸。取消选择仪表板中的所有项时会显示"仪表板"区域。默认情况下，仪表板设置为"桌面"预设，即 1000×800 像素。使用下拉列表来选择新的大小。

可选的选项如下：

（1）自动：仪表板自动调整大小，以填充应用程序窗口。

（2）精确：仪表板始终保持固定大小。如果仪表板比窗口大，仪表板将变为可滚动。

（3）范围：仪表板在指定的最小和最大尺寸之间进行缩放，之后将显示滚动条或空白。

（4）预设：从各种固定大小预设中选择，如"信纸""小型博客"和"iPad"。如果选择的预设大小比窗口大，则仪表板将变为可滚动。

14.3.5　了解仪表板和工作表

仪表板中的视图连接到它们所表示的工作表，这意味着当更改工作表时，仪表板会同步得到更新，并且对仪表板进行的更改也会影响该工作表。对仪表板中的视图添加注释、设置格式和调整大小时，应注意此交互性。

仪表板是方便的汇总和监视方式，但用户还可以通过跳转至选定工作表以返回编辑原始视图。此外，还可以直接从仪表板复制工作表，以执行深入分析，这样不会影响仪表板。最后，可以隐藏仪表板中所用的工作表，使其不在缩图、工作表排序程序或工作簿底部的标签中显示。

（1）为转到工作表，可以选择要查看完整大小的视图，然后在仪表板视图菜单上选择"转到工作表"。

（2）为复制工作表，可以选择要复制的视图，然后在仪表板视图菜单上选择"复制工作表"。

（3）为隐藏工作表，可以右击工作簿底部的工作表选项卡，并选择"隐藏工作表"命令。

（4）为显示隐藏的工作表，可以打开使用隐藏工作表的仪表板，在仪表板中选择隐藏的工作表，然后在仪表板视图菜单中选择"转到工作表"命令。或者可在"仪表板"窗格中右击隐藏的工作表，并选择"转到工作表"命令。该工作表将打开，其标签再次显示在工作簿底部。

实验确认：☐ 学生　　☐ 教师

📚 14.4　Tableau 故事

故事是一个包含一系列共同作用以传达信息的工作表或仪表板工作表（见图 14-8）。用户可以创建故事以揭示各种事实之间的关系，提供上下文，演示决策与结果的关系，或者只是创建一个极具吸引力的案例。

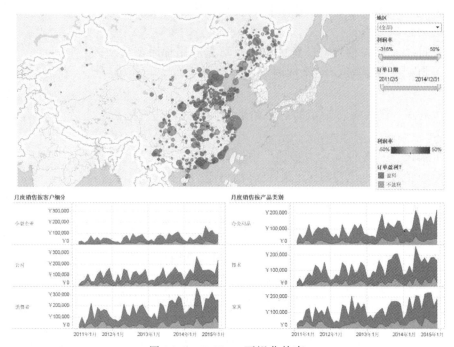

图 14-8　Tableau 可视化故事

14.4.1　故事工作区

用于创建、命名和以其他方式管理工作表和仪表板的方法同样适用于故事。同时，故事还是按顺序排列的工作表集合，故事中各个单独的工作表称为"故事点"。

Tableau 故事不是静态屏幕截图的集合，事实上，各故事点仍与基础数据保持连接并随基础数据的更改而更改，或随故事更改中所用视图和仪表板的更改而更改。当分享故事（例如，通过将工作簿发布到 Tableau Server 或 Tableau Online）时，用户也可以与故事进行交互，以揭示新的发现结果或提出有关数据的新问题。

用户可通过许多不同方式使用故事，例如：

- 使用故事来构建有序协作分析，供自己或供与同事协作时使用。显示数据随时间变化的效果，或执行假设分析。
- 将故事用作演示工具，向受众叙述某个事实。就像仪表板提供相互协作的视图的空间排列一样，故事可按顺序排列视图或仪表板，以便为受众创建一种叙述流。

可通过许多不同方式构建故事。例如，故事中的每个故事点都可以基于不同工作表或仪表板。反之，每个故事点都可以基于一个为每个故事点自定义的工作表或仪表板，这可能会在每个新故事点中添加更多信息。通常需要结合这些方法，对某些故事点使用新工作表，并为其他故事点自定义同一工作表。

处理故事时，可以使用以下控件、元素和功能。下面列出了相关说明（见图 14-9）。

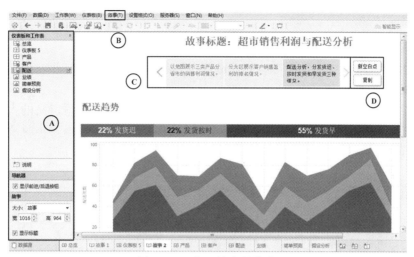

图 14-9　处理故事的控件

（1）"仪表板和工作表"窗格。可以执行以下操作：

- 将仪表板和工作表拖到故事中。
- 向故事点中添加说明。
- 选择显示或隐藏导航器按钮。
- 配置故事大小。
- 选择显示故事标题。

（2）"故事"菜单。可以执行以下操作：

- 打开"设置故事格式"窗格。
- 将当前故事点复制为图像。
- 将当前故事点导出为图像。
- 清除整个故事。
- 显示或隐藏导航器按钮和故事标题。

（3）导航器。可用来编辑、组织和标注所有故事点。也可以使用导航器按钮在整个故事中移动。

- 导航器按钮：单击导航器右侧的向前箭头向前移到一个故事点，单击导航器左侧的向后箭头向后移到一个故事点。也可以使用将鼠标悬停在导航器时出现的滑块在所有故事点之间快速滚动，然后选择一个故事点以查看或编辑。
- 故事点：导航器中的当前故事点将以不同颜色突出显示，指明它处于选定状态。

在添加故事点或对其进行更改时，可以选择更新故事点以保存更改、恢复任何更改或删除故事点。

（4）用于添加新故事点的选项。创建故事点之后，可以选择若干不同的选项来添加另一个点。若要添加新故事点，可以执行以下操作：

- 添加新的空白点。
- 将当前故事点保存为新点。
- 复制当前故事点。

14.4.2 创建故事

为从现有工作表和仪表板创建故事，可按以下步骤进行：

步骤 1：在屏幕右下角单击"新建故事"按钮，Tableau 将打开一个新故事输入界面作为切入点。

步骤 2：在屏幕的左下角"故事"栏中选择故事的大小。从预定义的大小中选择一个大小（见图 14-10），或以像素为单位设置自定义大小。选择大小时要考虑到目标平台，而不是在其中创建故事的平台。

图 14-10 打开一个新故事并设置故事大小

步骤 3：若要向故事添加标题，可双击"故事标题"以打开"编辑标题"对话框。可以在对话框中输入标题，选择字体、颜色和对齐方式。单击"应用"按钮查看所做的更改。

步骤 4：从"仪表板和工作表"区域将一个工作表拖到故事中，并放置到视图中心位置：

步骤 5：单击"添加标题"以概述故事点。如果想要提供更多信息，可在每个故事点内添加说明和注释。

步骤 6：自定义故事点。可以通过以下任一方式自定义故事点：

- 通过选择标记范围。
- 通过筛选视图中的字段。
- 通过对视图中的字段进行排序。
- 通过放大或平移地图。
- 通过添加描述框。
- 通过添加注释。
- 通过更改视图中的参数值。
- 通过编辑仪表板文本对象。

- 通过在视图内的分层结构中下钻或上钻。

从"仪表板和工作表"窗格将工作表拖到故事点后，该工作表仍然保持与原始工作表的连接。如果修改原来的工作表，所做的更改将会自动反映在使用此工作表的故事点上。但是，在故事点中所做的更改不会自动更新原来的工作表。

向故事点中添加说明。为此，可在左侧"仪表板和工作表"窗格中双击"说明"。可以向一个故事点添加任何数量的说明。

说明不会附加到故事点中的标记、点或区域上，可将它们放到任意所需位置。此外，说明仅存在于向其中添加说明的故事点上，它们不会影响基础工作表或故事中的任何其他故事点。

在添加描述框后，单击它以选择并放置它。选择说明框时，可以通过单击其边框上的下拉箭头打开菜单，编辑说明、设置说明格式、设置其相对于它可能覆盖的其他任何说明框的浮动顺序、取消选择，或将其从故事点移除。

修改故事点之后，可单击其边框上的"更新"保存所做的更改，或者单击"回退"（圆圈箭头）将故事点还原为其以前的状态。

步骤 7：添加另一个故事点。可以通过多种方式添加另一个故事点：

- 如果想将另一个工作表用于下一个故事点，则单击"新建空白点"。
- 如果希望将当前故事点用作新故事点的起点，则单击"复制"。随后自定义第二个故事点中的视图或工作表，使其与原来的故事点有所不同。
- 单击"另存为新点"。此选项仅在开始自定义故事点时才会出现。完成后，"复制"按钮变为"另存为新点"按钮。单击"另存为新点"按钮可将自定义项另存为新故事点。原始故事点保持不变。

步骤 8：继续添加故事点，直到故事完成。

实验确认：☐ 学生　　☐ 教师

14.4.3　设置故事的格式

可以通过以下方式设置故事的格式。

（1）调整标题大小。有时一个或多个选项中的文本太长，无法放在导航器的高度范围内。在这种情况下，可以纵向和横向调整说明大小。

- 在导航器中，选择一个说明。
- 拖动左边框、右边框或下边框以横向调整说明大小，拖动下边框以纵向调整大小，或者选择一个角并沿对角线方向拖动以同时调整说明的横向和纵向大小。

（2）导航器中的所有说明将更新为新大小。

（3）可以使仪表板恰好适合于故事的大小。例如，如果故事恰好为 800×600 像素，则可以缩小或扩大仪表板以适合放在该空间内。要使仪表板适合放在故事中，可在仪表板中单击"仪表板大小"下拉菜单，并选择想要使仪表板适合于放在其中的故事。

（4）"设置故事格式"窗格。单击"格式"→"故事"命令，在"设置故事格式"窗格中，可以设置故事的以下任何部分的格式：

故事阴影：若要为故事选择阴影，可在"设置故事格式"窗格中单击"故事阴影"

下拉控件。可以选择故事的颜色和透明度。

故事标题：可以调整故事标题的字体、对齐方式、阴影和边框。若要设置标题格式，请单击"设置故事格式"窗格的"故事标题"部分中的下拉控件之一。

导航器：可以在"设置故事标题"的"导航器"部分中调整导航器的字体和阴影。

字体：要调整导航器字体，请单击"字体"下拉控件。可以调整字体的样式、大小和颜色。

阴影：要为导航器选择阴影，请单击"阴影"下拉控件。可以选择导航器的颜色和透明度。

（5）在导航器中移动时，标题颜色和字体将更新以指示当前选择的故事点。

（6）如果故事包含任何说明，可以在"设置故事格式"窗格中设置所有说明的格式。可以调整字体，以及向说明中添加阴影边框。

（7）清除所有格式设置：若要将故事重置为默认格式设置，可单击"设置故事格式"窗格底部的"清除"按钮。若要清除单一格式设置，请在"设置故事格式"窗格中右键单击要撤销的格式设置，然后选择"清除"。举例来说，如果要清除故事标题的对齐，请在"故事标题"部分右击"对齐"，然后选择"清除"命令。

实验确认：□ 学生　　□ 教师

14.4.4　更新与演示故事

可以通过以下任一方式更新故事：

（1）修改现有故事点。为此，可在导航器中单击它，然后进行更改。用户甚至可以替换基础工作表，方法是将不同的工作表从"仪表板和工作表"区域拖到"故事"窗格中。

（2）删除故事点。为此，可在导航器中单击它，然后单击紧靠框上方的 X（删除图标）。如果意外删除了一个故事点，还可单击"撤销"按钮将其还原。

（3）插入故事点。若要在故事末尾以外的某个位置插入新故事点，可添加一个故事点，然后将其拖到导航器中的所需位置并放下，故事点将插入到指定位置。

或者，如果要将工作表拖到故事中，只需将其放置在导航器中两个现有的故事点之间。

（4）重新排列故事点。可以根据需要，使用导航器在故事内拖放故事点。

要演示故事，可使用演示模式。单击工具栏上的"演示模式"按钮可进入演示模式。要退出演示模式，可按【Esc】键。

也可以将包含故事的工作簿发布到 Tableau Server、Tableau Online，或将其保存到 Tableau Public。在发布故事之后，用户随后可以打开故事并在故事点之间导航，或者与故事交互，就像他们与视图和仪表板交互那样。但是，Web 用户无法创作故事或永久修改已发布的故事。

实验确认：□ 学生　　□ 教师

14.5　Tableau 发布

14.5.1　导出和发布数据

Tableau 对于导出一个工作表所使用的部分或者全部数据提供了多种方法，而导出工作簿中所使用的数据源也有多种方式，如导出成.tds（数据源）文件、.tdsx（打包数据源）文件或者.tde（数据提取）文件。有时也可能需要把不同类型的数据源发布到 Tableau 服务器上，以便让更多的人可以查看、使用、编辑或者更新。

步骤 1：通过将数据复制到剪贴板导出数据。

（1）启动 Tableau 软件，开始页面单击"示例–超市"图标，打开超市示例。

（2）在视图上右击，选择"全选"命令，或者在视图上右击并，选择"复制"→"数据"命令，或者通过"工作表"→"复制"→"数据"命令，把视图中的数据复制到剪贴板中。打开 Excel 工作表，然后将数据粘贴到新工作表中即可导出数据。

（3）也可以在视图上右击，选择"查看数据"命令，弹出"查看数据"对话框（见图 14–11）。在对话框中选择要复制的数据，然后单击对话框右上角的"复制"按钮即会把视图中的数据复制到剪贴板中。打开 Excel 工作表，然后将数据粘贴到新工作表中，即可导出数据。

国家	城市	省/自治区	利润	销售额	纬度(生成)	经度(生成)	利润率
中国	重庆	重庆	¥46,088	¥260,293	29.5620	106.5520	18%
中国	永川	重庆	¥6,661	¥24,066	29.3510	105.8940	28%
中国	万县	重庆	¥2,432	¥16,922	30.8030	108.3890	14%
中国	合川	重庆	¥5,369	¥34,747	29.9940	106.2570	15%
中国	涪陵	重庆	¥890	¥4,760	29.7020	107.3910	19%
中国	北碚	重庆	¥706	¥5,338	29.8250	106.4330	13%
中国	诸暨	浙江	¥323	¥3,571	29.7180	120.2420	9%
中国	枝城	浙江	-¥7,958	¥18,904	31.0060	119.9030	-42%
中国	余姚	浙江	-¥3,334	¥12,051	30.0500	121.1490	-28%
中国	义乌	浙江	-¥8,079	¥34,512	29.3150	120.0760	-23%
中国	仙居	浙江	-¥2,833	¥6,869	28.8500	120.7330	-41%
中国	温州	浙江	-¥17,616	¥50,570	27.9990	120.6660	-35%
中国	温岭	浙江	-¥4,425	¥13,616	28.3660	121.3600	-32%
中国	绍兴	浙江	-¥5,480	¥22,116	30.0010	120.5810	-25%
中国	上虞	浙江	-¥3,893	¥10,673	30.0150	120.8710	-36%
中国	衢州	浙江	-¥199	¥3,752	28.9590	118.8680	-5%
中国	浦阳	浙江	¥207	¥5,880	29.4600	119.8860	4%

594 行

图 14–11 "查看数据"对话框

（4）单击"查看数据"对话框右上角的"全部导出"按钮，弹出"导出数据"对话框（见图 14–12），可在这里选择一个用于保存导出数据的位置，然后单击"保存"按钮，这样可以把全部数据导出为文本文件（逗号分隔）。

（5）还可以在视图上右击，选择"复制"→"交叉表"命令，从而把交叉表（文本表）形式的视图数据复制到剪贴板。然后，打开 Excel 工作表，将数据粘贴到新工作表中，即可导出数据。

但是，不能对解聚的数据视图使用此种方法导出数据，因为交叉表是聚合数据视图。换言之，若要使用此方法导出数据，必须选择"分析"→"聚合度量"命令。

步骤 2：以交叉分析（Excel）方式导出数据。选择"工作表"→"导出"→"交叉分析 Excel"命令，Tableau 将自动创建一个 Excel 文件，并把当前视图中的交叉表数据粘贴到这个新的 Excel 工作簿中。

将交叉表复制到 Excel 更为直接，但由于它会带格式复制数据，因此可能会降低性能。如果需要导出的视图包含大量数据，会看到一个对话框，要选择是否复制格式设置选项，如果选择不复制格式则可以提高性能。此外，不能对解聚的数据视图使用此方法，因为交叉表是聚合数据视图。

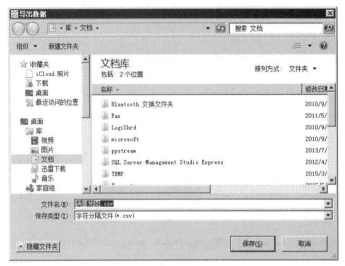

图 14-12 "导出数据"对话框

此外，也可以 Aeeess 数据库文件的方式导出当前工作表中的数据，方法是选择"工作表"→"导出"→"数据"命令，在弹出对话框中为待导出的 Access 数据库文件指定存放路径和文件名（Access 数据库的文件扩展名为.mdb）。

步骤 3：导出数据源。

（1）利用"添加到已保存的数据源"导出数据源。

通过"数据"→"<数据源名称>"→"添加到已保存的数据源"命令（见图 14-13）可以导出数据源文件（.tds）和打包数据源文件（.tdsx），使用这种方式导出的数据源不必在每次需要使用该数据源时都创建新连接。因此，如果经常多次连接同一数据源，推荐用这种方式导出数据源。

图 14-13 "添加到已保存的数据源"对话框

在"添加到已保存的数据源"对话框中选择一个用于保存数据源文件的位置。默认情况下，数据源文件存储在 Tableau 存储库的数据源文件夹中。如果不更改存储位置，新.tds 或.tdsx 文件将在开始页面"数据"区域中的"已保存数据源"部分中列出。

由图 14-13 可以看出，可采用以下两种格式来导出数据源：

- 数据源（.tds）。如果连接的是本地文件数据源（Excel、Access、文本、数据提取），导出的数据源文件（.tds）包含数据源类型和文件路径。如果连接的是实时数据源，导出的数据源文件（.tds）包含数据源类型和数据源连接信息（服务器地址、端口、账号）。无论连接到本地文件还是数据库服务器数据源，数据源文件（.tds）都还包括数据源的默认属性（数字格式、聚合方式和排序顺序等）和自定义字段（如组、集、计算字段和分级字段）。

- 打包数据源（.tdsx）。如果连接的是本地文件数据源（Excel、Access、文本、数据提取），导出的打包数据源文件（.tdsx）不但包含数据源文件（.tds）中的所有信息，还包含本地文件数据源的副本，因此可与无法访问计算机上本地存储的原始数据的人共享.tdsx 数据源。如果连接的是实时数据源，采用打包数据源（.tdsx）和数据源（.tds）两种格式所导出文件包含的内容完全相同。

如果创建了参数，并在自定义字段时使用了参数，之后使用"添加到已保存的数据源"方式导出数据源文件（.tds 或.tdsx），数据源文件中将包含创建的参数；如果仅仅创建了参数，但没有被自定义字段使用，之后使用"添加到已保存的数据源"方式导出数据源文件（.tds 或.tdsx），数据源文件中将不包含创建的参数。

打包数据源.tdsx 文件类型是一个压缩文件，可用于与无法访问你计算机上本地存储的原始数据的人共享数据源。

（2）利用"数据提取"导出数据源。

通过"数据"→"<数据源名称>"→"提取数据"命令打开"提取数据"对话框（见图 14-14）。在对话框中，可以定义筛选器来限制将提取的数据，也可以指定是否聚合数据进行数据提取（如果对数据进行聚合可以最大限度地减小数据提取文件的大小并提高性能，如按照月度聚合数据），还可以选定想要提取的数据行数，或者指定数据刷新方式（增量刷新或者完全刷新），完成后请单击"数据提取"按钮。在随后显示的对话框中要选择一个用于保存提取数据的位置，然后为该数据提取文件指定文件名称，最后单击"保存"按钮便可创建数据提取文件（.tde）并完成数据源的导出。

用这种方式导出数据源有很多好处：可以避免频繁连接数据库，从而减轻数据库负载；若进行包含数据样本的数据提取，在制作视图时，不必在每次将字段放到功能区上时都执行耗时的查询，因而可以提高性能；在不方便新建数据源服务器时，数据提取可提供对数据的脱机访问，进行脱机分析；而且当基础数据发生改变时，还可以刷新提取数据，与数据库服务器端的数据保持一致。

使用数据提取方式导出的数据源文件（.tde）包括数据源类型、数据源连接信息、默认属性（数字格式、聚合方式和排序顺序等）和自定义字段（如组、集、计算字段和分级字段），但不包含参数。如果创建自定义字段时使用了参数，并且之后进行了数据提取，那么再使用提取数据时，使用了参数的自定义字段将变成无效字段。

步骤 4：发布数据源。还可以将本地文件数据源或实时连接的数据库数据源发布到 Tableau Ouline 服务器或 Tableau Server 服务器。将数据源发布到 Tableau Server 和发布到 Tableau Online 服务器上的方法类似。

在"数据"菜单上选择数据源,然后选择"发布到服务器"。如果尚未登录 Tableau Server,则会弹出"Tableau Server 登录"对话框,在对话框中输入服务器名称或 URL、用户名和密码(见图 14-15)。

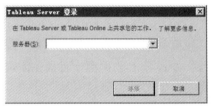

图 14-14 "提取数据"对话框   图 14-15 连接 Tableau Server 服务器

成功登录 Tableau Server 服务器后会看到"将数据源发布到 Tableau Server"对话框。在对话框中需要指定以下内容:

- 项目。一个项目就像是一个可包含工作簿和数据源的文件夹,在 Tableau Server 上创建。Tableau Server 自带一个名为"默认值"的项目,所有数据源都必须发布到项目中。

- 名称。在"名称"文本框中提供数据源的名称。使用下拉列表选择服务器上的现有数据源,使用现有数据源名称进行发布时,服务器上的数据源将被覆盖。发布者必须具有"写入/另存到 Web"权限才能覆盖服务器上的数据源。

- 身份验证。如果数据源需要用户名和密码,则可以指定在将数据源发布到服务器上时应如何处理身份验证。可用选项取决于所发布的数据源的类型:当发布的数据源是本地文件时,身份验证只有"无"选项;当发布数据提取数据源时,身份验证有"无"和"嵌入式密码"两个选项;当发布的数据源是实时新建数据源时,身份验证有"提示用户"和"嵌入式密码"两个选项。

- 添加标记。可以在"标记"文本框中输入一个或多个描述数据源的关键字。在服务器上浏览数据源时,标记可帮助查找数据源。各标记应通过逗号或空格来分隔,如果标记中包含空格,则输入该标记时应将其放在引号中(如"Profit Data")。

所发布的数据源的类型不同,"将数据源发布到 Tableau Server"对话框中的选项也会略有差异。

实验确认:□ 学生   □ 教师

14.5.2 导出图像和 PDF 文件

通过复制图像、导出图像以及打印为 PDF 这 3 种方式，可将 Tableau 动态交互文件转换为打印的静态文件，以导出 Tableau 页面。

步骤 1：复制图像。 在工作表工作区环境下，单击"工作表"→"复制"→"图像"命令，并在弹出的"复制图像"对话框中选择要包括在图像中的内容以及图例布局（如果该视图包含图例），然后单击"复制"按钮，此时 Tableau 会将当前视图复制到剪切板中（见图 14-16）。

在仪表板工作区环境下单击"仪表板"→"复制图像"命令，或者在故事工作区环境下单击"故事">"复制图像"命令，可以将仪表板中的整个视图或故事中当前故事点的整个视图复制到剪贴板。用这两种方法复制图像均不会弹出"复制图像"对话框。

把视图复制至剪贴板中后，可以打开目标应用程序，然后从剪贴板粘贴。

步骤 2：导出图像。 单击"工作表"→"导出"→"图像"命令，并在弹出的"导出图像"对话框（类似图 14-6）中选择要包括在图像中的内容以及图例布局（如果该视图包含图例），然后单击"保存"按钮，此时弹出"保存图像"对话框（见图 14-17）。

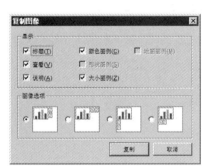

图 14-16 "复制图像"对话框

图 14-17 "保存图像"对话框

还可以在仪表板工作区环境下单击"仪表板"→"导出图像"命令，或者在故事工作区环境下单击"故事"→"导出图像"命令，同样会看到"保存图像"对话框。

导出图像与复制图像不同，导出图像会弹出"保存图像"对话框，在对话框中可以对导出图片的类型（如 jpg、png、bmp 等）、名称和路径进行设置。

步骤 3：打印为 PDF。 单击"文件"→"打印为 PDF"，并在弹出的"打印为 PDF"对话框中单击"确定"按钮，这样可以将一个视图、一个仪表板、一个故事或者整个工作簿发布为 PDF（见图 14-18）。

通过"打印为 PDF"对话框选择和设置以下选项。

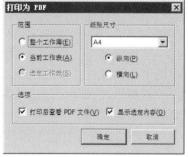

图 14-18 "打印为 PDF"对话框

- 打印范围设置：选择"整个工作簿"选项将把工作簿中的所有工作表发布为PDF，选择"当前工作表"将仅发布工作簿中当前显示的工作表，选择"选定工作表"选项仅发布选定的工作表。
- 纸张尺寸选择：可以利用"纸张尺寸"下拉列表选择打印纸张大小。如果"纸张尺寸"选择为"未指定"，则纸张尺寸将扩展至能够在一页上放置整个视图的所需大小。
- 选项：如果选中"打印后查看PDF文件"选项，创建PDF后将自动打开文件，但请注意只有在计算机上安装了Adobe Acrobat Reader或Adobe Acrobat时才会提供此选项。如果选中"显示选定内容"选项，视图中的选定内容将保留在PDF中。

实验确认：□ 学生　　□ 教师

14.5.3　保存和发布工作簿

用户可以保存配置好的Tableau文件，以及将Tableau内容发布到服务器进行成果共享和发布。

步骤1：保存工作簿。工作簿是工作表的容器，用于保存创建的工作内容，由一个或多个工作表组成。在打开Tableau Desktop应用程序时，Tableau会自动创建一个新工作簿。单击"文件"→"保存"命令，会弹出"另存为"对话框（首次保存才会弹出），其中要指定工作簿的文件名和保存路径（见图14-19）。

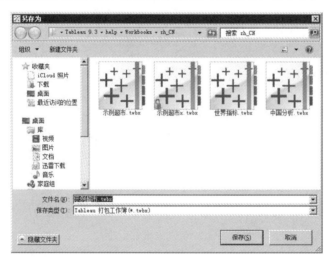

图14-19　"另存为"对话框

默认情况下，Tableau使用.twbx扩展名来保存文件，默认位置为Tableau存储库中的工作簿文件夹，但也可以选择将Tableau工作簿保存到任何其他目录。

若要另外保存已打开工作簿的副本，可单击"文件"→"另存为"命令，然后用新名称保存文件。

步骤2：保存打包工作簿。保存成工作簿文件时也将保存指向数据源和其他一些资源（如背景图片文件、自定义地理编码文件）的链接，下次打开该工作簿时将自动使用相关数据和资源来生成视图。这是大多数情况下的工作簿保存方式。但是，如果想要与无法访问所使用数据和资源的其他人共享工作簿，可以把制作好的工作簿以打包工作簿的形式保存。

Tableau 使用.twbx 扩展名来保存打包工作簿文件，文件中包含本地文件数据源（Excel、AccesS、文本、数据提取等文件）的副本、背景图片文件和自定义地理编码。保存打包工作簿的方式有如下两种：

方式 1：单击"文件"＞"另存为"命令，在弹出的"另存为"对话框中指定打包工作簿的文件名，并在"保存类型"下拉列表中选择"Tableau 打包工作簿（.twbx）"，最后单击"保存"按钮。

方式 2：单击"文件"→"导出打包工作簿"命令，在弹出的"导出打包工作簿"对话框中指定打包工作簿的文件名，最后单击"保存"按钮。

打包工作簿文件（.twbx）类型是一个压缩文件，可以在 Windows 资源管理器中的打包工作簿文件上右击，然后选择"解包"命令。将工作簿解包后会看到一个普通工作簿文件和一个文件夹，该文件夹包含与该工作簿一起打包的所有数据源和资源。

步骤 3：发布到服务器。通过发布工作簿可将工作成果发布到 Tableau 服务器上，如 Tableau Server 服务器和 Tableau Online 服务器。工作簿发布到 Tableau Server 和 Tableau Online 的操作是一致的，区别在于发布的目的地不同，及对数据源的类型要求略不同。

除了可以把工作簿发布到 Tableau Server 和 Tableau Online 服务器，还可以把工作簿保存到由 Tableau 托管的免费且公开的服务器 Tableau Public 上。保存到 Tableau Public 的工作簿的数据不得超过 100 万行，且无法把连接到实时数据源的工作簿保存到 Tableau Public。如果尝试把连接到实时数据源的工作簿保存到 Tableau Public 上，Tableau 会自动提取数据。

实验确认：□ 学生　　□ 教师

【实验与思考】熟悉 Tableau 分享与发布

1. 实验目的

以 Tableau 系统提供的"示例–超市"Excel 文件作为数据源，依照本章教学内容，循序渐进地实际完成 Tableau 仪表板、故事以及数据分享与发布的各个案例，熟悉 Tableau 数据可视化分析技巧，提高大数据可视化应用能力。

2. 工具/准备工作

在开始本实验之前，请认真阅读课程的相关内容。

需要准备一台安装有 Tableau Desktop（参考版本为 9.3）软件的计算机。

3. 实验内容与步骤

本章以 Tableau 系统自带的"示例–超市"Excel 文件为数据源，介绍了 Tableau 仪表板以及有关可视化分析作品分享与发布的各项操作。

请仔细阅读本章的课文内容，执行其中的 Tableau 仪表板操作，实际体验 Tableau 仪表板以及数据与可视化分析作品分享与发布的操作方法。请在执行过程中对操作关键点做好标注，在对应的"实验确认"栏中打钩（√），并请实验指导老师指导并确认（据此作为本【实验与思考】的作业评分依据）。

请记录：你是否完成了上述各个实例的实验操作？如果不能顺利完成，请分析原因。

答：_____

_____

_____

4．实验总结

_____

_____

_____

5．实验评价（教师）

_____

_____

课程设计

设计要求：请应用 Tableau Desktop 软件分析"某超市销售报告数据"（"示例-超市"Excel 文件），要求其中至少包含 3 种可视化分析图形和一组仪表板（含故事），并予以发布（打印）。

（说明：学生也可以使用自己获得的其他数据源完成本作业。）

样本数据：由于所提供的数据集庞大，用于开展课程设计的案例样本数据将以 Excel 电子文档的形式（某超市销售报告数据.xlsx）提供。

栏目说明：案例样本中电子表格"订单"的栏目（变量）共有 20 列。

（1）（A 列）行 ID：1~10 000。

（2）（B 列）订单 ID。

（3）（C 列）订货日期。

（4）（D 列）发货日期。

（5）（E 列）邮寄方式：一级、二级、标准级、当日。

（6）（F 列）客户 ID。

（7）（G 列）客户名称。

（8）（H 列）细分：消费者、小型企业、公司。

（9）（I 列）城市：国内。

（10）（J 列）省/市/自治区：全国各地。

（11）（K 列）国家：中国。

（12）（L 列）地区：东北、华北、华东、西北、西南、中南。

（13）（M 列）产品 ID。

（14）（N 列）类别：办公用品、技术、家具。

（15）（O 列）子类别：共 7 种。

（16）（P 列）产品名称。

（17）（Q 列）销售额。

（18）（R 列）数量。

（19）（S 列）折扣。

（20）（T 列）利润。

注意：将 Excel 数据读入 Tableau 后部分栏目要调整数据类型，例如"省/市/自治区"应调整为"地理值"。

请记录：

（1）你建立的可视化图表是（名字与简单说明，至少 3 项）：

① _____

_____

② _____

_____

③ _____

_____

④ _____

_____

⑤ _____

_____

（2）你建立的仪表板是（名字与简单说明，至少 1 组）：

① _____

_____

② _____

_____

（3）通过对超市销售数据的可视化分析，你获得的数据发现（信息）有（至少 5 项）：

① _____

_____

② _____

_____

③ _____

_____

④ _____

_____

⑤ _____

_____

注意：请保存所做的可视化分析的作品，以便教师检查或在班级演讲介绍。

课程实验总结

至此，我们顺利完成了"大数据及其可视化"课程的教学任务及其相关的全部实验。为巩固通过实验所了解和掌握的相关知识和技术，请就所学的课程内容做一个全面的复习回顾，尝试完成指定案例（数据集）的可视化设计，并就本课程的学习和实验做一个系统总结。

由于篇幅有限，如果书中预留的空白不够，请另外附纸张粘贴在边上。

1. 实验的基本内容

（1）本学期学习的大数据及其可视化知识和完成的大数据可视化实验主要有（请

根据实际完成的实验情况填写）：

　　第 1 章：主要内容是：_____

_____

　　第 2 章：主要内容是：_____

_____

　　第 3 章：主要内容是：_____

_____

　　第 4 章：主要内容是：_____

_____

　　第 5 章：主要内容是：_____

_____

　　第 6 章：主要内容是：_____

_____

　　第 7 章：主要内容是：_____

_____

　　第 8 章：主要内容是：_____

_____

　　第 9 章：主要内容是：_____

_____

　　第 10 章：主要内容是：_____

_____

　　第 11 章：主要内容是：_____

_____

　　第 12 章：主要内容是：_____

_____

　　第 13 章：主要内容是：_____

_____

　　第 14 章：主要内容是：_____

_____

　　（2）请回顾并简述：通过实验，你初步了解了哪些有关大数据及其可视化技术的重要概念（至少 3 项）：

　　① 名称：_____

　　简述：_____

_____

　　② 名称：_____

　　简述：_____

_____

　　③ 名称：_____

简述：_____

_____

④ 名称：_____

简述：_____

_____

⑤ 名称：_____

简述：_____

_____

2．实验的基本评价

（1）在全部实验中，你印象最深，或者相比较而言你认为最有价值的实验是：

① _____

你的理由是：_____

_____

② _____

你的理由是：_____

_____

（2）在所有实验中，你认为应该得到加强的实验是：

① _____

你的理由是：_____

_____

② _____

你的理由是：_____

_____

（3）对于本课程和本书的实验内容，你认为应该改进的其他意见和建议是：

_____

_____

_____

3．课程学习能力测评

请根据你在本课程中的学习情况，客观地对自己在大数据及其可视化知识方面做一个能力测评。请在下表的"测评结果"栏中合适的项下打"✓"。

课程学习能力测评

关 键 能 力	评 价 指 标	测 评 结 果					备　注
		很好	较好	一般	勉强	较差	
大数据可视化基础	1. 了解大数据和大数据时代						
	2. 熟悉大数据时代的思维变革						
	3. 理解课文【导读案例】						

续表

关 键 能 力	评 价 指 标	测 评 结 果					备　　注
		很好	较好	一般	勉强	较差	
数据可视化的基本概念	4. 熟悉 Tableau 网站的可视化库						
	5. 了解数据可视化的应用						
	6. 了解数据可视化的主流设计工具与方法						
Excel 图表	7. 熟悉 Excel 数据图表						
	8. 熟悉数理统计中的常用统计量						
	9. 熟悉 Excel 数据可视化方法及其主要应用（直方、折线、圆饼等）						
	10. 掌握 Excel 数据图表设计方法						
Tableau 数据可视化	11. 熟悉 Tableau 数据可视化基础						
	12. 熟悉 Tableau 数据可视化设计方法						
	13. 了解 Tableau 可视化设计能力						
	14. 掌握 Tableau 地图分析功能						
	15. 了解 Tableau 预测分析功能						
	16. 掌握 Tableau 仪表板功能						
	17. 掌握 Tableau 故事功能						
	18. 掌握 Tableau 分享与发布功能						
解决问题与创新	19. 掌握通过网络提高专业能力、丰富专业知识的学习方法						
	20. 能根据现有的知识与技能创新地提出有价值的观点						

说明：“很好”5 分，“较好”4 分，余类推。全表满分为 100 分，你的测评总分为

_____ 分。

4．大数据及其可视化实验总结

_____

_____

_____

5．实验总结评价（教师）

_____

_____

参 考 文 献

[1] [美] YAU N. 张伸，译. 数据之美：一本书学会可视化设计[M]. 北京：中国人民大学出版社，2014.

[2] [美] SIMON P. 大数据可视化：重构智慧社会[M]. 北京：人民邮电出版社，2015.

[3] [英] SPENCE R. 陈雅茜，译. 信息可视化：交互设计[M]. 第 2 版. 北京：机械工业出版社，2014.

[4] [英] Mccandless D. 温思玮，等，译. 信息之美[M]. 北京：电子工业出版社，2012.

[5] [美] 大卫·芬雷布. 盛杨燕，译. 大数据云图：如何在大数据时代寻找下一个大机遇[M].杭州：浙江人民出版社，2014.

[6] [美] SIMON P. 漆晨曦，张淑芳，译. 大数据应用：商业案例实践[M]. 北京：人民邮电出版社，2014.

[7] [日] 野村综合研究所 城田真琴. 周自恒，译. 大数据的冲击[M]. 北京：人民邮电出版社，2013.

[8] [英] 维克托·迈尔−舍恩伯格、肯尼思·库克耶. 盛杨燕，周涛，译. 大数据时代[M]. 杭州：浙江人民出版社，2013.

[9] [美] 伊恩·艾瑞斯. 宫相真 译. 大数据思维与决策[M]. 北京：人民邮电出版社，2014.

[10] [美] S. MAISEL L，COKINS G. 大数据预测分析：决策优化与绩效提升[M]. 北京：人民邮电出版社，2014.

[11] [美] 史蒂夫·洛尔. 胡小锐，朱胜超，译. 大数据主义[M]. 北京：中信出版集团，2015.

[12] [美] FRANKS B. 黄海，车皓阳，王悦，等，译. 驾驭大数据[M]. 北京：人民邮电出版社，2013.

[13] 周苏，等. 人机交互技术[M]. 北京：清华大学出版社，2016.

[14] 周苏，等. 数字媒体技术基础[M]. 北京：机械工业出版社，2015.

[15] 周苏. 创新思维与方法[M]. 北京：中国铁道出版社，2016.

[16] 周苏. 创新思维与 TRIZ 创新方法[M]. 北京：清华大学出版社，2015.

[17] 周苏. 创新思维与科技创新[M]. 北京：机械工业出版社，2016.

[18] 周苏，等. 现代软件工程[M]. 北京：机械工业出版社，2016.